- 国家卫生和计划生育委员会“十二五”规划教材
- 全国高等医药教材建设研究会规划教材
- 全国高等学校医药学成人学历教育（专科）规划教材
- 供药学专业用

无 机 化 学

主　编　刘　君

副主编　刘有训

编　者（以姓氏笔画为序）

王桂燕（沈阳药科大学）　杨金香（长治医学院）

乔秀文（石河子大学）　张爱平（山西医科大学）

刘　君（济宁医学院）　陈红余（泰山医学院）

刘有训（大连医科大学）　周　萍（南京医科大学）

刘洛生（山东大学）　黄双路（福建医科大学）

李振泉（济宁医学院）

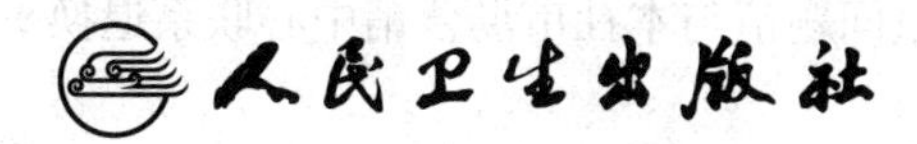

图书在版编目（CIP）数据

无机化学 / 刘君主编．—北京：人民卫生出版社，2013
ISBN 978-7-117-17765-8

Ⅰ. ①无… Ⅱ. ①刘… Ⅲ. ①无机化学－高等学校－教材 Ⅳ. ①O61

中国版本图书馆 CIP 数据核字（2013）第 158620 号

无 机 化 学

主　　编：刘　君
出版发行：人民卫生出版社（中继线 010-59780011）
地　　址：北京市朝阳区潘家园南里 19 号
邮　　编：100021
E - mail：pmph @ pmph.com
购书热线：010-59787592　010-59787584　010-65264830
印　　刷：北京机工印刷厂
经　　销：新华书店
开　　本：787 × 1092　1/16　**印张：**14　**插页：**1
字　　数：349 千字
版　　次：2013 年 8 月第 1 版　2017 年 10 月第 1 版第 3 次印刷
标准书号：ISBN 978-7-117-17765-8/R · 17766
定　　价：25.00 元
打击盗版举报电话：010-59787491　E-mail：WQ @ pmph.com
（凡属印装质量问题请与本社市场营销中心联系退换）

全国高等学校医药学成人学历教育规划教材第三轮

修订说明

随着我国医疗卫生体制改革和医学教育改革的深入推进，我国高等学校医药学成人学历教育迎来了前所未有的发展和机遇，为了顺应新形势、应对新挑战和满足人才培养新要求，医药学成人学历教育的教学管理、教学内容、教学方法和考核方式等方面都展开了全方位的改革，形成了具有中国特色的教学模式。为了适应高等学校医药学成人学历教育的发展，推进高等学校医药学成人学历教育的专业课程体系及教材体系的改革和创新，探索医药学成人学历教育教材建设新模式，全国高等医药教材建设研究会、人民卫生出版社决定启动全国高等学校医药学成人学历教育规划教材第三轮的修订工作，在长达2年多的全国调研、全面总结前两轮教材建设的经验和不足的基础上，于2012年5月25～26日在北京召开了全国高等学校医药学成人学历教育教学研讨会暨第二届全国高等学校医药学成人学历教育规划教材评审委员会成立大会，就我国医药学成人学历教育的现状、特点、发展趋势以及教材修订的原则要求等重要问题进行了探讨并达成共识。2012年8月22～23日全国高等医药教材建设研究会在北京召开了第三轮全国高等学校医药学成人学历教育规划教材主编人会议，正式启动教材的修订工作。

本次修订和编写的特点如下：

1. 坚持国家级规划教材顶层设计、全程规划、全程质控和“三基、五性、三特定”的编写原则。

2. 教材体现了成人学历教育的专业培养目标和专业特点。坚持了医药学成人学历教育的非零起点性、学历需求性、职业需求性、模式多样性的特点，教材的编写贴近了成人学历教育的教学实际，适应了成人学历教育的社会需要，满足了成人学历教育的岗位胜任力需求，达到了教师好教、学生好学、实践好用的“三好”教材目标。

3. 本轮教材的修订从内容和形式上创新了教材的编写，加入“学习目标”、“学习小结”、“复习题”三个模块，提倡各教材根据其内容特点加入“问题与思考”、“理论与实践”、“相关链接”三类文本框，精心编排，突出基础知识、新知识、实用性知识的有效组合，加入案例突出临床技能的培养等。

本次修订医药学成人学历教育规划教材药学专业专科教材14种，将于2013年9月陆续出版。

全国高等学校医药学成人学历教育规划教材药学专业（专科）教材目录

教材名称	主编	教材名称	主编
1. 无机化学	刘　君	8. 人体解剖生理学	李富德
2. 有机化学	李柱来	9. 微生物学与免疫学	李朝品
3. 生物化学	张景海	10. 药物分析	于治国
4. 物理化学	邵　伟	11. 药理学	乔国芬
5. 分析化学	赵怀清	12. 药剂学	曹德英
6. 药物化学	方　浩	13. 药事管理学	刘兰茹
7. 天然药物化学	宋少江	14. 药用植物学与生药学	周　晔　李玉山

第三届全国高等学校医药学成人学历教育规划教材

评审委员会名单

前　言

为了适应医药学成人学历教育的发展，全面提升医药学成人学历教育教材质量，确保培养高质量合格医药人才，全国高等医药教材建设研究会与人民卫生出版社根据新时期国家对医疗卫生人才培养的要求，于2012年启动了全国高等学校医药学成人学历教育教材第三轮修订工作。

本书是根据全国高等学校医药学成人学历教育教材第三轮修订工作原则和基本要求，按照成人学历教育三年制专科药学专业的培养目标编写而成的。无机化学是药学类专业的第一门专业基础课，担负着为后续课程夯实基础的重任，为了遵循医药学成人学历教育教学规律，体现医药学成人学历教育的特点，在教材编写中力求坚持"三基"(基本理论、基本知识、基本技能)、"五性"(思想性、科学性、先进性、启发性、适用性)、"三特定"(特定的对象、特定的要求、特定的限制)的原则要求，按照"需用为准，够用为度"的编写思路，主要从以下方面选编教材内容：

1. 精心梳理教材内容，注重抓住主线，夯实基础。在注重本教材各知识点科学严谨的同时，为了避免课程间不必要的重复及不宜于一年级学生掌握的过深内容，使学生将主要精力用于基础知识的掌握，对教材内容进行了精心编排和取舍。例如，对于化学原理部分：将热力学、动力学、胶体、表面现象等与后续物理化学课程重复的内容删除；对于元素部分：以每一族着力剖析几个元素及其化合物，并且重点介绍其酸碱性、氧化还原性和配位性等变化规律为主线，通过规律和方法的掌握，达到举一反三的目的。此外，把性质相近的d区、ds区、f区元素合并为一章，将d区、ds区的通性在同一节里编写，不仅节省文字篇幅，还有利于学生对知识的系统理解、掌握。

2. 注重教材的可读性。为了达到教师好教、学生好用的效果，贴近成人学历教育教学的实际，每章内容前有"学习目标"模块，每章后有"学习小结"和"复习题"两个模块，同时根据教材内容适时插入"问题与思考"、"相关链接"等内容。在"相关链接"中尽量介绍学科前沿进展的内容，有利于拓展学生的视野。

本书采用法定计量单位和国家标准GB3100～3102-93《量和单位》所规定的符号和单位；有关的化学名词采用全国自然科学名词审定委员会公布的《化学名词》所推荐的名称。相关物理化学数据引用自国际上权威刊物或手册的最新数据资料。

本教材除绪论外，共分十章。绪论由刘君编写，第一章由周萍编写，第二章由张爱平编写，第三章由李振泉编写，第四章由黄双路编写，第五章由刘洛生编写，第六章由乔秀文编写，第七章由杨金香编写，第八章由刘有训编写，第九章由陈红余编写，第十章由王桂燕编写。最后，第一至七章由刘君统稿，第八至十章由刘有训统稿。

本书在编写时参考了部分已出版的著作、高等学校教材及有关资料，从中借鉴了许多有益的内容，在此向有关作者和出版社表示感谢。

限于编者水平，虽经多次修改，书中仍难免有不妥甚至错误之处，敬请读者不吝指正，以便进一步修订完善。

编　者

2013年5月

目　录

绪 论

一、无机化学简介

无机化学是研究无机物质的组成、结构、反应、性质和应用的科学，它是化学科学中历史最悠久的一个分支学科。无机物质是指除碳氢化合物等有机物外，所有的元素及其化合物，即除有机物外，元素周期表中所有的元素及其化合物的制备及性质都是无机化学的研究对象。无机化学从分子、团簇、聚集体、纳米结构和体相等多层次、多尺度上研究物质的组成、结构和物质的反应与组装，进一步探索物质的性质和功能，因此，无机化学具有研究的对象和反应复杂、涉及的结构和相态（气、液、固、等离子体等）多样以及构效关系敏感等特点。

无机化学学科是其他化学分支学科的基础和先导。纵观化学发展史，化学学科的建立基于无机化学。化学中的许多基本概念和规律，如元素、化合、分解和元素周期律等，大都是在无机化学的早期发展过程中形成和发现的。而且，由于它所研究的对象覆盖了整个周期表中的元素，所涉及的化学结构类型繁多，所研究的化学键型复杂多变，一些涉及化学根本问题的规律及理论也大多是由无机化学衍生出来的，如：20 世纪开始发展和建立的化学理论就是从研究无机物质的结构和价键开始的。当前，无机化学与其他的化学分支学科一样，理论与计算方法的运用使理论和实验更加紧密地结合，总的发展趋势正由定性向定量过渡；由宏观向微观深入；由经验上升到理论并用理论指导实践，进而开创新的研究。在现代无机化学的研究中，广泛采用了物理学及物理化学的实验手段和理论方法，深入到原子、分子层次去弄清物质的结构及其与性能的关系以及化学反应的微观历程和宏观化学规律的微观依据等现象，如需要借助于一些现代物理技术（如光谱、核磁共振、电子能谱、X- 射线衍射等）对各类新型化合物的键型和立体结构等进行表征，还可以对化学反应的热力学和动力学参数进行测定。与此同时，对于所测定的实验结果进而用理论加以分析，进一步推动了化学理论的建立和发展。

当前，无机化学正处在蓬勃发展的新时期。鉴于无机化学本身的发展，它又被精细地划分为许多分支，如配位化学、普通元素化学、稀土元素化学、同位素化学、无机合成化学、无机高分子化学等。当然，无机化学本身的发展也离不开与其他化学分支学科的交叉与融合。无机化学与有机化学相互交叉，形成了元素有机化学、金属有机化学；与物理化学和理论化学的交叉而形成了结构化学和理论无机化学，也为能源化学、材料化学和纳米化学提供了理论和物质保证。

随着无机化学和相关科学的发展，各学科间的相互交叉与融合，使无机化学的研究范围也在不断扩大。无机化学与材料科学相结合，形成了固体无机化学和固体材料化学，催生了纳米科学和纳米技术等具有重大科学前景和应用背景的新兴学科，无机合成在面向功能材料及其器件需求的绿色、高效合成和可控制备研究中发挥着重要作用；无机化学与生物化学的交叉，形成了生物无机化学或生物配位化学。由最初的金属配合物与生物大分子的相互作用及其模拟研究，深入到从活性分子、活体细胞和组织等多层次研究无机物质与生命体相互作用的分子机制、代谢过程以及热力学和动力学问题。在能源科学的研究中，无机化学可以在新能源的开发和利用（光 / 电及光 / 电转化、热 / 电及热 / 电转化等）、催化材料及其表 / 界面控制、氢和甲烷等燃料的储存和运输以及水的催化裂解等领域发挥着关键作用。在环境科学的研究中，无机化学可以为重金属、持久性有机污染物（POPs）等的识别、富集、分离和再生利用提供关键技术。

无机化学的各个前沿领域内容十分丰富。它们所孕育产生的新概念、新理论、新方法、新反应、新结构和新的功能，在化学科学的基础研究中具有重要地位，促进了化学科学及其相关学科的发展，并为其未来展现了广阔的前景。目前，我国无机化学的基础研究已经开始与世界上前沿无机化学的研究接轨，在无机合成化学、固体化学和配位化学等领域占有一定的优势，在国际上产生了重要的学术影响。

二、化学与医药学

人类赖以生存的世界乃至人本身都是由物质组成的。现代化学已经渗透到各个领域，在物质世界中，无论是天然的还是人工合成的，只要它是物质，就必然与化学发生联系。因此，化学对人类的健康起着至关重要的作用。

（一）疾病诊断中的化学技术

有效治疗疾病的首要步骤就是正确诊断疾病。在诊断疾病过程中，许多医学检验技术是借助于化学分析技术，如血液检验、尿液检验等，而 X 射线用于诊断肺结核和骨骼疾病等也离不开化学。随着科学技术的发展，核磁共振成像（MRI）技术已经成为一项常规的医学检验手段，它对全身各系统疾病的诊断，尤其是脑部与脊椎病变以及早期肿瘤的诊断有很大的价值。核磁共振（简称 NMR）的原理是通过外加梯度磁场检测所发射出的电磁波，依据所释放的能量在物质内部不同结构环境中的衰减不同，可获得构成这一物体原子核的位置和种类，据此可以绘制成物体内部的结构图像。将这种技术用于人体内部结构的成像，便产生了这一革命性的医学诊断工具——核磁共振成像技术。2003 年，美国化学家保罗·劳特伯和英国物理学家彼得·曼斯菲尔德获得了诺贝尔生理学或医学奖，以表彰他们在医学诊断和研究领域内所使用的核磁共振成像技术的突破性成就。

（二）化学与药物

医药科学是以人体为主要研究对象，探索疾病的发生和发展规律，寻找预防和治疗的途径。目前，预防和治疗的途径主要依靠药物。

关于药物的分类方法有很多。根据来源的途径不同，可以分为天然药物和化学药物。天然药物是指动物、植物和矿物等自然界中存在的有药理活性的天然产物。而从天然矿物、动植物中提取的有效成分，以及经过化学合成或生物合成而制得的药物，统称为化学药物。

人类在很久以前就开始使用植物或矿物治疗某些疾病。传说我国古代的炎帝就因遍尝百草而发明了医药，被誉为“医药之神”；明代李时珍所著《本草纲目》收载的药物有 1892 种，其中矿物类药物达 266 种，而且包含了一些人工合成的无机药物，如轻粉（Hg_2Cl_2）等。人类从植物中提取出有效成分始于 19 世纪初，如：1805 年从阿片（鸦片）中提取出吗啡；1860 年从古柯叶中提取了可卡因等。1899 年，阿司匹林由德国拜尔公司推出，其化学名称为乙酰水杨酸，最初是人们从柳树叶中提取出了水杨酸，后经化学修饰得到，阿司匹林的上市标志着人们用化学方法改变天然化合物的化学结构以及药物化学开始形成。从 19 世纪至 20 世纪初，人类从动植物体内分离、纯化和测定了许多天然产物，20 世纪 30 年代以来，药物工作者合成了成千上万种化学药物，其中有些药物是以天然产物为先导，通过对其分子进行简化、改造、修饰等优化方法，发现并合成了一些具有新型结构及特殊药理活性的新药。如 1967 年发现顺铂 [化学名称：顺式 - 二氯•二氨合铂（Ⅱ）] 具有抗癌活性以来，有几千个新的铂系列化合物进入了筛选，有 20 余种化合物进入了临床研究，目前已经有了第二代的卡铂、第三代的乐铂等一系列的铂配合物用于肿瘤的治疗和研究。

除了治疗性药物的研究外，在疾病的诊断方面，由于基于放射性核素成像原理的正电子发射断层扫描（PET）和单电子发射断层扫描（SPECT）成像方法可以直观地观察到器官的功能，因此，放射性诊断药物已经成为现代医生临床诊断中不可或缺的助手。

无论是天然药物还是合成药物，其生产过程和检验过程都离不开化学的方法。合成药物的制备需要用到无机化学反应和有机化学反应，药物制剂的研究、药物的代谢机理和如何合理用药需要用到物理化学的原理，药物的分离、纯化、鉴定以及检测其在人体内的代谢产物等都离不开分析化学的方法。

三、无机化学课程及其学习方法

（一）无机化学课程的基本内容

在药学教育中，无机化学是一门主干课程，是后续化学课程（物理化学、分析化学、有机化学等）和药学课程（药物化学、药剂学等）的基础。

无机化学课程内容主要可以分为基本理论和元素各论两大部分。基本理论部分主要包括化学反应的原理（酸碱平衡、沉淀平衡、氧化还原平衡和配位平衡以及化学热力学和化学动力学）和物质结构原理（原子结构和分子结构）部分。元素各论部分，主要介绍元素及其化合物的制备、合成、结构、性质、规律及其应用。元素化学部分的内容范围极广，几乎涵盖了周期表中所有的元素及其化合物。

此外，化学是一门实验性的中心学科，化学实验不仅用于验证化学理论和化学规律，更是许多化学理论及其化学规律的基本源泉和出发点，化学理论正是依赖于化学实验而不断有所创新。因此，在高等学校的化学教学中，化学实验是非常重要的基础课程之一。

（二）如何学习无机化学

无机化学是为药学类专业学生开设的第一门化学课程。它是连接中学化学和大学化学的桥梁，是后继课程的基础。在学习无机化学的过程中，应当注重以下几点：

1．养成良好的学习习惯　无机化学课程的特点是内容多、知识点分散、记忆困难，又加上讲授的学时有限，因此，学习时必须抓住课前预习、课堂听讲、课后及时复习等重要环节。①课前预习：在学习新课以前要先进行预习，这样能对教师本次课要讲授的内容有所了解，听课时特别要注意预习时未理解的部分。这样不仅使自己课堂上听讲更认真、注意力更加集中，而且有助于自学能力的培养以及养成主动学习的良好习惯。②课堂认真听讲：课堂听讲十分关键。听讲时要紧跟老师的思路，积极思考，带着问题听课，抓住重点、难点。对于预习中存在的问题，要认真学习老师是如何分析处理的，这样不仅能够强化对知识的理解、掌握，还有助于提高分析问题、解决问题的能力。听课时适当做些笔记，特别是老师强调的重点部分要随时记下，一方面有利于在课堂上集中注意力，另一方面是对于课后复习将会起到事半功倍的效果。③课后复习：课后的复习是消化和掌握所学知识的重要过程。无机化学课程的特点是理论性较强，有些概念比较抽象，不能企图一学就懂，一看就会。一定要通过反复自学和思考，才能逐渐加深理解并掌握其实质。课后复习是一个知识再现的过程，复习时可以边看教材边整理笔记，通过整理、归纳的过程，使所学课程的知识更加系统化、条理化，有利于对知识的记忆和掌握。同时，课后完成一定量的习题不仅有助于深入理解课堂内容，而且结合例题，通过对习题的审题、演算等解题过程有助于训练举一反三的思维方式，这是培养独立思考和自学能力的良好途径。

2. 要学会归纳总结，要善于用辩证的思维方式去学习，无机化学的基本理论部分是本课程的精髓，对后续课程的学习起着至关重要的作用，因此必须熟练掌握。学习中要抓住各个知识点，搞清各个概念的基本内涵，并力求融会贯通，在理解的基础上记忆，以达到掌握的目的。在理清了每章的知识点的同时，善于将相关章节的知识点加以串联。如在化学平衡内容的学习时，其"四大"化学平衡均遵循"平衡"的规律，将这些章节的知识点串联起来，对比其异同点，有利于强化记忆及整体内容的掌握。对于物质结构部分的学习，需要正确认识理论模型与实际状态的关系问题。许多化学理论模型的建立是基于对实验中观察到的各种化学现象进行归纳整理、对实验数据进行数学处理和理论分析的基础上建立起来的，许多化学理论还不够完善，其适用范围往往都附带限制条件。学习中要善于用辩证的观点去思考问题、解决问题。例如，氢原子核外只有一个电子，其运动状态的描述用薛定谔方程可以获得精确解。但是，处理多电子原子时不能直接套用氢原子的量子力学结论，这是由于多电子原子中除了原子核与电子之间的相互作用外，还存在着电子与电子之间的相互作用。

在学习无机化学的元素各论部分时，这部分内容由于几乎涵盖了周期表中所有的元素及其化合物，对初学者来说，内容较多、记忆困难。但是，如果将前面学习过的基本原理部分的知识用来解释具体的元素及其化合物的性质，有利于寻找出规律性，使知识系统化。

3. 重视实验课程的训练　无机化学实验是无机化学课程的重要补充部分，以理论指导实验，用实验验证理论。通过实验课程的训练，不仅可以强化无机化学的知识，还可以培养学生的思维能力、实践动手能力以及优良的科学素质。通过掌握基本的操作技能、实验技术，锻炼对实验现象的观察能力，培养学生分析问题、解决问题的能力，养成严谨的、实事求是的科学态度，树立勇于开拓的创新意识，为学习后续化学、药学相关课程和进行科学探究打下坚实的基础。

（刘　君）

第一章

溶　液

学习目标

1. 掌握混合物的组成标度及其有关计算；稀溶液的沸点升高、凝固点降低、渗透压力及其相关计算。

2. 熟悉稀溶液的蒸气压下降和拉乌尔定律；电解质稀溶液的依数性；强电解质溶液理论。

3. 了解稀溶液依数性在医学上的应用。

一种或几种物质以分子、原子或离子状态分散于另一种物质中所形成的均匀而又稳定的分散体系称为溶液。一般把被分散的物质称为溶质，容纳溶质的物质称为溶剂。溶液可分为固态溶液（如合金）、液态溶液（如生理盐水）、气态溶液（如空气），如不特别指明，通常所说的溶液均指液态溶液。在液态溶液中，依据组成溶液的混合体系（溶质与溶剂）的状态不同，又可将溶液分为：气态与液态物质形成的溶液（如汽水）、固态与液态物质形成的溶液（如蔗糖水溶液）、液态与液态物质形成的溶液（如 75% 的乙醇水溶液）。一般，若混合体系中有一种组分是液态，则该液态组分是溶剂，其余物质是溶质；若混合体系中所有组分均为液态物质，则通常将含量较多的物质称为溶剂。但当溶液组成中包含水时，即使水的含量相对较少（例如 98% 的浓硫酸），习惯上仍将水看作溶剂。如果不特别指明溶剂，通常所说的溶液均指水溶液。

人体中许多的化学反应以及药物在体内的吸收和代谢过程基本都在溶液中进行，在药物的研究、开发、生产和临床使用中，也经常会涉及溶液的应用。

第一节　溶　解

溶质溶解于溶剂形成溶液，并非仅仅是两者机械的混合，往往会伴随着系统体积、能量、渗透压力等的变化，因此严格来讲，溶解过程是一个物理化学过程。

一、溶解和水合作用

溶质在水中的溶解过程包括物理及化学两个过程：一是溶质的分子（或离子）分散在水中的扩散过程，属于物理变化；另一过程是溶质的分子（或离子）与水分子发生水合作用（即溶剂化作用），形成水合分子（或水合离子），属于化学变化。

扩散过程需要吸收能量，水合作用会释放能量，因此溶解过程中系统的能量变化主要受这两个过程的影响，同时溶液颜色的变化也与溶剂化作用有关。

二、溶 解 度

在一定温度下，向一定量溶剂中加入某种固体溶质，当溶质不能再继续溶解时，所得的溶液叫做这种溶质在该温度下的饱和溶液，此时溶液中已溶解的溶质与其未溶解的固体平衡共存。物质在水溶液中的溶解度，通常以一定温度下的饱和溶液中，每100g水中所能溶解溶质的质量来表示，单位为g。例如，293K时100g水中最多能够溶解35.7g NaCl固体，因此293K时NaCl的溶解度可表示为35.7g/100gH_2O。此外，溶解度也可用一定温度下饱和溶液中溶质的物质的量浓度来表示。

由于溶质与溶剂的种类繁多，性质各异，加之受限于理论发展水平，至今尚无法预言物质在液体中的溶解度，一般都是按照“相似相溶”这个经验规律来估计溶质在各种溶剂中的相对溶解程度。具体地说，溶质分子与溶剂分子的结构、极性越相似，相互溶解越容易。例如20℃时，任何比例的乙醇和水都可以混合得到均匀的溶液，而极性较弱的正戊醇在极性很强的水中溶解度较小，却易溶于分子结构和极性与其相似的正己醇中。

问题与思考

1. 溶质分子或离子在溶剂中以何种状态存在？
2. 为什么碘难溶于水，却易溶于四氯化碳和苯中？

第二节 混合物的组成标度

一、物质的量浓度

物质的量浓度c_B定义为物质B的物质的量（n_B）除以混合物的体积（V），即

$$c_B = \frac{n_B}{V} \tag{1-1}$$

按照国际单位制（SI），物质的量浓度的SI单位是$mol \cdot m^{-3}$。由于立方米单位太大，物质的量浓度常以$mol \cdot dm^{-3}$或$mol \cdot L^{-1}$为单位，医学上常用$mol \cdot L^{-1}$、$mmol \cdot L^{-1}$及$\mu mol \cdot L^{-1}$等这样一些单位。

在不引起混淆的前提下，物质的量浓度可简称为浓度。必须注意的是，凡是与物质的量有关的浓度，使用时必须指明物质B的基本单元。如$c(H_2SO_4) = 1mol \cdot L^{-1}$，$c(Ca^{2+}) = 4mmol \cdot L^{-1}$等，括号中的化学式符号表示物质的基本单元。此外对于已经到达化学平衡状态的系统而言，系统中各物质的平衡浓度一般用符号[B]表示。

例 1-1　已知氯化钙注射液的规格为每支 20.0ml，且含 $CaCl_2 \cdot 2H_2O$ 1.00g，求该注射液中 $CaCl_2$ 的物质的量浓度为多少？

解　已知 $CaCl_2 \cdot 2H_2O$ 的摩尔质量为 $147g \cdot mol^{-1}$。根据式(1-1)可得

$$c(CaCl_2) = \frac{n(CaCl_2)}{V} = \frac{m(CaCl_2 \cdot 2H_2O)}{M(CaCl_2 \cdot 2H_2O)V} = \frac{1.00}{147 \times 20.0 \times 10^{-3}} = 0.340(mol \cdot L^{-1})$$

世界卫生组织提议，凡是相对分子质量已知的物质，其在体液内的含量均应当用物质的量浓度来表示。例如人体血液中葡萄糖含量的正常范围值，过去习惯表示为 70～100mg%，意为每 100ml 血液含葡萄糖 70～100mg，现在按法定计量单位应表示为 $c(C_6H_{12}O_6) = 3.9$～$5.6mmol \cdot L^{-1}$。对于未知其相对分子质量的物质则可用质量浓度表示。

二、质 量 浓 度

质量浓度 ρ_B 定义为物质 B 的质量(m_B)除以混合物的体积(V)。

$$\rho_B = \frac{m_B}{V} \tag{1-2}$$

质量浓度的 SI 单位为 $kg \cdot m^{-3}$，常用的单位为 $g \cdot L^{-1}$。对于输液所用等渗葡萄糖($C_6H_{12}O_6$)溶液的浓度，过去在标签上常标为 5%，意为每 100ml 葡萄糖溶液中含有 5g 葡萄糖，而现在应同时标明其质量浓度和物质的量浓度“$50g \cdot L^{-1} C_6H_{12}O_6$、$0.28mol \cdot L^{-1}\ C_6H_{12}O_6$”。

例 1-2　输液用葡萄糖($C_6H_{12}O_6$)溶液的浓度为 $c(C_6H_{12}O_6) = 0.278mol \cdot L^{-1}$，试问该溶液的质量浓度($g \cdot L^{-1}$)为多少？

解　已知葡萄糖($C_6H_{12}O_6$)的摩尔质量为 $180g \cdot mol^{-1}$。

物质的量浓度与质量浓度有如下换算关系

$$\rho_B = \frac{m_B}{V} = \frac{n_B M_B}{V} = c_B M_B$$

$$\rho_B = c_B M_B = 0.278 \times 180 = 50.0(g \cdot L^{-1})$$

三、质量摩尔浓度

质量摩尔浓度 b_B 定义为物质 B 的物质的量(n_B)除以溶剂的质量(m_A)。

$$b_B = \frac{n_B}{m_A} \tag{1-3}$$

b_B 的 SI 单位是 $mol \cdot kg^{-1}$。质量摩尔浓度是与温度无关的量，因此在物理化学中广为应用。

例 1-3　将 2.76g 甘油($C_3H_8O_3$)溶于 200g 水中，已知 $M(C_3H_8O_3) = 92.0g \cdot mol^{-1}$，求该溶液的质量摩尔浓度 $b(C_3H_8O_3)$。

解　先求出溶质甘油的物质的量

$$n(C_3H_8O_3) = \frac{n(C_3H_8O_3)}{M(C_3H_8O_3)} = \frac{2.76}{92.0} = 0.0300(mol)$$

则溶液的质量摩尔浓度为

$$b(C_3H_8O_3)=\frac{n(C_3H_8O_3)}{m(H_2O)}=\frac{0.0300}{200\times10^{-3}}=0.150(mol\cdot kg^{-1})$$

四、摩 尔 分 数

摩尔分数 x_B 定义为物质B的物质的量（n_B）与混合物总的物质的量（$\sum_i n_i$）之比。

$$x_B=\frac{n_B}{\sum_i n_i} \tag{1-4}$$

摩尔分数也称作物质的量分数，量纲为1。

若溶液仅由溶质B和溶剂A两组分组成，则溶质B的摩尔分数为

$$x_B=\frac{n_B}{n_A+n_B} \tag{1-5}$$

溶剂A的摩尔分数为

$$x_A=\frac{n_B}{n_A+n_B} \tag{1-6}$$

显然 $x_A+x_B=1$

例 1-4 现有120.03g NaCl溶液，将其蒸干后得NaCl晶体31.73g，试求溶液中NaCl的摩尔分数。

解 NaCl的摩尔质量为 $58.5g\cdot mol^{-1}$，H_2O 的摩尔质量为 $18g\cdot mol^{-1}$。

溶液中水的质量为 $m(H_2O)=120.03-31.73=88.30(g)$

则溶液中NaCl的摩尔分数为

$$n(NaCl)=\frac{n(NaCl)}{n(NaCl)+n(H_2O)}=\frac{\frac{31.73}{58.5}}{\frac{31.73}{58.5}+\frac{88.30}{18}}=0.09956$$

五、质 量 分 数

质量分数 ω_B 定义为物质B的质量（m_B）与混合物的质量（m）之比，单位为1。

$$\omega_B=\frac{m_B}{m} \tag{1-7}$$

六、体 积 分 数

体积分数 φ_B 定义为一定温度和压力下，物质B的体积（V_B）除以混合物中混合前各组分物质的体积之和（$\sum_i V_i$），单位为1。

$$\varphi_B = \frac{V_B}{\sum_i V_i} \tag{1-8}$$

问题与思考

1. 分别说明溶液各种组成标度的定义及其定义式。
2. “1mol硫酸的质量是98.0g”，这种说法正确吗？

第三节 稀溶液的依数性

溶质溶于溶剂形成溶液，而溶液的性质区别于原来的纯溶质及纯溶剂。总体来看，溶液的性质可以分为两类：一类与溶质的本性有关，如溶液的颜色、密度、导电性能等；另一类与溶质的本性无关，而主要与溶液中溶质粒子数的相对多少有关，如溶液的蒸气压下降、沸点升高、凝固点降低以及溶液的渗透压力。在稀溶液中，这些性质呈现一定的规律性，称之为稀溶液的依数性。本节重点介绍难挥发性非电解质稀溶液的依数性。

一、溶液的蒸气压下降

（一）饱和蒸气压

在一定温度下，将适量纯水注入一密闭容器中，一部分动能较高的分子克服液体分子间的引力自水面逸出，扩散到水面上部的空间，形成气相*，这一过程称为蒸发；同时由于分子热运动，气相中的部分水分子也会碰撞到水面而被液体分子吸引返回到液体中，这一过程称为凝结。起初，蒸发速率较快，但随着液体上方水分子密度的增加，凝结的速率逐渐加大。当蒸发速率与凝结速率相等时，气相和液相达到动态平衡。此时液面上方蒸气所产生的压强称为该温度下气体的饱和蒸气压，简称为蒸气压，用符号 p 表示，单位是Pa或kPa。

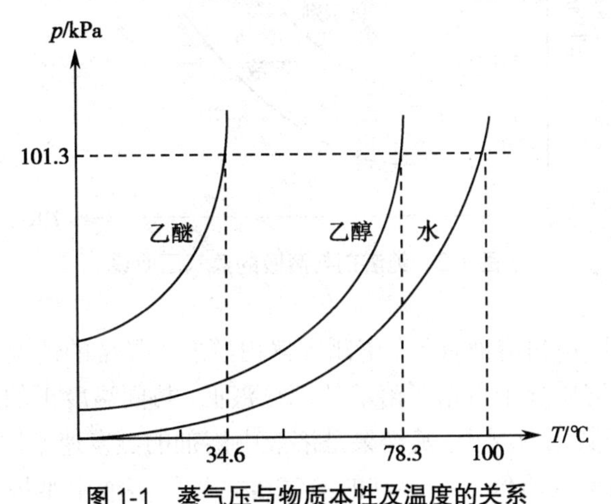

图 1-1 蒸气压与物质本性及温度的关系

* 研究系统中物理性质和化学性质都相同的组成部分称为一相。

图 1-1 中可见，物质蒸气压的大小与其本性有关。在同一温度下不同的物质有不同的蒸气压，例如在 20℃，水的蒸气压为 2.34kPa，而乙醚却高达 57.6kPa。物质蒸气压的大小还与温度有关。同一物质的蒸气压随温度升高而增大，例如在 20℃，水的蒸气压为 2.34kPa，而 100℃时却高达 101.3kPa。这是由于温度越高，水分子的动能越大，能够离开液面进入气相的水分子越多，从而导致其蒸气压增大。

固体也具有一定的蒸气压，只是大多数固体的蒸气压很小。但冰、碘、樟脑、萘等物质均有较高的蒸气压，因此能直接蒸发为气体，这种现象称为升华。固体的蒸气压也随温度升高而增大。表 1-1 给出了不同温度下冰的蒸气压。

表 1-1 不同温度下冰的蒸气压

T/K	p/Pa	T/K	p/Pa
248	63.29	268	401.76
253	103.26	272	562.67
258	165.30	273	611.15
263	259.90		

无论是何种物质，一定温度下蒸气压较大的物质称为易挥发性物质，蒸气压较小的物质称为难挥发性物质。

（二）溶液的蒸气压下降

实验证明，在一定温度下，含有难挥发性溶质溶液的蒸气压总是低于同温度纯溶剂的蒸气压，这种现象称为溶液的蒸气压下降（图 1-2）。由于溶质是难挥发的，因此溶液的蒸气压实际是指溶液中溶剂的蒸气压。

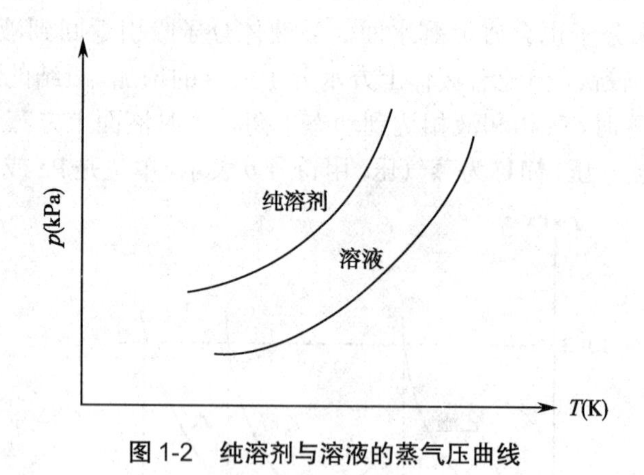

图 1-2 纯溶剂与溶液的蒸气压曲线

图 1-3 表示纯溶剂（a）和溶液（b）在密闭容器内蒸发 - 凝结的情况。如图所示，当难挥发性溶质溶入纯溶剂后，溶质分子占据了溶液的部分液面，与同温度下的纯溶剂相比，单位时间内逸出液面的溶剂分子数相应减少，其结果是溶液中溶剂的蒸发速率比纯溶剂时减小。所以，当达到平衡时，溶液的蒸气压低于纯溶剂的蒸气压。显然溶液中难挥发性溶质的浓度愈大，占据液面的溶质分子数就越多，溶液的蒸气压下降就愈多。

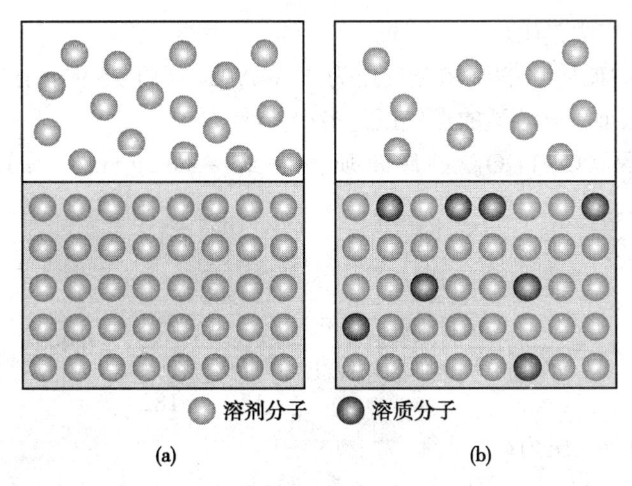

图 1-3 纯溶剂和溶液的蒸发 - 凝结示意图

(a)纯溶剂蒸发 - 凝结示意图；(b)溶液蒸发 - 凝结示意图

19 世纪 80 年代，法国物理学家 Raoult FM 研究了几十种溶液的蒸气压下降与溶液浓度的关系，总结出如下规律：一定温度下，难挥发性非电解质稀溶液的蒸气压等于纯溶剂的蒸气压乘以溶液中溶剂的摩尔分数。公式表示如下

$$p = p_A^0 x_A \tag{1-9}$$

式中p_A^0为纯溶剂 A 的蒸气压，p 为同温下稀溶液的蒸气压，x_A 为溶液中纯溶剂 A 的摩尔分数。Raoult 定律只适用于难挥发性非电解质稀溶液。

对于只含有一种溶质 B 的溶液，由于 $x_A+x_B=1$，因此

$$\Delta p = p_A^0 - p = p_A^0 - p_A^0 x_A = p_A^0 x_B$$

若 n_A 和 n_B 分别表示溶剂 A 和溶质 B 的物质的量，在稀溶液中，$n_A \gg n_B$，因而

$$n_A + n_B \approx n_A$$

则

$$x_B = \frac{n_B}{n_A + n_B} \approx \frac{n_B}{n_A} = \frac{n_B}{\dfrac{m_A}{M_A}} = \frac{n_B}{m_A} M_A$$

因为

$$b_B = \frac{n_B}{m_A}$$

所以

$$\Delta p = p_A^0 x_B = p_A^0 M_A b_B$$

对于指定的温度和溶剂，p_A^0和 M_A 均为常数。令$K = p_A^0 M_A$，可得

$$\Delta p = K b_B \tag{1-10}$$

式中，Δp 是溶液蒸气压的下降值，单位为 kPa；b_B 为溶质的质量摩尔浓度，单位为 $mol \cdot kg^{-1}$；K 在一定温度下是常数，单位为 $kPa \cdot kg \cdot mol^{-1}$。

因此 Raoult 定律也可描述为：在一定温度下，难挥发非电解质稀溶液的蒸气压下降值与

溶质B的质量摩尔浓度成正比。

例 1-5　已知293K时水的饱和蒸气压为2334.5Pa，现将25.97g甘露醇（$C_6H_{14}O_6$）溶于500.0g水中。则293K时，该溶液的蒸气压是多少？

解　已知甘露醇（$C_6H_{14}O_6$）的摩尔质量为 $M=182\text{g}\cdot\text{mol}^{-1}$，$H_2O$ 的摩尔质量为 $M=18\text{g}\cdot\text{mol}^{-1}$。

则水的摩尔分数为

$$x_A=\frac{n(H_2O)}{n(H_2O)+n(C_6H_{14}O_6)}=\frac{\dfrac{500.0}{18}}{\dfrac{500.0}{18}+\dfrac{25.97}{182}}=0.9949$$

该甘露醇溶液的蒸气压为：

$$p=P_A^0=2334.5\times0.9949=2322.6(\text{Pa})$$

二、溶液的沸点升高和凝固点降低

（一）溶液的沸点升高

1．液体的沸点　液体的蒸气压与外界大气压相等时的温度即为该液体的沸点。液体的正常沸点是指外压为101.325kPa时的沸点。由于液体的蒸气压随温度升高而增大，因此外压愈大，液体的沸点愈高，反之亦然。根据液体沸点的这一特性，实验室中浓缩或干燥热稳定性较低的物质时，常采用减压蒸馏的方法。而针对一些热稳定性较高的注射液和某些医疗器械的灭菌，则可在高压消毒器内加热，从而缩短灭菌时间和提高灭菌效果。

2．溶液的沸点升高　实验表明，溶液的沸点总是高于纯溶剂的沸点，这一现象称为溶液的沸点升高。

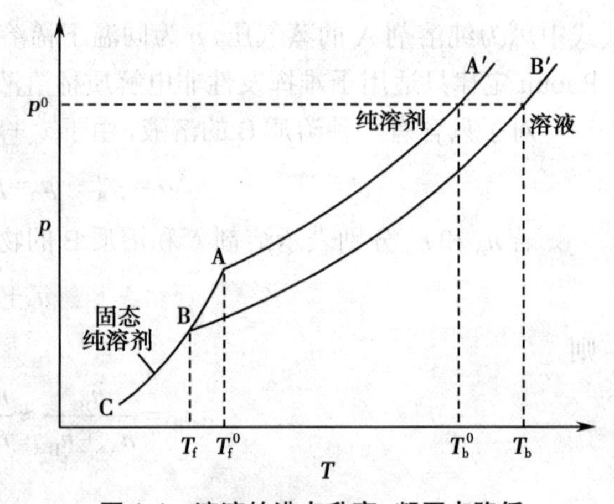

图 1-4　溶液的沸点升高、凝固点降低

图1-4中，横坐标为温度，纵坐标为蒸气压。曲线AA′表示纯溶剂的蒸气压曲线，曲线BB′表示稀溶液的蒸气压曲线。由图中可见，当纯溶剂的蒸气压与外压相等时开始沸腾，此时纯溶剂的沸点为 T_b^0。如果向溶剂中加入少量难挥发性非电解质，根据Raoult定律，溶液的蒸气压总是低于同温下纯溶剂的蒸气压，因此当温度升至 T_b^0 时，稀溶液的蒸气压仍低于外界大气压，溶液不会沸腾；只有继续升高溶液的温度，使其蒸气压逐渐增大至与外界大气压相等，溶液才开始沸腾，此时溶液的沸点为 T_b。由此可见难挥发非电解质稀溶液的沸点 T_b 总是高于其纯溶剂的沸点 T_b^0。溶液的沸点升高值用 ΔT_b 表示，则

$$\Delta T_b=T_b-T_b^0$$

需要注意的是：纯溶剂的沸点 T_b^0 是恒定的，但溶液的沸点却随着溶液浓度的增大而不断

升高。因为在溶液沸腾的过程中，溶剂不断蒸发，溶液浓度逐渐增大，其蒸气压随之不断下降，因此溶液的沸点也就不断升高。因此某一浓度溶液的沸点，通常是指该溶液刚开始沸腾时的温度。

根据 Raoult 定律，难挥发性非电解质稀溶液的沸点升高 ΔT_b 与溶质的质量摩尔浓度呈正比，与溶质的本性无关：

$$\Delta T_b = T_b - T_b^0 = K_b b_B \tag{1-11}$$

式中 b_B 为溶质 B 的质量摩尔浓度，单位为 $mol \cdot kg^{-1}$；T_b 和 T_b^0 分别为溶液和纯溶剂的沸点，ΔT_b 为溶液的沸点升高值，单位均为 K；K_b 为溶剂的质量摩尔沸点升高常数，单位为 $K \cdot kg \cdot mol^{-1}$，它只与溶剂的性质有关。表 1-2 列出了几种常见溶剂的沸点及 K_b 值。

表 1-2 常见溶剂的沸点（T_b^0）及质量摩尔沸点升高常数（K_b）和凝固点（T_f^0）及质量摩尔凝固点降低常数（K_f）

溶剂	T_b^0/K	K_b/（$K \cdot kg \cdot mol^{-1}$）	T_f^0/K	K_f /（$K \cdot kg \cdot mol^{-1}$）
乙酸	391	2.93	290	3.90
水	373	0.512	273	1.86
苯	353	2.53	278.5	5.10
乙醇	351.4	1.22	155.7	1.99
四氯化碳	349.7	5.03	250.1	32.0
乙醚	307.7	2.02	156.2	1.8
萘	491	5.80	357	6.9

利用溶液的沸点升高，还可以测量溶质 B 的摩尔质量 M_B。若溶剂的质量和溶质的质量分别为 m_A 和 m_B，则

$$b_B = \frac{n_B}{m_A} = \frac{\frac{n_B}{M_B}}{m_A} = \frac{m_B}{m_A M_B}$$

将上式代入式(1-11)，即可得

$$\Delta T_b = K_b b_B = K_b \frac{m_B}{m_A M_B}$$

整理后得如下公式：

$$M_B = \frac{K_b m_B}{\Delta T_b m_A} \tag{1-12}$$

例 1-6 将 1.09g 葡萄糖（$C_6H_{12}O_6$）溶于 20.0g 水中，测得该溶液的沸点为 100.156℃，求水的质量摩尔沸点升高常数为多少？已知葡萄糖的摩尔质量为 $180g \cdot mol^{-1}$。

解 $\Delta T_b = T_b - T_b^0 = (100.156 + 273) - 373 = 0.156(K)$

$$b_B = \frac{n_B}{m_A} = \frac{m(C_6H_{12}O_6)}{M(C_6H_{12}O_6)m(H_2O)} = \frac{1.09}{180 \times 20.0 \times 10^{-3}} = 0.303(mol \cdot kg^{-1})$$

因为 $\Delta T_b = K_b b_B$，所以

$$K_b = \frac{\Delta T_b}{b_B} = \frac{0.156}{0.303} = 0.515(K \cdot kg \cdot mol^{-1})$$

（二）溶液的凝固点降低

1. 纯液体的凝固点　纯液体的凝固点是指一定外界压力下，物质固相蒸气压与其液相蒸气压相等时的温度，此时系统中液 - 固两相平衡共存。若液 - 固两相蒸气压不等，则蒸气压较高的相将向蒸气压较小的一相转化。

2. 溶液的凝固点降低　图 1-4 中，曲线 AC 为固态纯溶剂的蒸气压曲线，曲线 AA′ 为液态纯溶剂的蒸气压曲线，在 A 处液相纯溶剂与其固相平衡共存，T_t^0 即为纯溶剂的凝固点。根据 Raoult 定律，溶液的蒸气压总是低于同温度下纯溶剂的蒸气压，因此当溶液的温度下降至$T_f^{\ominus}$时，溶液的蒸气压仍低于固相纯溶剂的蒸气压，溶液不会发生凝固。只有继续降温，使固相纯溶剂的蒸气压继续沿 AC 线下降，溶液的蒸气压沿 BB′ 线下降，两线相交于 B 点，此处溶液的蒸气压等于固相纯溶剂的蒸气压，此时的温度即为溶液的凝固点 T_f。由此可见，难挥发性非电解质溶液的凝固点总是低于纯溶剂的凝固点，这一现象称之为溶液的凝固点降低。溶液的凝固点降低值用 ΔT_f 表示，则

$$\Delta T_f = T_f^0 - T_f$$

实验表明，对于难挥发性非电解质的稀溶液来说，凝固点降低也正比于溶液的质量摩尔浓度，而与溶质的本性无关，即

$$\Delta T_f = T_f^0 - T_f = K_f b_B \tag{1-13}$$

式中，b_B 为溶质 B 的质量摩尔浓度，单位为 $mol \cdot kg^{-1}$；T_f 和 T_f^0 分别为溶液和纯溶剂的凝固点，ΔT_f 为溶液的凝固点降低值，单位均为 K；K_f 为溶剂的质量摩尔凝固点降低常数，单位为 $K \cdot kg \cdot mol^{-1}$，它只与溶剂的性质有关。几种常见溶剂的凝固点及 K_f 值列于表 1-2 中。

利用溶液的凝固点下降，也可以来测量溶质 B 的摩尔质量 M_B，其公式如下：

$$M_B = \frac{K_f m_B}{\Delta T_f m_A} \tag{1-14}$$

综上所述，利用溶液的沸点升高和凝固点降低都可以测定溶质的相对分子质量。但是根据表 1-2 可以看出，大多数溶剂的凝固点降低常数 K_f 值大于其沸点升高常数 K_b 值，因此对于同一质量摩尔浓度的非电解质稀溶液而言，其凝固点降低值比沸点升高值要大，因而测定的灵敏度高、相对误差较小；而且溶液的凝固点测定时有晶体析出，现象明显易于观察。另外，在低温下测定也不会引起生物样品的变性或破坏。因此，在医学和生物科学实验中凝固点降低法的应用更为广泛。

例 1-7　测定摩尔质量的 Rast 方法用樟脑作溶剂。已知樟脑的正常熔点为 178.4℃，K_f 为 $37.7 K \cdot kg \cdot mol^{-1}$。现将 0.840g 某化合物 A 溶于 25.0g 樟脑，溶液的凝固点降低到 170.8℃。计算化合物 A 的摩尔质量。

解　根据公式（1-14），即可求得化合物 A 的摩尔质量：

$$M_B = \frac{K_f m_B}{\Delta T_f m_A} = \frac{37.7 \times 0.840}{(178.4 - 170.8) \times 25.0 \times 10^{-3}} = 166.7 (g \cdot mol^{-1})$$

溶液的凝固点降低还有许多重要的实际应用。盐和冰的混合物可用作冷却剂，例如 NaCl 和冰混合物的温度可降到 −22℃，而 $CaCl_2 \cdot 2H_2O$ 和冰混合物的温度甚至可降到 −55℃。利用乙二醇不易挥发并易溶于水的特点，在北方寒冷的冬季，常将其用作汽车水箱中防冻剂的主要成分。

三、溶液的渗透压力

（一）渗透现象和渗透压力

若用一种只允许溶剂（如水）分子透过而溶质（如蔗糖）分子不能透过的半透膜把溶液和纯溶剂隔开［图 1-5（a）］，由于膜两侧单位体积内溶剂分子数不等，在单位时间内由纯溶剂进入溶液的溶剂分子数要比由溶液进入纯溶剂的多，其结果是溶液一侧的液面升高，溶剂一侧的液面下降。这种溶剂分子通过半透膜由纯溶剂向溶液的净迁移称为渗透。溶液一侧液面升高后，其静液压增大，驱使溶液中的溶剂分子加速通过半透膜，当溶液的静液压增大至一定值后，单位时间内从膜两侧透过的溶剂分子数相等，溶液液面不再升高，溶剂液面也不再下降，达到渗透平衡［图 1-5（b）］。

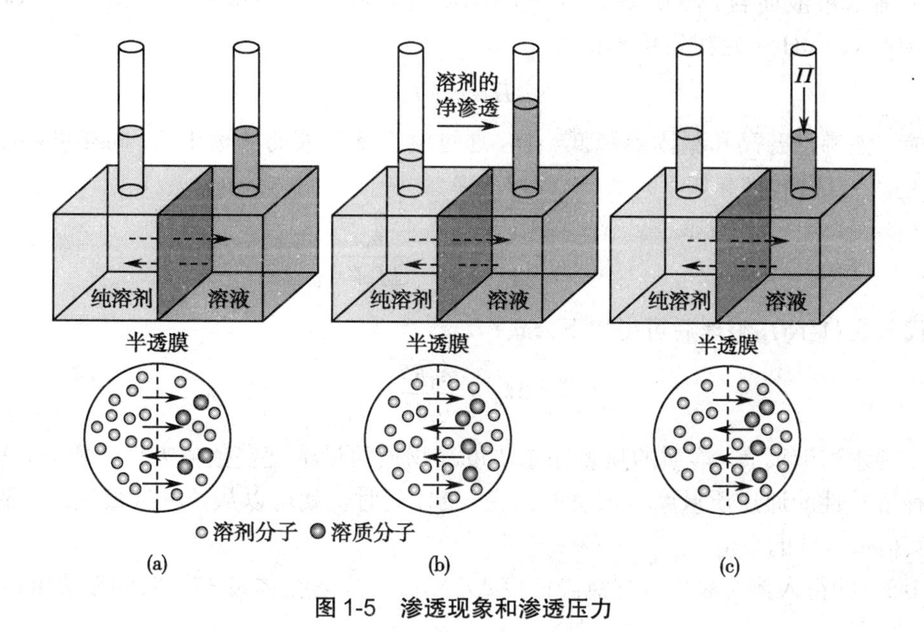

图 1-5 渗透现象和渗透压力

半透膜的存在和膜两侧单位体积内溶剂分子数不相等是产生渗透现象的两个必要条件。

图 1-5（a）中渗透的方向是溶剂分子从纯溶剂一侧向溶液一侧进行；若半透膜两侧是两个不同浓度的非电解质溶液，净渗透的方向则是溶剂分子从稀溶液一侧向浓溶液一侧进行，以缩小膜两侧溶液的浓度差。

如图 1-5（c）所示，为了阻止渗透现象的发生，必须在溶液一侧施加一超额压力。国家标准规定：为维持只允许溶剂通过的膜所隔开的溶液与溶剂之间的渗透平衡而需要的超额压力等于溶液的渗透压力。渗透压力的符号为 Π，单位为 Pa 或 kPa。

若半透膜隔开的是浓度不等的两个非电解质溶液，为了阻止渗透现象发生而在浓溶液液面上施加的超额压力，等于两溶液的渗透压力之差。

若选用一种高强度且耐高压的半透膜把纯溶剂和溶液隔开，且在溶液上施加的外压大于其渗透压力，则溶液中将有更多的溶剂分子通过半透膜进入溶剂一侧。这种使渗透作用逆向进行的过程称为反向渗透。反向渗透可用于海水淡化、废水处理等。

（二）van't Hoff 定律

1886 年，荷兰化学家 van't Hoff 通过实验提出了稀溶液的渗透压力与浓度及温度的关系，即 van't Hoff 定律：

$$\Pi V = n_B RT \tag{1-15}$$

$$\Pi = c_B RT \tag{1-16}$$

式中 Π 为溶液的渗透压力，单位为 kPa；n_B 为溶液中溶质的物质的量，单位为 mol；V 为溶液的体积，单位为 L；c_B 为溶质 B 的物质的量浓度，单位为 $mol \cdot L^{-1}$；T 为绝对温度，单位为 K；R 为摩尔气体常数，其值为 $8.314\ J \cdot mol^{-1} \cdot K^{-1}$（或 $8.314 kPa \cdot L \cdot mol^{-1} \cdot K^{-1}$）。van't Hoff 定律表明在一定温度下，稀溶液渗透压力的大小仅与溶液中溶质的物质的量浓度有关，而与溶质的本性无关。

对于稀水溶液而言，溶质 B 的质量摩尔浓度和物质的量浓度在数值上近似相等，即 $b_B \approx c_B$，因此 van't Hoff 定律也可表示为

$$\Pi = b_B RT \tag{1-17}$$

与稀溶液沸点升高和凝固点降低一样，通过测定稀溶液的渗透压力，同样可以测定溶质的摩尔质量。其公式推导如下：

因为
$$c_B = \frac{n_B}{V} = \frac{\frac{m_B}{M_B}}{V} = \frac{m_B}{M_B V}$$

将上式代入式（1-16），整理后可得如下公式：

$$M_B = \frac{m_B RT}{\Pi V} \tag{1-18}$$

对于稀水溶液而言，溶质的质量摩尔浓度与物质的量浓度在数值上近似相等，因此稀溶液的四种依数性就通过质量摩尔浓度联系在一起，同时也就可以从一种依数性的实验结果来推算出其他依数性的数值。

例 1-8　测得人体血液的凝固点降低值 $\Delta T_f = 0.56℃$，求在体温 37℃时的渗透压。

解
$$\Delta T_f = K_f b_B$$

对于稀水溶液而言
$$c_B \approx b_B = \frac{\Delta T_f}{K_f}$$

所以
$$\Pi = c_B RT \approx \frac{\Delta T_f}{K_f} RT = \frac{0.56}{1.86} \times 8.314 \times (273 + 37) = 7.76 \times 10^2 (kPa)$$

例 1-9　将 0.10g 胰岛素配制成 200ml 水溶液，在 20℃时测得溶液的渗透压力为 306Pa，计算胰岛素的摩尔质量。

解　根据式（1-18），可得

$$M_B = \frac{m_B RT}{\Pi V} = \frac{0.10 \times 8.314 \times (20 + 273)}{0.306 \times 0.200} = 3.98 \times 10^3 (g \cdot mol^{-1})$$

由上述例题可以看出，胰岛素溶液的渗透压力为 306Pa，是可以准确测定的。但此时胰岛素的浓度为 $1.26 \times 10^{-4} mol \cdot L^{-1}$，其凝固点下降值仅为 $2.34 \times 10^{-4}℃$，这显然很难准确测定。因此，一般来说渗透压力法更适用于测定蛋白质等高分子化合物的摩尔质量，而测定小分子化

合物的摩尔质量则最好利用凝固点降低法。

四、电解质溶液的依数性

大量实验事实表明，电解质溶液的 Δp、ΔT_b、ΔT_f、Π 的测定值要比与其同浓度的非电解质溶液大得多。因此，计算电解质稀溶液的依数性时，可在非电解质稀溶液依数性的计算公式中引入一个校正因子 i，则电解质溶液的蒸气压下降、沸点升高、凝固点降低和渗透压的公式分别为：

$$\Delta p = iKb_B \tag{1-19}$$

$$\Delta T_b = iK_b b_B \tag{1-20}$$

$$\Delta T_f = iK_f b_B \tag{1-21}$$

$$\Pi = ic_B RT \approx ib_B RT \tag{1-22}$$

在极稀的水溶液中，i 的数值趋近于一整数，其值相当于一“分子”电解质在溶液中完全解离时生成的离子个数，例如 NaCl 的 i 约为 2，Na_2SO_4 的 i 约为 3。

例 1-10　临床上常用的生理盐水是 $9.0g \cdot L^{-1}$ 的 NaCl 溶液，求该溶液在 37℃时的渗透压力。

解　NaCl 的摩尔质量为 $58.5g \cdot mol^{-1}$，则该溶液的物质的量浓度为

$$c_B = \frac{\rho_B}{M_B} = \frac{9.0}{58.5} = 0.154(mol \cdot L^{-1})$$

NaCl 是强电解质，在稀溶液中完全解离，i 近似等于 2。根据式（1-22）可得

$$\Pi = icRT = 2 \times 0.154 \times 8.314 \times (273 + 37) = 7.9 \times 10^2\ (kPa)$$

五、依数性在医药学中的应用

（一）渗透浓度

渗透压力的大小仅与溶液中溶质的浓度有关，而与溶质的本性无关。溶液中所有能产生渗透效应的溶质粒子（包括溶质分子及其解离生成的离子）统称为渗透活性物质。根据 van’t Hoff 定律，在一定温度下，对于任一稀溶液，其渗透压力与渗透活性物质的物质的量浓度成正比。因此，医学上常用渗透浓度来比较溶液渗透压力的大小，定义为渗透活性物质的物质的量除以溶液的体积，符号为 c_{os}，单位为 $mol \cdot L^{-1}$ 或 $mmol \cdot L^{-1}$。

例 1-11　计算医院补液用的 $50.0g \cdot L^{-1}$ 葡萄糖溶液（$C_6H_{12}O_6$）和用于解除酸中毒的 $17.5g \cdot L^{-1}$ 乳酸钠（$C_3H_5O_3Na$）溶液的渗透浓度。

解　葡萄糖为非电解质，摩尔质量为 $180g \cdot mol^{-1}$，因此 $50.0g \cdot L^{-1}$ $C_6H_{12}O_6$ 溶液的渗透浓度为

$$c_{os} = \frac{\rho_B}{M_B} = \frac{50}{180} = 0.278(mol \cdot L^{-1}) = 278(mmol \cdot L^{-1})$$

$C_3H_5O_3Na$ 是强电解质，$i \approx 2$，其摩尔质量为 $112.0g \cdot mol^{-1}$，$17.5g \cdot L^{-1}$ $C_3H_5O_3Na$ 溶液的渗透浓度为：

$$c_{os}=i\cdot\frac{\rho_B}{M_B}=2\times\frac{17.5}{112}=0.313(mol\cdot L^{-1})=313(mmol\cdot L^{-1})$$

（二）等渗、高渗和低渗溶液

溶液渗透压力的高低是相对的，若两溶液的渗透压力相等，称之为等渗溶液；若两溶液渗透压力不相等，则渗透压力高的溶液称为高渗溶液，渗透压力低的称为低渗溶液。医学上的等渗、高渗和低渗溶液是以人体血浆的渗透压力为标准而确定的。正常人血浆的渗透浓度约为 303.7mmol·L^{-1}，因此临床上规定渗透浓度在 280～320mmol·L^{-1} 的溶液为等渗溶液，如生理盐水、12.5g·L^{-1} 的 $NaHCO_3$ 溶液等。渗透浓度高于 320mmol·L^{-1} 的溶液称为高渗溶液，渗透浓度低于 280mmol·L^{-1} 的溶液称为低渗溶液。

在临床治疗中，为患者大剂量输液时，要特别注意输液的渗透浓度，一般应输入等渗溶液，否则可能导致机体内水分调节失常及细胞的变形和破坏。因为当红细胞置于低渗溶液中，红细胞外液的水会向细胞膜内渗透而使红细胞逐渐胀大，最终可能导致溶血现象；当红细胞置于高渗溶液中，红细胞内的水会向细胞膜外渗透而使红细胞逐渐皱缩，并逐渐互相聚结成团。

（三）晶体渗透压力和胶体渗透压力

血浆等生物体液也具有一定的渗透压力，如 37℃时健康人体血浆的渗透压力约为 773kPa，包括晶体渗透压力和胶体渗透压力。在医学上，常把由电解质（如 NaCl、KCl、$NaHCO_3$ 等）、小分子物质（如葡萄糖、尿素、氨基酸等）等晶体物质产生的渗透压力称为晶体渗透压力；而把由高分子物质（如蛋白质、糖类、脂质等）等胶体物质产生的渗透压力称胶体渗透压力。由于人体内的半透膜（如毛细血管壁和细胞膜）的通透性不同，晶体渗透压力和胶体渗透压力在维持体内水盐平衡功能上也不相同。

细胞膜只允许水分子自由通过，因此，晶体渗透压力是决定细胞间液和细胞内液水分转移的主要因素。如果人体由于某种原因缺水（如运动后大量出汗），会造成细胞失水。此时如果大量饮水，则使细胞外液中电解质等物质的晶体渗透压力减少较多，造成细胞外液的水分子过多地向细胞内液中渗透，严重时甚至可发生水中毒。血浆胶体渗透压力虽小，约为 2.93～4.00kPa，但在调节血容量（人体血液总量）及维持血浆和组织间液之间的水平衡方面却有着重要的作用，因为间隔血浆和组织间液的毛细血管壁允许水分子和小分子晶体物质通过，而不允许蛋白质等高分子胶体通过。正常情况下，血浆中的蛋白质浓度比组织间液高，因此，由蛋白质等高分子所产生的胶体渗透压力得以充分表现。如果由于某种原因（如受伤失血），造成血浆中蛋白质减少，血浆胶体渗透压力降低，血浆中的水就会过多地通过毛细血管壁进入组织间液，造成血容量降低而组织间液增多，这也是机体受伤后形成水肿的原因之一。

问题与思考

1. 稀溶液刚凝固时，析出的物质是纯溶剂，还是溶质？
2. 产生渗透现象的两个必要条件是什么？说明渗透进行的方向。
3. 医院给患者静脉输液时，为何要输入等渗溶液？

第四节　强电解质溶液理论

一、电解质和解离度

电解质是指溶于水或熔融状态下能导电的化合物。电解质在水中能解离成带电荷的离子，因而其水溶液具有导电性能。强电解质在水溶液中完全解离，不存在解离平衡。如：

$$NaCl(s) \longrightarrow Na^+(aq) + Cl^-(aq)$$

而在水溶液中只能部分解离成离子的电解质称为弱电解质，HAc（醋酸）、$NH_3 \cdot H_2O$ 等化合物都属于弱电解质。例如醋酸在水溶液中的解离如下：

$$HAc + H_2O \rightleftharpoons H_3O^+ + Ac^-$$

即在 HAc 水溶液中，一方面 HAc 分子可部分解离生成 Ac^- 和 H^+，同时溶液中的 Ac^- 和 H^+ 又可重新结合而生成 HAc 分子，因此弱电解质的解离过程是可逆的，在溶液中存在动态的解离平衡。

电解质在水溶液中解离程度的大小可用解离度来表示。解离度 α 是指电解质达到解离平衡时，已解离的分子数和原有的分子总数之比。

$$\alpha = \frac{\text{已解离的分子数}}{\text{原有分子总数}} \times 100\% \tag{1-23}$$

解离度的大小可通过测定电解质溶液的依数性或电导率等而求得。

表 1-3　几种弱电解质溶液的解离度（291K，$c = 0.10\text{mol} \cdot \text{L}^{-1}$）

电解质	解离度	电解质	解离度
$H_2C_2O_4$	31%	H_2CO_3	0.17%
H_3PO_4	26%	H_2S	0.070%
H_2SO_3	20%	HBrO	0.010%
HF	15%	HCN	0.0070%
HAc	1.3%	$NH_3 \cdot H_2O$	1.3%

由表 1-3 可见，不同的电解质，溶液浓度相同时它们解离度的大小并不相等，这表明解离度的大小与物质的本性有关；同时解离度的大小还与电解质溶液的浓度、溶剂性质及温度有关。表 1-4 列出了 298K 时不同浓度醋酸溶液的解离度。由表 1-4 可见，对于同一弱电解质溶液，随着浓度的减小，解离度增大。

表 1-4　不同浓度醋酸的解离度（298K）

$c/(\text{mol} \cdot \text{L}^{-1})$	2.00×10^{-1}	1.00×10^{-1}	2.00×10^{-2}	1.00×10^{-3}
$\alpha/\%$	0.934	1.33	2.96	12.4
$c(H^+)/(\text{mol} \cdot \text{L}^{-1})$	1.87×10^{-3}	1.33×10^{-3}	5.92×10^{-4}	1.24×10^{-4}

二、强电解质溶液理论简介

现代结构理论和测试方法都证明，像 NaCl、KNO_3 等这样的强电解质，不仅溶于水后都以离子状态存在，即使在晶体中也均以离子状态存在，因此强电解质在水溶液中是完全解离的，它们的解离度应为 100%。但溶液的依数性和电导实验测得的强电解质的解离度却小于 100%（表 1-5），该解离度称为表观解离度。

表 1-5 几种强电解质的表观解离度（298K，$0.10mol \cdot L^{-1}$）

电解质	KCl	$ZnSO_4$	HCl	HNO_3	H_2SO_4	NaOH	$Ba(OH)_2$
表观解离度 /%	86	40	92	92	61	91	81

1923 年，Debye 和 Hückel 提出了强电解质理论，初步解释了强电解质的表观解离度小于 100% 的原因。

（一）离子氛和离子强度

Debye 和 Hückel 认为强电解质在水中是全部解离的，但是由于阴、阳离子间的静电作用，每一个离子周围吸引了较多的电荷相反的离子，而形成离子氛，如图 1-6 所示。阳离子周围吸引了较多的阴离子，阴离子周围吸引了较多的阳离子，使得强电解质溶液中的离子不能完全自由运动。当给溶液通电时，阳离子向阴极移动，但是它的离子氛却向阳极移动，离子的移动速率显然要比自由离子慢一些，表观上强电解质溶液的导电性比完全解离的理论模型要低，造成了其不完全解离的假象。

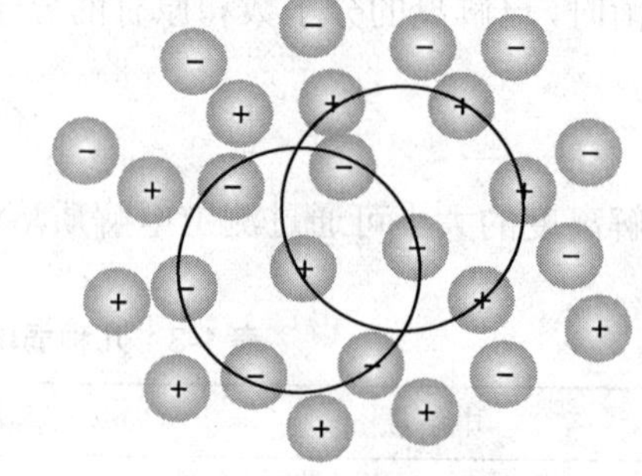

图 1-6 离子氛示意图

溶液中离子的浓度越大，离子所带电荷数越多，离子与其离子氛之间的作用就越强。溶液中离子与它的离子氛之间相互作用的强弱可用离子强度来衡量。离子强度定义为：

$$I = \frac{1}{2}(b_1 z_1^2 + b_2 z_2^2 + \cdots + b_n z_n^2) = \frac{1}{2}\sum_i b_i z_i^2 \tag{1-24}$$

式中 I 是离子强度，单位为 $mol \cdot kg^{-1}$，b_i 为溶液中各离子的质量摩尔浓度，单位为 $mol \cdot kg^{-1}$，z_i 为溶液中各离子的电荷数，量纲为 1。对稀的水溶液而言，可用 c_i 代替 b_i，即

$$I = \frac{1}{2}\sum_i c_i z_i^2 \tag{1-25}$$

离子强度是溶液中的离子产生的电场强度的量度，仅与溶液中各离子的浓度和电荷数有关，而与离子的本性无关。

例 1-12 计算下列溶液的离子强度：

（1）$0.010mol \cdot kg^{-1}$ $BaCl_2$ 溶液；

（2）含有 $0.10mol \cdot L^{-1}$ HCl 和 $0.10mol \cdot L^{-1}$ $CaCl_2$ 的混合溶液。

解 （1）根据题意，溶液中 $b(Ba^{2+}) = 0.010mol \cdot kg^{-1}$，$b(Cl^-) = 0.020mol \cdot kg^{-1}$

$$I=\frac{1}{2}\sum_i b_i z_i^2=\frac{1}{2}(b_{Ba^{2+}}z_{Ba^{2+}}^2+b_{Cl^-}z_{Cl^-}^2)$$
$$=\frac{1}{2}\times[0.010\times 2^2+0.020\times(-1)^2]$$
$$=0.030(\mathrm{mol\cdot kg^{-1}})$$

(2) 根据题意，溶液中 $c(H^+)=0.10\mathrm{mol\cdot L^{-1}}$，$c(Ca^{2+})=0.10\mathrm{mol\cdot L^{-1}}$，$c(Cl^-)=0.30\mathrm{mol\cdot L^{-1}}$

$$I=\frac{1}{2}\sum_i c_i z_i^2=\frac{1}{2}(c_{H^+}z_{H^+}^2+c_{Ca^{2+}}z_{Ca^{2+}}^2+c_{Cl^-}z_{Cl^-}^2)$$
$$=\frac{1}{2}\times[0.10\times 1^2+0.10\times 2^2+0.30\times(-1)^2]$$
$$=0.40(\mathrm{mol\cdot L^{-1}})$$

（二）离子的活度和活度因子

在电解质溶液中，由于离子氛的存在，使得离子不能完全发挥其作用。不论是在强电解质溶液依数性的测定中，还是在其导电性的测定中，得以真正发挥作用的离子浓度总比理论上以自由离子存在时要小。溶液中离子浓度愈大，或离子所带电荷数愈高，这种偏差也愈大。电解质溶液中实际发挥作用的离子浓度称为有效浓度或活度，用 a 表示。活度 a_B 与溶液浓度 c_B 的关系为

$$a_B=\gamma_B\frac{c_B}{c^{\ominus}} \tag{1-26}$$

式中 a_B 为溶液中 B 的活度，量纲为 1；c_B 为溶液中 B 的浓度，单位为 $\mathrm{mol\cdot L^{-1}}$；$c^{\ominus}$ 为标准态的浓度（即 $1\mathrm{mol\cdot L^{-1}}$）；$\gamma_B$ 为溶液中 B 的活度因子，量纲为 1。离子的活度因子是溶液中离子间作用力的反映，与溶液中所有离子的浓度和所带电荷数有关。因此溶液的离子强度 I 值愈大，离子间的相互作用愈强，活度因子就愈小；反之，I 值愈小，离子间相互作用愈弱，活度因子就愈大。例如在离子强度 $I=1.0\times10^{-4}\mathrm{mol\cdot kg^{-1}}$ 的稀溶液中，M^+ 离子的活度因子 $\gamma_B=0.99$，M^{2+} 离子的活度因子 $\gamma_B=0.95$，M^{3+} 离子和 M^{4+} 离子的活度因子分别为 0.90 和 0.83；而对于 M^+ 离子，当溶液的离子强度分别为 $1.0\times10^{-3}\mathrm{mol\cdot kg^{-1}}$、$1.0\times10^{-2}\mathrm{mol\cdot kg^{-1}}$ 和 $1.0\times10^{-1}\mathrm{mol\cdot kg^{-1}}$ 时，其活度因子分别为 0.96、0.89 和 0.78。由此可见，当溶液的浓度较高、离子强度较大时，若不用活度进行计算，所得结果将与实际情况偏离较大。如人体血液中含有多种电解质离子，其离子强度约为 $0.16\mathrm{mol\cdot kg^{-1}}$，因此离子强度对人体中各种酶、激素和维生素功能的影响不可忽视。但是，在后续章节中将要讨论的弱电解质溶液和难溶强电解质溶液，由于溶液中离子的浓度都很低，认为其活度因子 γ_B 趋近于 1，可以利用浓度替代活度进行相关计算。液态和固态的纯物质以及稀溶液中的水，活度视为 1。

问题与思考

1. 什么是解离度？解离度的大小与哪些因素有关？
2. 为什么强电解质溶液的表观解离度小于 100%？
3. 活度因子的大小与哪些因素有关？

膜分离技术

膜分离技术是以半透膜作为分离介质，依据物质分子尺度的大小，借助膜的选择渗透作用，在膜两侧施加某种推动力，如能量、浓度、化学位差或压力，对混合物中双组分或多组分溶质和溶剂进行分离、分级提纯和富集，从而达到分离、提纯和浓缩料液的目的。

膜分离技术可用于医药的灭菌、过滤、澄清。在制药企业和医院中，传统的液体灭菌方法一般为热压灭菌，但是该方法对热敏性药物不适用，并且杀死的细菌尸体仍留在药液中。同时微粒污染物的去除在临床上也很重要，传统的压滤方法不能有效地去除这些微粒物，而且过去使用的过滤材料中含有致癌物石棉并且不能使药液得到澄清。通过目前的膜分离技术，我们发现大多常见的细菌和微粒物均可使用微滤膜来进行滤除。而且在常温下，仅需很低的压力作为推动力，可将细菌截留在膜的表面上，特别适合热敏性药物的除菌过滤并且使药液得到澄清。目前微滤膜的临床应用主要有临床输液、注射针剂中微粒物和细菌的去除，如大肠埃希菌和葡萄球菌等的去除。在利用膜分离技术冷杀菌的同时，也除去了微粒使药剂澄清。

由于膜分离技术的诸多优点，尤其是可以防止热敏性物质失活、回收率高，其在生物、医药、化工等领域的应用越来越广泛，诸如血液净化、生物制药、食品卫生、污水处理等。

学习小结

溶质溶解的过程是一特殊的物理、化学过程，同时伴有能量、颜色、导电性等多种性质的变化，溶解后都以溶剂化的状态存在于溶剂中。

稀溶液的依数性是一类只与溶液中溶质的粒子数有关而与溶质本性无关的性质，包括稀溶液的蒸气压下降、沸点升高、凝固点降低和渗透压力。

根据Raoult定律难挥发非电解质稀溶液的蒸气压下降为：$\Delta p = Kb_B$。

由于稀溶液的蒸气压下降，因此其沸点随之升高，而其凝固点随之降低，其值分别为：$\Delta T_b = K_b b_B$ 和 $\Delta T_f = K_f b_B$。

渗透现象是指溶剂通过半透膜从纯溶剂一侧向溶液一侧或者渗透浓度低的溶液一侧向渗透浓度高的溶液一侧迁移的现象。难挥发非电解质稀溶液的渗透压力的大小与温度及溶液的浓度有关，根据van't Hoff定律，溶液的渗透压力为：$\Pi = c_B RT$。

电解质由于在水溶液中会发生解离，因此其依数性比同浓度的非电解质稀溶液更强，可在非电解质稀溶液依数性的计算公式中通过校正因子 i 加以校正，即 $\Delta p = iKb_B$、$\Delta T_b = iK_b b_B$、$\Delta T_f = iK_f b_B$ 和 $\Pi = ic_B RT$。

强电解质在水溶液中完全解离，但由于阴阳离子之间相互作用，在溶液中形成离子氛，从而使强电解质溶液的表观解离度小于100%。溶液中阴阳离子之间相互作用的大小可用溶液离子强度的大小来衡量：$I = \frac{1}{2}\sum_i c_i z_i^2$。

电解质溶液中，由于离子氛的存在，使得离子不能完全发挥其作用，因此应用活度 a 来表示电解质溶液中实际发挥作用的离子浓度。活度 a_B 与溶液浓度 c_B 的关系为：

$$a_B = \gamma_B \frac{c_B}{c^{\ominus}}$$

活度因子 γ_B 是溶液中离子间作用力的反映，对于弱电解质溶液和难溶强电解质溶液，溶液中离子的浓度都很低，因此一般认为其活度因子 $\gamma_B = 1.0$，可以利用浓度替代活度进行相关计算。

（周 萍）

复习题

1. 求 0.100kg（Ca^{2+}）、0.0500kg（H_2SO_4）的物质的量。

2. 计算含 NH_3 的质量分数为 0.280，密度为 0.900g·ml^{-1} 氨水的物质的量浓度。

3. 100g 浓硫酸中含 H_2SO_4 95g，将此 100g 浓硫酸加入 400g 水中，混合后溶液的密度为 1.13kg·L^{-1}，计算该溶液的质量摩尔浓度、物质的量浓度和摩尔分数。

4. 26.1℃时苯的蒸气压为 13.3kPa，计算将 24.6g 樟脑（$C_{10}H_{16}O$）溶于 98.5g 苯中所形成溶液的蒸气压。

5. 烟草有害成分尼古丁的实验式是 C_5H_7N，今将 538mg 尼古丁溶于 10.0g 水，所得溶液在 101.3kPa 下的沸点是 100.17℃。试写出尼古丁的分子式。

6. 为防止水在仪器中结冰，可以加入甘油（$C_3H_8O_3$）以降低其凝固点。若使水的凝固点降至 −2℃，则需在 100g 水中加入甘油多少克？（假定该溶液为理想溶液）

7. 今有两种溶液，一为 1.50g 尿素（M_r=60.05）溶于 200g 水中，另一为 42.8g 某非电解质溶于 1000g 水中，这两种溶液在同一温度下结冰，试求该非电解质的相对分子质量。

8. 取 0.324g $Hg(NO_3)_2$ 溶于 100g 水中，其凝固点为 −0.0588℃；0.542g $HgCl_2$ 溶于 50g 水中，其凝固点为 −0.0744℃。通过计算说明这两种化合物在水中的解离情况。

9. 溶菌酶能劈裂细菌的细胞壁。现从鸡蛋白中提取出一种溶菌酶样品，其摩尔质量为 13 930g·mol^{-1}。25℃时，0.100g 这种酶溶于 150g 水后，若溶液的密度为 1.00g·ml^{-1}，计算该溶液在 25℃时的渗透压力。

10. 过氧化氢酶是一种肝酶，现测得 10.0ml 含有过氧化氢酶 0.166g 的水溶液在 20℃时的渗透压力为 0.160kPa，计算过氧化氢酶的摩尔质量。

11. 测得泪水的凝固点为 −0.52℃，求泪水的渗透浓度及 37℃时的渗透压力。（水的 K_f=1.86K·kg·mol^{-1}）

12. 治疗脱水、电解质失调与中毒静脉滴注的林格（Ringer）液的处方是，在 1L 注射用水中溶有 8.5g NaCl、0.3g KCl、0.33g $CaCl_2 \cdot 2H_2O$，林格液的渗透浓度是多少？它与人体血浆是等渗溶液吗？

13. 0.10mol·kg^{-1} Na_2SO_4 溶液与 0.20mol·kg^{-1} KNO_3 溶液等体积混合，求该溶液的离子强度。

第二章

酸碱平衡

学习目标

1. 掌握酸碱质子理论；共轭酸碱的关系；同离子效应和盐效应对酸碱平衡的影响；一元弱酸（碱）溶液pH的计算；缓冲溶液的组成特点及其pH的计算。

2. 熟悉缓冲溶液的选择和配制及缓冲作用机制。

3. 了解缓冲溶液的基本概念及缓冲溶液在医药学中的应用。

第一节　酸碱质子理论

人们对于酸碱的认识经历了一个由浅入深、由低级到高级、由现象到本质的逐步深化过程。最初，人们是根据物质的性质来区分酸和碱。认为有酸味、能使蓝色石蕊变红的物质是酸；有涩味、滑腻感，能使红色石蕊变蓝的物质是碱。1887年瑞典科学家阿仑尼乌斯提出了酸碱解离理论。解离理论认为：凡是在水溶液中解离时产生的阳离子全部是H^+的化合物是酸，在解离时产生的阴离子全部是OH^-的化合物是碱。H^+是酸的特征，OH^-是碱的特征。酸碱反应的实质就是H^+和OH^-作用生成H_2O。酸碱解离理论从物质的化学组成上揭示了酸碱的本质，对化学科学的发展起了积极的作用。但是它具有明显的局限性，它把酸碱限制在能解离出H^+和OH^-的物质和以水为溶剂的体系中，对非水体系及无溶剂体系均不能使用。如$NaHCO_3$和Na_2CO_3两种物质均为碱，但它们并不含有也不电离产生OH^-。HCl气体与NH_3在气相或在非水溶剂苯中均能发生酸碱反应生成NH_4Cl等。为了克服阿仑尼乌斯电离理论的不足，1923年丹麦化学家布朗斯台德和英国化学家洛里分别提出了酸碱质子理论，更新了酸碱的含义，扩大了酸碱的范围。

一、质子酸碱的概念

酸碱质子理论认为：凡能给出质子（H^+）的物质称为酸，凡能接受质子（H^+）的物质称为碱。例如：HCl、H_2CO_3、HCO_3^-、H_3O^+、H_2O等均能给出质子，它们都是酸；Cl^-、HCO_3^-、CO_3^{2-}、H_2O、OH^-等均能接受质子，它们都是碱。酸和碱的关系可用下式表示：

$$酸 \rightleftharpoons H^+ + 碱$$
$$HCl \rightleftharpoons H^+ + Cl^-$$
$$H_2CO_3 \rightleftharpoons H^+ + HCO_3^-$$
$$HCO_3^- \rightleftharpoons H^+ + CO_3^{2-}$$
$$H_3O^+ \rightleftharpoons H^+ + H_2O$$
$$H_2O \rightleftharpoons H^+ + OH^-$$

从上述关系式可以看出：

（1）酸和碱不仅可以是中性的分子，还可以是阳离子或阴离子。扩大了酸和碱的范围。

（2）既能给出质子又能接受质子的物质，称之为两性物质，如 H_2O、HCO_3^-等。弱酸弱碱盐如 NH_4Ac 和氨基酸也可以作为两性物质。

（3）质子理论中没有盐的概念，既不能给出质子又不能接受质子的物质，称之为中性物质，如 Na^+等。

（4）酸的共轭碱：一种物质作为质子酸给出一个质子后剩余的部分称之为该酸的共轭碱。碱的共轭酸：一种物质作为质子碱接受质子后生成的部分称之为该碱的共轭酸。共轭酸碱对：仅相差一个质子的一对酸碱，称为共轭酸碱对。

（5）酸和碱的关系为：酸给出质子后生成碱，碱接受质子后变为酸，即

$$酸 \rightleftharpoons 质子 + 碱$$

（6）共轭酸碱对中，质子酸的酸性愈强，其共轭碱的碱性就愈弱；质子酸愈弱，其共轭碱就愈强。

二、质子酸碱反应

根据酸碱质子理论，酸碱反应的实质，就是两个共轭酸碱对之间质子传递的反应。如：

$$\underset{酸_1}{HCl} + \underset{碱_2}{NH_3} \overset{H^+}{\rightleftharpoons} \underset{碱_1}{Cl^-} + \underset{酸_2}{NH_4^+}$$

HCl 是酸，它将质子传递给 NH_3 变为它的共轭碱 Cl^-；NH_3 是碱，它接受质子后转变为它的共轭酸 NH_4^+。无论是在水溶液中、苯溶液中或气相中，NH_3 和 HCl 反应的实质均为两对共轭酸碱对（酸$_1$-碱$_1$和酸$_2$-碱$_2$）之间进行的质子传递反应。

电离理论中的中和反应、解离反应和水解反应均可归结为酸碱反应，其实质均为质子传递反应。

中和反应

$$H_3O^+ + OH^- \overset{H^+}{\rightleftharpoons} H_2O + H_2O$$

$$HAc + NH_3 \overset{H^+}{\rightleftharpoons} Ac^- + NH_4^+$$

解离反应

$$HAc + H_2O \rightleftharpoons Ac^- + H_3O^+$$

$$H_2O + NH_3 \rightleftharpoons OH^- + NH_4^+$$

$$H_2O + H_2O \rightleftharpoons OH^- + H_3O^+$$

水解反应

$$H_2O + Ac^- \rightleftharpoons OH^- + HAc$$

$$NH_4^+ + H_2O \rightleftharpoons NH_3 + H_3O^+$$

通过上述分析看出：酸碱质子理论扩大了酸碱的含义及酸碱反应的范围，解决了非水溶液和气体间的酸碱反应，并把水溶液中进行的各类离子反应系统地归纳为质子传递的酸碱反应。这样，加深了人们对于酸碱及酸碱反应的认识。但是，由于质子理论把酸碱只限于质子的给予与接受，不能解释没有质子传递的酸碱反应，仍具有一定的局限性。

问题与思考

酸碱质子理论具有哪些优点和缺点？

第二节　酸碱平衡

应用酸碱质子理论来讨论水溶液中的质子传递平衡，它包括水的自身质子传递平衡和弱酸、弱碱在水中的质子传递平衡。

一、水的质子自递平衡

（一）水的质子自递平衡

水是极弱的电解质，其分子间存在质子传递反应：

$$H_2O + H_2O \rightleftharpoons OH^- + H_3O^+$$

此过程称为水的质子自递反应，其平衡常数表示式为：

$$K = \frac{[H_3O^+][OH^-]}{[H_2O]^2}$$

因为水的质子自递反应非常弱，故将 $[H_2O]$ 看作一常数，将它与 K 合并，则有：

$$[H_3O^+][OH^-]=K[H_2O]^2=K_w \tag{2-1}$$

为简便起见，用 $[H^+]$ 表示 $[H_3O^+]$，则有：$[H^+][OH^-]=K_w$

K_w 称为水的质子自递平衡常数，简称为水的离子积。

在一定温度下，K_w 是一个常数；在不同温度下，K_w 的数值有所不同（附录4）。298K 时，纯水中的 $[H^+]=[OH^-]=1.0\times10^{-7}mol\cdot L^{-1}$，$K_w=1.0\times10^{-14}$。由于室温下 K_w 的数值变化不大，为了方便计算，均可采用 298K 时的数值。

水的质子自递常数 K_w 不仅适用于纯水，而且适用于所有稀水溶液。

（二）水溶液的 pH

根据中学所学知识，我们知道任何物质的水溶液，无论它是酸性、碱性还是中性溶液，均同时含有 H^+ 离子和 OH^- 离子，只不过是它们的相对浓度不同而已。据此，我们统一用 H^+ 离子浓度来表示溶液的酸碱性。

水溶液中 H^+ 离子的浓度常用符号 $[H^+]$（严格讲用 $[H_3O^+]$）表示之，称为溶液的酸度，OH^- 离子的浓度常用符号 $[OH^-]$ 表示之，称为溶液的碱度。酸度和碱度是溶液酸碱性的定量标度。

在生产和实践中，我们经常使用一些 H^+ 离子浓度很小的溶液，如血清中 $[H^+]=3.98\times10^{-8}mol\cdot L^{-1}$，此时若直接用 H^+ 离子浓度表示溶液的酸碱性，使用和记忆均不方便。为了简便起见，定义 pH 为氢离子浓度的负对数，来表示溶液的酸碱度。用公式表示为：$pH=-lg[H^+]$

根据其数值大小可判断溶液的酸碱性。pH = 7，溶液是中性；pH<7，溶液是酸性；pH>7，溶液是碱性。

pH 的应用范围一般在 0～14 之间，对于更强的酸性溶液（$[H^+]>1mol\cdot L^{-1}$）或碱性溶液（$[OH^-]>1mol\cdot L^{-1}$），直接用 H^+ 离子浓度或 OH^- 离子浓度表示酸碱度更方便。

在医药生产和科学研究中，控制和测定溶液的 pH 至关重要。如在药物的制备和药物分析中，经常需要控制酸度等。

测定溶液 pH 值的方法很多，若只需粗略测出溶液的 pH，使用广泛 pH 试纸和酸碱指示剂；若需要知道溶液近似的 pH，使用精密 pH 试纸；若要准确测定溶液的 pH，使用酸度计。

二、酸 碱 平 衡

（一）一元弱酸（弱碱）的质子传递平衡

1. 一元弱酸与水之间的质子传递平衡　弱酸与水分子的质子传递反应是可逆的。

以 HB 表示一元弱酸，以 B^- 表示其共轭碱，其平衡可用下式表示：

$$HB + H_2O \rightleftharpoons B^- + H_3O^+$$

平衡时

$$K_i=\frac{[H_3O^+][B^-]}{[HB][H_2O]}$$

在稀溶液中，$[H_2O]$ 可看成是常数，上式变为：

$$K_a=\frac{[H_3O^+][B^-]}{[HB]} \tag{2-2}$$

K_a 称为弱酸的质子传递平衡常数，简称酸常数。在一定温度下，K_a 值一定。K_a 是水溶液中酸强度的量度，其数值大小表示酸在水中给出质子能力的大小。K_a 值越大，说明该酸在水中越易给出质子，其酸性越强；反之，其酸性则越弱。因此，通过比较 K_a 就可知道酸的强度。例如：HAc、NH_4^+ 和 HCN 的 K_a 分别为 1.76×10^{-5}、5.59×10^{-10} 和 3.98×10^{-10}，所以这三种酸的强度顺序是：HAc > NH_4^+ > HCN。一些常见弱酸的酸常数见附录 5。

同时一元弱酸溶液中还存在水自身的质子自递反应：

$$H_2O + H_2O \rightleftharpoons H_3O^+ + OH^-$$

2．一元弱碱与水之间的质子传递平衡　以 B^- 表示一元弱碱，其在水中存在的质子传递平衡为：

$$B^- + H_2O \rightleftharpoons HB + OH^-$$

$$K_b = \frac{[HB][OH^-]}{[B^-]} \tag{2-3}$$

K_b 称为弱碱的质子传递平衡常数，简称碱常数。在一定温度下，K_b 值一定。K_b 是水溶液中碱强度的量度，其数值大小表示碱在水中接受质子能力的大小。K_b 值越大，说明该碱在水中越易接受质子，其碱性越强；反之，其碱性则越弱。因此，比较 K_b 就可知道碱的强度。

同时一元弱碱溶液中也存在水自身的质子自递反应：

$$H_2O + H_2O \rightleftharpoons H_3O^+ + OH^-$$

3．共轭酸碱的质子传递平衡常数的关系 共轭酸碱对 HB-B^- 在水溶液中存在如下质子传递反应：

$$HB + H_2O \rightleftharpoons H_3O^+ + B^-$$

$$B^- + H_2O \rightleftharpoons HB + OH^-$$

上述两个质子传递反应的平衡常数表达式分别为：

$$K_a = \frac{[H_3O^+][B^-]}{[HB]}$$

$$K_b = \frac{[HB][OH^-]}{[B^-]}$$

$$K_a \cdot K_b = \frac{[H_3O^+][B^-]}{[HB]} \cdot \frac{[HB][OH^-]}{[B^-]} = K_w \tag{2-4}$$

式(2-4)表示，K_a 与 K_b 成反比，说明酸愈强，其共轭碱愈弱；碱愈强，其共轭酸愈弱。若已知酸常数 K_a，就可求出其共轭碱常数 K_b，反之亦然。

（二）多元弱酸（弱碱）的质子传递平衡

凡是能在水溶液中给出两个或两个以上质子的弱酸称多元弱酸。如：H_2CO_3、$H_2C_2O_4$、H_3PO_4 和 H_2S 等。

凡是能在水溶液中接受两个或两个以上质子的弱碱称多元弱碱。如：Na_2S、Na_2CO_3 和 Na_3PO_4 等。

多元弱酸（碱）在水溶液中的质子传递反应是分步进行的。

例如 H_3PO_4，其质子传递分三步进行，每一步都有相应的质子传递平衡

$$H_3PO_4(aq) + H_2O(l) \rightleftharpoons H_2PO_4^-(aq) + H_3O^+(aq)$$

$$K_{a1} = \frac{[H_2PO_4^-][H_3O^+]}{[H_3PO_4]} = 6.9\times10^{-3}$$

$$H_2PO_4^-(aq) + H_2O(l) \rightleftharpoons HPO_4^{2-}(aq) + H_3O^+(aq)$$

$$K_{a2} = \frac{[HPO_4^{2-}][H_3O^+]}{[H_2PO_4^-]} = 6.1\times10^{-8}$$

$$HPO_4^{2-}(aq) + H_2O(l) \rightleftharpoons PO_4^{3-}(aq) + H_3O^+(aq)$$

$$K_{a3} = \frac{[PO_4^{3-}][H_3O^+]}{[HPO_4^{2-}]} = 4.8\times10^{-13}$$

H_3PO_4、$H_2PO_4^-$、HPO_4^{2-}都为酸，它们的共轭碱分别为$H_2PO_4^-$、HPO_4^{2-}、PO_4^{3-}，其质子传递平衡为：

$$PO_4^{3-}(aq) + H_2O(l) \rightleftharpoons HPO_4^{2-}(aq) + OH^-(aq)$$

$$K_{b1} = \frac{[HPO_4^{2-}][OH^-]}{[PO_4^{3-}]}\cdot\frac{[H_3O^+]}{[H_3O^+]} = \frac{K_w}{K_{a3}} = 2.1\times10^{-2}$$

$$HPO_4^{2-}(aq) + H_2O(l) \rightleftharpoons H_2PO_4^-(aq) + OH^-(aq)$$

$$K_{b2} = \frac{[H_2PO_4^-][OH^-]}{[HPO_4^{2-}]}\cdot\frac{[H_3O^+]}{[H_3O^+]} = \frac{K_w}{K_{a2}} = 1.6\times10^{-7}$$

$$H_2PO_4^-(aq) + H_2O(l) \rightleftharpoons H_3PO_4(aq) + OH^-(aq)$$

$$K_{b3} = \frac{[H_3PO_4][OH^-]}{[H_2PO_4^-]}\cdot\frac{[H_3O^+]}{[H_3O^+]} = \frac{K_w}{K_{a1}} = 1.4\times10^{-12}$$

（三）弱酸（弱碱）溶液pH的计算

1．一元酸碱溶液pH的计算　如前述，一元弱酸溶液中既存在着弱酸与水之间的质子传递平衡，同时还存在着水自身的质子自递反应，因此要精确求解是相当复杂的，其精确求解方法这里不作介绍。因此，我们可以考虑采取合理的近似处理。

其条件是：当$K_a\cdot c >> 20K_w$时，可忽略水自身的质子自递平衡，此时，只需考虑弱酸的质子传递平衡。

假设弱酸溶液的起始浓度为c，弱酸的电离度为α

	$HB + H_2O$	$\rightleftharpoons$	H_3O^+	$+ B^-$
起始	c		0	0
平衡	$c-c\cdot\alpha$		$c\cdot\alpha$	$c\cdot\alpha$

$$K_a = \frac{(c\cdot\alpha)^2}{c\cdot(1-\alpha)} = \frac{c\cdot\alpha^2}{1-\alpha} \tag{2-5}$$

应用(2-5)可求得α，再由$[H^+] = c\cdot\alpha$可求得$[H^+]$。

当弱酸的$c/K_a \geqslant 500$或$\alpha < 0.05$，已解离的酸极少，所以$1-\alpha\approx1$

∴

$$K_a = c\cdot\alpha^2$$

$$\alpha = \sqrt{\frac{K_a}{c}}$$

$$[H^+]=c\cdot\alpha=\sqrt{c\cdot K_a} \tag{2-6}$$

上式是求算一元弱酸溶液中 $[H^+]$ 的最简式。但必须注意使用条件，$c/K_a \geqslant 500$ 或 $\alpha < 0.05$，才能使用，否则将造成较大误差，甚至得到荒谬的结论。

对于一元弱碱，当 $K_b\cdot c >> 20K_w$ 时，可忽略弱碱溶液中水自身的质子自递平衡，同理可推得：当 $c/K_b \geqslant 500$ 或 $\alpha < 0.05$ 时，一元弱碱溶液中求算 $[OH^-]$ 的最简式：

$$[OH^-]=\sqrt{c\cdot K_b} \tag{2-7}$$

例 2-1 计算 298K 时 $0.50mol\cdot L^{-1}$ HAc 溶液的 pH。（已知：HAc 的 $K_a=1.75\times10^{-5}$）

解 先确定能否使用最简式来计算 $K_a\cdot c=1.75\times10^{-5}\times0.50=8.75\times10^{-6}>20K_w$，且：

$$\frac{c}{K_a}=\frac{0.50}{1.75\times10^{-5}}>500$$

故可用最简式(2-6)计算

$$[H^+]=c\cdot\alpha=\sqrt{1.75\times10^{-5}\times0.50}=2.96\times10^{-3}(mol\cdot L^{-1})$$

$$pH=-lg[H^+]=-lg(2.96\times10^{-3})=2.53$$

例 2-2 计算 $1.00\times10^{-5}mol\cdot L^{-1}$ HAc 溶液的 $[H^+]$。

解 先考察能否使用最简式计算 $K_a\cdot c=1.75\times10^{-5}\times1.00\times10^{-5}=1.75\times10^{-10}>20K_w$，但 $\frac{c}{K_a}=\frac{1.00\times10^{-5}}{1.75\times10^{-5}}<500$

故不能使用最简式计算。可采用以下两种方法计算：

方法一 由于 HAc 溶液浓度极稀时，将有较多的 HAc 解离，$1-\alpha\neq1$

因此应使用 $K_a=\frac{c\cdot\alpha^2}{1-\alpha}$ 计算。

$$1.75\times10^{-5}=\frac{1.00\times10^{-5}\cdot\alpha^2}{1-\alpha}$$

$$\alpha=71.2\%$$

$$[H^+]=c\cdot\alpha=1.00\times10^{-5}\times71.2\%=7.12\times10^{-6}(mol\cdot L^{-1})$$

方法二 设达到平衡时，溶液中的 $[H^+]$ 为 $x mol\cdot L^{-1}$

$$\begin{array}{cccc} HAc & \rightleftharpoons & H^+ & + \quad A^- \\ 1.00\times10^{-5}-x & & x & \quad x \end{array}$$

$$\frac{x^2}{1.00\times10^{-5}-x}=K_a=1.75\times10^{-5}$$

$$x=7.12\times10^{-6}(mol\cdot L^{-1})$$

若采用最简式计算，则有：

$$[H^+]=\sqrt{c\cdot K_a}=\sqrt{1.76\times10^{-5}\times1.00\times10^{-5}}=1.33\times10^{-5}(mol\cdot L^{-1})$$

计算出来的氢离子浓度比醋酸的原始浓度还要大，这个结论显然是不合理的。

例 2-3 计算 $0.10mol\cdot L^{-1}$ 氨水的 pH。

解 查表可知：$K_b=1.76\times10^{-5}$

考察能否使用最简式计算：$K_b\cdot c=1.76\times10^{-5}\times0.10=1.76\times10^{-6}>20K_w$，且

$$\frac{c}{K_b}=\frac{0.10}{1.76\times10^{-5}}>500$$

故可使用最简式计算

$$[OH^-]=\sqrt{K_b\cdot c}=\sqrt{1.76\times10^{-5}\times0.10}=1.33\times10^{-3}(mol\cdot L^{-1})$$

$$[H^+]=\frac{1.00\times10^{-14}}{1.33\times10^{-3}}=7.52\times10^{-12}(mol\cdot L^{-1})$$

$$pH=-lg[H^+]=-lg(7.52\times10^{-12})=11.12$$

2．多元酸碱溶液 pH 的计算　多元弱酸的酸常数一般是 $K_{a1}>>K_{a2}>>K_{a3}$，彼此相差 10^4～10^5。因此，溶液中的 H^+ 主要来源于它的第一步解离，而第一步解离的 H^+ 又抑制了第二步、第三步质子的解离。当 $K_{a1}/K_{a2}>10^2$ 时，可近似地把多元弱酸当作一元弱酸处理，K_{a1} 作为衡量酸度的标志。即：

当 $c/K_{a1}\geqslant500$ 时，计算多元弱酸溶液中 H^+ 浓度的最简式为：

$$[H^+]=\sqrt{c\cdot K_{a1}} \tag{2-8}$$

当 $c/K_{a1}<500$ 时，需解一元二次方程求解 $[H^+]$。

多元弱碱与多元弱酸类似，其碱常数一般是 $K_{b1}>>K_{b2}>>K_{b3}$，彼此相差 10^4～10^5。因此，溶液中的 OH^- 主要是多元弱碱第一步接受质子后产生，而第一步接受 H^+ 产生的 OH^- 又抑制了以后各步接受质子的平衡。当 $K_{b1}/K_{b2}>10^2$ 时，可近似地把多元弱碱当作一元弱碱处理，K_{b1} 作为衡量碱度的标志。即：

当 $c/K_{b1}\geqslant500$ 时，计算多元弱碱溶液中 OH^- 浓度的最简式为：

$$[OH^-]=\sqrt{c\cdot K_{b1}} \tag{2-9}$$

当 $c/K_{b1}<500$ 时，需解一元二次方程求解 $[OH^-]$。

例 2-4　计算 $0.01mol\cdot L^{-1}H_2S$ 溶液中 $[H^+]$ 和 $[S^{2-}]$。

解　H_2S 在水中分两步给出质子：

$$H_2S+H_2O \rightleftharpoons H_3O^++HS^- \quad K_{a1}=1.32\times10^{-7}$$

$$HS^-+H_2O \rightleftharpoons H_3O^++S^{2-} \quad K_{a2}=7.10\times10^{-15}$$

$K_{a1}/K_{a2}>10^2$，因此，可以把二元弱酸当做一元弱酸处理。且 $c/K_{a1}\geqslant500$

∴ 使用最简式计算 $[H^+]=\sqrt{c\cdot K_{a1}}=\sqrt{0.01\times1.32\times10^{-7}}=3.63\times10^{-5}(mol\cdot L^{-1})$

由计算结果可知，在 $0.01mol\cdot L^{-1}H_2S$ 溶液中，给出的质子很少，绝大部分以 H_2S 分子形式存在。溶液中 S^{2-} 是 H_2S 第二步释放质子后的产物，所以，根据 K_{a2} 来计算 $[S^{2-}]$。

$$K_{a2}=\frac{[H^+][S^{2-}]}{[HS^-]}$$

$$\because [H^+]\approx[HS^-] \quad \therefore [S^{2-}]\approx K_{a2}=7.10\times10^{-15}$$

例 2-5　计算 $0.1mol\cdot L^{-1}Na_2S$ 溶液的 pH。

解　Na^+ 是中性物质，不参与质子传递反应，S^{2-} 是二元弱碱，它与水发生两步质子传递反应。

$$K_{b1}=\frac{K_W}{K_{a2}}=\frac{1.00\times10^{-14}}{7.10\times10^{-15}}=1.41 \quad K_{b2}=\frac{K_W}{K_{a1}}=\frac{1.00\times10^{-14}}{1.32\times10^{-7}}=7.58\times10^{-8}$$

$K_{b1}/K_{b2}>10^2$ 所以可以把二元弱碱当做一元弱碱处理。

但 $c/K_{b1}<500$ 故不能使用最简式计算 OH^- 浓度。

设达到平衡时 OH^- 浓度为 x mol·L^{-1}

则有：$S^{2-} + H_2O \rightleftharpoons HS^- + OH^-$

$0.1-x \qquad x \qquad x$

$$K_{b1}=\frac{x^2}{0.10-x}=1.41$$

解方程得：$x=9.4\times10^{-2}$(mol·L^{-1})

$$pH=12.97$$

问题与思考

1. 一元弱酸或一元弱碱什么情况下可以采用最简式进行计算？
2. 多元弱酸或多元弱碱采用最简式计算需满足的条件是什么？

（四）浓度对酸碱平衡的影响

酸碱质子传递平衡与其他化学平衡一样，平衡是暂时的、相对的、有条件的动态平衡。一旦条件改变，平衡就会发生移动。同离子效应和盐效应是影响酸碱质子传递平衡的主要因素。

1. 同离子效应 HAc是一种弱电解质，在水中存在下列解离平衡。

$$HAc+H_2O \rightleftharpoons Ac^-+H_3O^+$$

若在HAc溶液中，加入少许NaAc晶体，由于NaAc是强电解质，在溶液中全部解离为Na^+和Ac^-，$NaAc \longrightarrow Ac^-+Na^+$，溶液中$[Ac^-]$大大增加，使HAc的解离平衡逆向移动，从而降低了HAc的解离度。当达到新平衡时，溶液中H^+浓度减小，溶液的酸性减弱。

同样，在HAc溶液中，加入少量HCl，也会降低HAc的解离度。

同理，若在氨水中加入少许NH_4Cl固体，溶液中NH_4^+浓度增加，使氨水的解离平衡逆向移动，结果导致氨水的解离度降低，溶液的碱性减弱。

$$NH_3 + H_2O \rightleftharpoons NH_4^+ + OH^-$$

$$NH_4Cl \longrightarrow NH_4^+ + Cl^-$$

同样，在氨水中加入少许NaOH固体，同样会使氨水的解离平衡逆向移动，从而降低其解离度。

这种在弱酸或弱碱的水溶液中，加入与弱电解质含有相同离子的易溶性强电解质，使弱酸或弱碱的解离度降低的现象称为同离子效应。

例 2-6 计算在1L 0.10mol·L^{-1}氨水中加入0.10mol NH_4Cl（忽略引起的体积变化）前后溶液中的$[OH^-]$和解离度α。已知：氨水的$K_b=1.76\times10^{-5}$

解 （1）未加入NH_4Cl前同例2-3

$$[OH^-]=\sqrt{K_b\cdot c}=\sqrt{1.76\times10^{-5}\times0.10}=1.33\times10^{-3}(\text{mol·L}^{-1})$$

$$\alpha=\frac{[OH^-]}{c}=\frac{1.33\times10^{-3}}{0.10}=1.33\times10^{-2}=1.33\%$$

(2) 加入 NH_4Cl 后，由于存在同离子效应，$[OH^-] \neq [NH_4^+]$，故不能用一元弱碱的最简式计算。

设达到解离平衡时，溶液中 $[OH^-]=x\ mol \cdot L^{-1}$

$$NH_3 + H_2O \rightleftharpoons NH_4^+ + OH^-$$

平衡浓度 $0.10-x$ $\quad 0.10+x \quad x$

$$K_b = \frac{[NH_4^+][OH^-]}{[NH_3]} = \frac{(0.10+x) \cdot x}{0.10-x}$$

由于 $x<<0.10$，$0.10+x \approx 0.10$，$0.10-x \approx 0.10$

$$[OH^-]=x=K_b=1.76 \times 10^{-5} (mol \cdot L^{-1})$$

$$\alpha = \frac{[OH^-]}{c} = \frac{1.76 \times 10^{-5}}{0.10} = 1.76 \times 10^{-4} = 0.0176\%$$

计算结果表明，由于同离子效应的存在，$[OH^-]$ 和氨水的解离度下降幅度均相当大，降低了约 75 倍，故同离子效应比较显著。

利用同离子效应可以控制溶液中某种离子的浓度，也可用于调节溶液的酸碱度。

2. 盐效应　在弱电解质溶液中加入与弱电解质不含相同离子的强电解质时，可使弱电解质的解离度略有增大，这种现象称为盐效应。

例如：在 1L $0.1mol \cdot L^{-1}$ 的氨水中加入 0.1mol NaCl 后，可使 α 从 1.33% 增加到 1.7%。可见盐效应不会使解离度发生数量级的变化。

盐效应的产生是由于加入的强电解质解离产生的正、负离子对弱电解质的解离产生的离子的静电吸引作用，使弱电解质离子的活动性减小，它们相互结合成分子的机会则会减少，因而促进了弱电解质的解离平衡逆向移动，最终导致解离度略有增大。

实际上，发生同离子效应的同时，必然伴随有盐效应。但由于同离子效应的影响比盐效应要大得多，所以一般情况下，不考虑盐效应的影响。

第三节　缓冲溶液

许多药物是有机弱酸或弱碱，它们在生产制备、分析测定及体内吸收时，环境的 pH 对它们的存在状态均有很大影响。生物体内的化学反应往往需要在适宜而稳定的 pH 条件下进行。那么，如何控制溶液的 pH？怎样使溶液的 pH 保持恒定呢？这些均涉及有关缓冲溶液的知识。

一、缓冲溶液的组成和缓冲作用机制

（一）缓冲溶液及其基本概念

纯水是中性的，25℃时其 pH 为 7.00，如果在纯水中加入少量的强酸或强碱，则它的 pH 会显著发生变化。例如：1L 纯水吸收 0.01mol HCl 气体后，其 pH 由 7.00 变为 2.00，骤然降低 5 个 pH 单位；若在 1L 纯水中，加入 0.01mol 的固体 NaOH 后，其 pH 由 7.00 变为 12.00，骤然上升 5 个 pH 单位。可见，有少量的强酸或强碱加入时，纯水的 pH 受到了明显的影响。因此，纯水不具有抗酸和抗碱而保持其 pH 相对稳定的能力。

有些溶液具有抵抗少量的酸或碱，而保持其 pH 相对稳定的能力。例如：含有 $0.1mol \cdot L^{-1}$ 的 HAc 和 $0.1mol \cdot L^{-1}$ 的 NaAc 的 1L 混合溶液，若吸收 0.01mol 的 HCl 气体后，其 pH 由 4.75 变为 4.66，仅降低 0.09 个 pH 单位；若其中加入 0.01mol 的固体 NaOH，混合溶液的 pH 由 4.75 变为 4.84，仅升高 0.09 个 pH 单位。这种能够抵抗少量强酸、强碱或稀释，而保持其 pH 基本不变的作用，称为缓冲作用，具有缓冲作用的溶液称为缓冲溶液。

高浓度的强酸或强碱溶液，由于酸或碱的浓度本来就很高，外加少量酸碱不会对溶液的酸度产生太大的影响，所以，高浓度的强酸、强碱，也具有缓冲作用。但这类溶液的酸性或碱性太强，所以主要用来控制高酸度（$pH < 2$）或高碱度（$pH > 12$）时溶液的 pH。

我们这里讨论的缓冲溶液，主要是由共轭酸和共轭碱的两种物质所构成，如：上述 HAc 和 NaAc 的混合溶液。

组成缓冲溶液的共轭酸碱对称为缓冲系或缓冲对。

（二）缓冲作用机制

以 HAc-NaAc 组成的缓冲溶液为例，说明缓冲溶液的缓冲作用机制。

在 HAc 和 NaAc 混合溶液中，共轭酸是弱酸 HAc，共轭碱是 Ac^-（主要由 NaAc 解离产生），且两者浓度都比较大，在溶液中存在着如下的质子平衡：

$$HAc + H_2O \rightleftharpoons H_3O^+ + Ac^-$$

1. 在 HAc-NaAc 缓冲溶液中加入少量强酸，如 HCl　此时溶液中 H_3O^+ 浓度增加，共轭碱 Ac^- 接受质子生成 HAc，促使上述平衡向左移动，消耗了外来的 H_3O^+。由于溶液中有足够浓度的 Ac^-，加入的强酸的量又相对较少，达到新平衡时，HAc 的浓度略有增大，Ac^- 的浓度略有减少，H_3O^+ 浓度无明显升高，pH 无明显降低，共轭碱 Ac^- 起了抗酸作用，是缓冲溶液的主要抗酸成分。

2. 在 HAc-NaAc 缓冲溶液中加入少量强碱，如 NaOH　此时溶液中的 H_3O^+ 与外加的 OH^- 结合成 H_2O，引起 H_3O^+ 浓度降低，使平衡向右移动，共轭酸 HAc 将质子传递给 H_2O 生成 H_3O^+，补充消耗的 H_3O^+。由于溶液中有足量的 HAc，达到新平衡时，Ac^- 的浓度略有增大，HAc 的浓度略有减小，而 H_3O^+ 的浓度无明显降低，pH 无明显升高，共轭酸 HAc 起了抗碱作用，是缓冲溶液的主要抗碱成分。

3. 当缓冲溶液少量稀释时，由于共轭酸碱的浓度比值没有发生改变，所以 pH 基本不变。

实质上，缓冲作用是在足量的共轭酸和共轭碱存在下，通过共轭酸碱对之间质子传递平衡的移动，借助消耗其中的抗碱成分或抗酸成分，从而抵抗外来的少量强酸、强碱，使溶液的 pH 基本保持不变。

二、缓冲溶液 pH 的计算公式

缓冲溶液是一个共轭酸碱体系，其缓冲对间的质子传递平衡可用通式表示为：

$$HB + H_2O \rightleftharpoons H_3O^+ + B^-$$

式中 HB 表示共轭酸，B^- 表示共轭碱。在稀溶液中 $[H_2O]$ 可看为常数，因此有：

$$K_a = \frac{[H_3O^+][B^-]}{[HB]}$$

$$[H_3O^+] = K_a \cdot \frac{[HB]}{[B^-]}$$

等式两边各取负对数，则得：

$$pH = pK_a + \lg\frac{[B^-]}{[HB]} = pK_a + \lg\frac{[共轭碱]}{[共轭酸]} \tag{2-10}$$

上式就是计算缓冲溶液 pH 的亨德森 - 哈塞尔巴赫方程式，又称计算缓冲溶液的 pH 公式。式中，pK_a 为共轭酸的解离常数的负对数，[HB] 和 [B^-] 分别为共轭酸和共轭碱的平衡浓度。[B^-] 与 [HB] 的比值称为缓冲比，[B^-] 与 [HB] 之和称为缓冲溶液的总浓度。

假设 HB 的起始浓度为 c(HB)，其解离部分的浓度为 c'(HB)，NaB 的起始浓度为 c(NaB)，则 HB 和 B^- 的平衡浓度分别为：

$$[HB] = c(HB) - c'(HB)$$

$$[B^-] = c(NaB) + c'(HB)$$

在缓冲溶液中，共轭酸 HB 和共轭碱 NaB 的浓度均较大。共轭酸 HB 为弱酸，本身的解离很弱，加之共轭碱 B^- 的同离子效应，使 HB 解离更少，c'(HB) 可以忽略，故

$$[HB] \approx c(HB)$$

$$[B^-] \approx c(NaB)$$

因此，

$$pH = pK_a + \lg\frac{[共轭碱]}{[共轭酸]} = pK_a + \lg\frac{c(共轭碱)}{c(共轭酸)} \tag{2-11}$$

当缓冲溶液的体积一定时，若以 n(共轭碱) 和 n(共轭酸) 分别表示共轭碱和共轭酸的物质的量，则式 (2-11) 又可表示为：

$$pH = pK_a + \lg\frac{n(共轭碱)}{n(共轭酸)} \tag{2-12}$$

式 (2-12) 是亨德森 - 哈塞尔巴赫方程式的另一种表示形式。使用此式计算时，只需要计算出 n(共轭碱) 和 n(共轭酸)，不必计算共轭碱和共轭酸的实际浓度，因此计算更为简便。

使用亨德森 - 哈塞尔巴赫方程式时，注意以下几点：

1. 式 (2-10) 中的 pK_a 指的是共轭酸的解离常数的负对数。因此首先应明确缓冲溶液中的共轭酸，然后再确定 pK_a 值。

如 KH_2PO_4-Na_2HPO_4 缓冲溶液中的共轭酸是 $H_2PO_4^-$，而 HPO_4^{2-} 为共轭碱。磷酸有三级解离，存在三个解离平衡常数，即：

$$H_3PO_4(aq) \xrightleftharpoons{K_{a1}} H^+(aq) + H_2PO_4^-(aq)$$

$$H_2PO_4^-(aq) \xrightleftharpoons{K_{a2}} H^+(aq) + HPO_4^{2-}(aq)$$

$$HPO_4^{2-}(aq) \xrightleftharpoons{K_{a3}} H^+(aq) + PO_4^{3-}(aq)$$

而 $H_2PO_4^-$ 的解离为二级解离，因此，此缓冲溶液的 $pK_a = pK_{a2}$。

2. 若缓冲溶液是由弱碱及其共轭酸组成，pK_a 则由 $pK_a + pK_b = pK_w$ 求得。

如 NH_4Cl-NH_3 缓冲溶液中 NH_4^+ 为共轭酸，NH_3 为共轭碱，$pK_b = 4.75$，$pK_a = 14 - pK_b = 9.25$。

3. 亨德森 - 哈塞尔巴赫方程式仅适用于缓冲溶液。

例 2-7　0.025mol KH_2PO_4 和 0.025mol Na_2HPO_4 组成的 1L 缓冲液，使用酸度计测定其 pH 为 6.86，试通过计算求它的近似 pH。

解　此缓冲液的缓冲系为 $H_2PO_4^-$- HPO_4^{2-}，$pK_{a2}=7.21$

$$[H_2PO_4^-]=0.025mol \cdot L^{-1} \quad [HPO_4^{2-}]=0.025mol \cdot L^{-1}$$

代入式(2-11)，得：

$$pH = pK_{a2} + \lg\frac{0.025}{0.025} = 7.21$$

即缓冲溶液的近似 pH 为 7.21。

例 2-8　将 100ml 0.1mol·L^{-1} 盐酸溶液加入 400ml 0.1mol·L^{-1} 氨水中，求混合溶液的 pH。(已知：$NH_3 \cdot H_2O$ 的 $K_b=1.76\times10^{-5}$)

解　(1) HCl 和 $NH_3 \cdot H_2O$ 混合后发生如下反应：

$$NH_3 \cdot H_2O + HCl = NH_4Cl + H_2O$$

溶液中剩余的 $NH_3 \cdot H_2O$ 和反应生成的 NH_4Cl 组成缓冲溶液。

(2) 计算 $[NH_3 \cdot H_2O]$ 和 $[NH_4^+]$

若不考虑混合对溶液体积的影响，混合后溶液体积为 500ml。

$$\therefore \frac{[NH_3]}{[NH_4^+]} = \frac{n(NH_3)}{n(NH_4^+)} = \frac{0.1\times400-0.1\times100}{0.1\times100} = \frac{30}{10} = \frac{3}{1}$$

(3) $\because \quad K_a = \dfrac{K_w}{K_b}$

$\therefore pK_a = pK_w - pK_b = 14 - pK_b = 9.25$

(4) $pH = pK_a + \lg\dfrac{n(NH_3)}{n(NH_4^+)} = 9.25 + 0.48 = 9.73$

问题与思考

为什么人体摄入一定量的酸性或碱性物质后，血液的 pH 基本不变，而蒸馏水和氯化钠溶液中加入少量盐酸或氢氧化钠后 pH 改变很大？

三、缓冲溶液的选择和配制

（一）缓冲溶液的配制方法

在实际工作中，常常需要配制一定 pH 的缓冲溶液，怎样配制具有一定 pH 且满足一定缓冲需求的缓冲溶液呢？

1. 选择合适的缓冲系　选择缓冲系时，首先应使所配制的缓冲溶液 pH 处于缓冲系的 $pK_a\pm1$ 范围内，最好使缓冲系中共轭酸的 pK_a 值等于或尽量接近于所配制的 pH；同时所选择缓冲系中的物质应稳定、无毒，不能参与溶液中的其他反应。如硼酸 - 硼酸盐缓冲系有毒，故不能用作注射液、口服液、培养细胞等的缓冲溶液；H_2CO_3-$NaHCO_3$ 缓冲系因碳酸受热易分解，一般也不采用。

2. 缓冲溶液的总浓度要适宜　总浓度过低，缓冲作用较弱；总浓度过高，既会造成试剂浪费，又会对反应体系产生副作用。因此，在实际工作中，一般控制总浓度在 0.05～0.2mol·L^{-1} 之间。

3. 计算需要缓冲系的量　确定缓冲系后，根据缓冲溶液 pH 的计算公式，计算所需共轭酸和共轭碱的量或体积。为配制方便，常使用相同浓度的共轭酸和共轭碱。

4. 校正　按照计算所需共轭酸和共轭碱的量或体积相混合，即得所需 pH 近似值的缓冲溶液。若需配制具有精确 pH 的缓冲溶液，还需用酸度计加以校正。

例 2-9　如何配制 pH = 7.40 的缓冲溶液 1000ml？

解　(1) 选择缓冲系，查表知，25℃时，$H_2PO_4^-$ 的 $pK_a = 7.21$，三羟甲基甲胺盐酸盐 (Tris•HCl) 的 pK_a=7.85 均接近所配制的缓冲溶液的 pH。因此选择 NaH_2PO_4-Na_2HPO_4 或 Tris-Tris•HCl 缓冲系。

(2) 确定缓冲系的总浓度。(以 NaH_2PO_4-$NaHPO_4$ 为例说明)

为使缓冲系具有较强的缓冲能力和配制方便，选用 0.10mol•L^{-1} 的 NaH_2PO_4 和 0.10mol•L^{-1} 的 Na_2HPO_4 溶液。

应用式(2-12)得：

$$pH = pK_a + \lg\frac{n(\text{共轭碱})}{n(\text{共轭酸})}$$

$$7.40 = 7.21 + \lg\frac{V(HPO_4^{2-})}{V(H_2PO_4^-)}$$

$$\frac{V(HPO_4^{2-})}{V(H_2PO_4^-)} = 1.55$$

解得　$V(HPO_4^{2-}) = 608ml$　　$V(H_2PO_4^-) = 392ml$

将 608ml 0.10mol•L^{-1}Na_2HPO_4 溶液与 392ml 0.10mol•L^{-1}NaH_2PO_4 溶液混合，即可配制 1000ml pH = 7.40 的缓冲溶液，然后使用酸度计进行校正。

此外，在配制一定 pH 的弱酸及其共轭碱的缓冲溶液时，也常采用在一定量的弱酸溶液中，加入一定量的强碱，中和部分弱酸的方法形成缓冲对，以得到所需 pH 的缓冲溶液。

例 2-10　柠檬酸为三元弱酸(简写为 H_3A)，其 pK_{a1}=3.13；pK_{a2}=4.76；pK_{a3}=6.40。欲配制 pH 为 5.00 的柠檬酸缓冲溶液，现有 500ml 0.20mol•L^{-1} 柠檬酸，需加入多少 ml 0.40mol•L^{-1} 的 NaOH 溶液？

解　(1) pK_{a2}=4.76 最接近 5.00，所以选择 NaH_2A-Na_2HA 作缓冲系。

(2) 质子转移反应分两步进行：

第一步　将 H_3A 完全中和生成 NaH_2A。

即 $H_3A + NaOH \Longrightarrow NaH_2A + H_2O$

假设 H_3A 全部转化为 NaH_2A 需 NaOH 溶液 V_1ml

则有：0.20mol•L^{-1} × 500ml = 0.40mol•L^{-1} × V_1ml

$$V_1 = 250ml$$

第二步 NaH_2A 部分与 NaOH 反应生成 Na_2HA。

即 $NaH_2A + NaOH = Na_2HA + H_2O$

假设 NaH_2A 部分转化为 Na_2HA 需 NaOH 溶液 V_2ml

$n(Na_2HA) = 0.40V_2$mmol

$n(NaH_2A) = (100-0.40V_2)$mmol

根据公式(2-12)有：

$$pH = pK_a + \lg\frac{n(Na_2HA)}{n(NaH_2A)}$$

$$5.00 = 4.76 + \lg\frac{0.40V_2}{100 - 0.40V_2}$$

解得 $V_2 = 157$ml

所以共需加入 NaOH 溶液的体积为：$V_1 + V_2 = 250\text{ml} + 157\text{ml} = 407\text{ml}$

缓冲溶液也可按照现成的配方进行配制，常见的缓冲溶液配方见表 2-1～表 2-3。

表 2-1 醋酸-醋酸钠缓冲液（$0.2mol \cdot L^{-1}$）

pH	$0.2mol \cdot L^{-1}$ NaAc(ml)	$0.2mol \cdot L^{-1}$ HAc(ml)	pH	$0.2mol \cdot L^{-1}$ NaAc(ml)	$0.2mol \cdot L^{-1}$ HAc(ml)
3.6	0.75	9.35	4.8	5.90	4.10
3.8	1.20	8.80	5.0	7.00	3.00
4.0	1.80	8.20	5.2	7.90	2.10
4.2	2.65	7.35	5.4	8.60	1.40
4.4	3.70	6.30	5.6	9.10	0.90
4.6	4.90	5.10	5.8	6.40	0.60

表 2-2 磷酸氢二钠-磷酸二氢钠缓冲液（$0.2mol \cdot L^{-1}$）

pH	$0.2mol \cdot L^{-1}$ Na_2HPO_4(ml)	$0.2mol \cdot L^{-1}$ NaH_2PO_4(ml)	pH	$0.2mol \cdot L^{-1}$ Na_2HPO_4(ml)	$0.2mol \cdot L^{-1}$ NaH_2PO_4(ml)
5.8	8.0	92.0	7.0	61.0	39.0
5.9	10.0	90.0	7.1	67.0	33.0
6.0	12.3	87.7	7.2	72.0	28.0
6.1	15.0	85.0	7.3	77.0	23.0
6.2	18.5	81.5	7.4	81.0	19.0
6.3	22.5	77.5	7.5	84.0	16.0
6.4	26.5	73.5	7.6	87.0	13.0
6.5	31.5	68.5	7.7	89.5	10.5
6.6	37.5	62.5	7.8	91.5	8.5
6.7	43.5	56.5	7.9	93.0	7.0
6.8	49.0	51.0	8.0	94.7	5.3
6.9	55.0	45.0			

表 2-3 碳酸钠 - 碳酸氢钠缓冲液（0.1mol·L^{-1}）

pH	0.1mol·L^{-1} Na_2CO_3（ml）	0.1mol·L^{-1} $NaHCO_3$（ml）
9.16	1.0	9.0
9.40	2.0	8.0
9.51	3.0	7.0
9.78	4.0	6.0
9.90	5.0	5.0
10.14	6.0	4.0
10.28	7.0	3.0
10.53	8.0	2.0
10.83	9.0	1.0

（二）标准缓冲溶液及其配制方法

标准缓冲溶液具有相对稳定的 pH 及较强的缓冲能力，常用于校正酸度计的 pH。它具有以下特点：

1. pH 准确可靠，性能稳定。
2. 有较高的缓冲容量和抗稀释能力。
3. 溶液的配制简便易行。

一些常用标准缓冲溶液的 pH 列于表 2-4。

表 2-4 标准缓冲溶液 pH

温度 /℃	草酸盐标准缓冲溶液	酒石酸盐标准缓冲溶液	邻苯二甲酸盐标准缓冲溶液	磷酸盐标准缓冲溶液	硼酸盐标准缓冲溶液	氢氧化钙标准缓冲溶液
0	1.67	—	4.00	6.98	9.46	13.42
5	1.67	—	4.00	6.95	9.40	13.21
10	1.67	—	4.00	6.92	9.33	13.00
15	1.67	—	4.00	6.90	9.27	12.81
20	1.68	—	4.00	6.88	9.22	12.63
25	1.69	3.56	4.01	6.86	9.18	12.45
30	1.69	3.55	4.01	6.85	9.14	12.30
35	1.69	3.55	4.02	6.84	9.10	12.14
40	1.69	3.55	4.04	6.84	9.06	11.98

本表数据主要录自中华人民共和国国家标准化学试剂 pH 值测定通则 GB 9724-88

由表 2-4 可看出，标准缓冲溶液通常是用规定浓度且逐级解离常数比较接近的单一两性物质或规定浓度的不同共轭酸、碱所配制。它们起缓冲作用的情况各不相同。配制标准缓冲溶液的水应是新煮沸过的重蒸馏水或纯化水，其 pH 应为 5.5～7.0。

四、缓冲溶液在医药学中的应用

缓冲溶液在医药中具有非常重要的意义。药剂的生产和保存，往往需要 pH 保持恒定。在人体内，各种体液均能保持其 pH 基本不变。缓冲作用对于理解和探讨人体生理机制和病理生理变化，特别是体液中的酸碱平衡、水盐代谢的正常状态和失调等原因有很大帮助。

1. 人体内各种体液均保持在一定 pH 范围内，表 2-5 列出了一些体液的 pH。

表 2-5 一些体液的 pH

体液	胃液	唾液	乳汁	脑脊液	血液	尿液
pH	1.0～3.0	6.0～7.5	6.6～7.6	7.3～7.5	7.35～7.45	4.8～7.5

2. 人体正常 pH 的维持与失控　血液是一个缓冲能力很强的缓冲溶液，包含有多对缓冲系，共同维持其 pH 恒定在 7.35～7.45 之间。血液中主要的缓冲系有 H_2CO_3-HCO_3^-和$H_2PO_4^-$-HPO_4^{2-}，此外还有血红蛋白和血浆蛋白缓冲系。

各缓冲系中，碳酸缓冲系在血液中含量最高（53%），缓冲能力最强，维持血液正常 pH 也最重要。碳酸在溶液中主要以溶解状态的 CO_2 形式存在，因而存在下列平衡：

$$CO_2(\text{溶解}) + H_2O \rightleftharpoons H_2CO_3 \rightleftharpoons H^+ + HCO_3^-$$

当人体内各组织和细胞在代谢过程中产生比碳酸强的酸性物质（如乳酸、磷酸等）进入血浆或摄入酸性物质时，血液中存在的大量的HCO_3^-就会与 H^+ 结合，使上述平衡向左移动，形成更多的碳酸。过量的碳酸将随着血液流经肺分解为水和二氧化碳，通过肺部以 CO_2 形式呼出，从而使血浆的 pH 恒定。但如果发生严重腹泻、脱水，则会使 [HCO_3^-] 减少，或肾功能衰竭导致 H^+ 排泄的减少，均会使血液 pH 下降，引起酸中毒。

当人体代谢产生的和摄入的碱性物质进入血浆时，均会引起血液中碱性物质的增加。H_2CO_3 起抗碱作用，使上述平衡向右移动。过量的HCO_3^-将随着血液流经肾，通过肾增加对HCO_3^-的排泄，从而恒定血浆 pH。但如果发生严重的呕吐或服用解酸药过量，均会使血液的 pH 升高，引起碱中毒。

总之，血浆 pH 的相对恒定依赖于血液内多种缓冲系的缓冲作用以及肺、肾的调节功能。

在临床检验中测定体内血液 CO_2 和 pH 对判断病人酸碱失调及其疗效观察具有重要作用。

3. 缓冲溶液在制药中的应用　药剂生产往往需要在一定的 pH 条件下进行。因此，常根据人体的生理条件、药物的稳定性和溶解性等因素，选择合适的缓冲物质稳定其 pH。

如葡萄糖和安乃近等注射液，其 pH 在灭菌后会发生改变，从而影响这些药物的稳定性和药效。通常采用盐酸、酒石酸、NaH_2PO_4-Na_2HPO_4、枸橼酸 - 枸橼酸钠等物质的稀溶液进行调节，从而使这些注射液的 pH 在加热灭菌过程中保持相对稳定。

又如维生素 C 注射液（$5mg \cdot ml^{-1}$）的 pH 为 3.0，它在酸性条件下比较稳定，为了减轻局部注射产生的疼痛和增加其稳定性，在生产过程中常加入 $NaHCO_3$，调节其 pH 在 5.5～6.0 之间。

抗生素注射液在 $pH>8$ 或 $pH<4$ 条件下稳定性较差，在不同 pH 时分解速率也不同。所以在配制其注射液时，常加入适量的缓冲物质。

人的泪液也具有一定的缓冲作用，其 pH 在 7.3～7.5 之间。滴眼剂 pH 如果不合适，会对眼黏膜产生刺激，眼睛会感到不适，甚至导致炎症。因此，在配制滴眼剂时，应根据滴眼剂的性质，适当加入一定的缓冲物质（如用磷酸盐缓冲溶液）调节其pH。

酸碱平衡与临床用药

临床上大多数药物为弱酸性药物和弱碱性药物，常用的弱酸性药物有水杨酸盐、巴比妥类药物、磺胺类、呋喃坦定、四环素和双香豆素等；常见的弱碱性药物有氨茶碱、奎宁、麻黄碱、胃得乐、地西泮、氯苯砜、苯丙胺和氯喹等。

这些药物的溶解度、解离度、吸收、分布和药效等均与体内、外酸碱度有关。

一、pH对药物溶解度和解离度的影响

弱酸性药物的溶解度随着溶液pH升高而增大；弱碱性药物的溶解度随着溶液的pH升高而减小。弱酸性药物在酸性环境中解离度低，弱碱性药物在碱性环境中解离度低。

二、pH对药物吸收的影响

人体胃内pH为1～3，小肠内pH为5～7，大肠内pH为7～8。弱酸性药物在胃中解离度低，主要以分子型存在，易从胃黏膜扩散吸收，所以它们主要在胃中吸收。弱碱性药物在肠中不易解离，主要以分子型存在，易扩散吸收，所以它们主要在肠中吸收。

三、pH对药物分布的影响

分子型药物可以自由通过细胞膜，离子型药物不能自由扩散通过细胞膜。药物在体内的分布保持一个动态平衡，而维持该平衡主要取决于分子型药物。当分布达平衡时，分子型药物在体内各处浓度近似相等，而离子型药物在各处浓度相差很大。

此外，pH还可影响药物排泄、药物副作用及体外药物配伍。

综上所述，通过改变pH可以明显影响药物的吸收和分布等，从而改变药物的药效。掌握并运用其规律，才能做到临床合理用药，充分发挥药物的药效。

学习小结

1. 酸碱质子理论　凡能给出质子（H^+）的物质称为酸；凡能接受质子（H^+）的物质称为碱；既能给出质子又能接受质子的物质，称为两性物质。

酸和碱的关系为：酸 $\rightleftharpoons$ 质子＋碱

酸碱反应的实质，就是两个共轭酸碱对之间质子传递的反应。

2. 酸碱平衡

（1）水的质子自递平衡常数K_w称为水的离子积。298K时，$K_w = 1.0 \times 10^{-14}$。$K_w$不仅适用于纯水，而且适用于所有稀水溶液。

（2）一元弱酸与其共轭碱的质子传递平衡常数的关系为：$K_a \cdot K_b = K_w$，酸愈强，其共轭碱愈弱，反之亦然。

（3）弱酸（弱碱）溶液pH的计算

一元弱酸（或弱碱）pH 的计算：当 $c/K_a \geqslant 500$（或 $c/K_b \geqslant 500$）时，$[H^+]=\sqrt{K_a \cdot c}$（或 $[OH^-]=\sqrt{K_b \cdot c}$）

多元弱酸或弱碱 pH 的计算：若 $K_{a1}(K_{b1}) >> K_{a2}(K_{b2}) >> K_{a3}(K_{b3})$，且 $c/K_{a1}(K_{b1}) \geqslant 500$ 时，计算多元弱酸溶液中的 $[H^+]=\sqrt{c \cdot K_{a1}}$，多元弱碱中的 $[OH^-]=\sqrt{K_{b1} \cdot c}$

（4）同离子效应和盐效应　在弱电解质溶液中，加入一种与该弱电解质含有相同离子的强电解质时，可使弱电解质的解离度降低，这种现象称为同离子效应。在弱电解质溶液中加入与弱电解质不含相同离子的强电解质盐类时，可使弱电解质的解离度略有增大，这种现象称为盐效应。

3. 缓冲溶液　能够抵抗少量强酸、强碱或稀释，而保持其 pH 基本不变的作用，称为缓冲作用，具有缓冲作用的溶液称为缓冲溶液。

缓冲溶液 pH 的计算：$pH = pK_a + \lg\frac{[共轭碱]}{[共轭酸]} = pK_a + \lg\frac{c(共轭碱)}{c(共轭酸)}$

缓冲溶液的配制原则。

（张爱平）

复习题

1. 根据酸碱质子理论，判断下列物质哪些是酸？哪些是碱？哪些是两性物质？

H_2O、H_2CO_3、$H_2PO_4^-$、NH_4^+、NH_4Ac、OH^-、Cl^-、NH_3、H_3O^+、$NH_3{}^+-CH_2-COO^-$、$[Al(H_2O)_6]^{3+}$、S^{2-}

2. 在氨水中加入少量下列物质，氨水的解离常数、解离度及溶液的 pH 有何变化？

（1）NaOH　（2）HCl　（3）NH_4Cl　（4）H_2O　（5）NaCl

3. 计算下列溶液的 pH

（1）0.10mol·L^{-1} 氨水和 0.10mol·L^{-1} HCl 的等体积混合溶液

（2）0.10mol·L^{-1} NaOH 和 0.10mol·L^{-1} HAc 的等体积混合溶液

（3）0.10mol·L^{-1} NaOH 和 0.10mol·L^{-1} HCl 的等体积混合溶液

4. 解热镇痛药阿司匹林（HAsp）在水中的解离反应为：$HAsp \rightleftharpoons H^+ + Asp^-$，已知：HAsp 的 $K_a=3.31\times10^{-4}$，试计算其共轭碱的 K_b 及浓度为 0.10mol·L^{-1} HAsp 溶液的 pH 和 α。

5. 麻黄碱是一元弱碱，常用作喷鼻剂，已知其 $K_b=9.08\times10^{-5}$，试计算浓度为 0.10mol·L^{-1} 的麻黄碱溶液的 pH 及 α。

6. 根据酸碱质子理论，判断下列酸碱对哪些是共轭酸碱对？

H_3PO_4 - $H_2PO_4^-$　　H_3PO_4 - HPO_4^{2-}　　H_3PO_4 - PO_4^{3-}　　$H_2PO_4^-$ - HPO_4^{2-}

$H_2PO_4^-$ - PO_4^{3-}　　HPO_4^{2-} - PO_4^{3-}

7. 欲配制 pH＝3 和 pH＝9 的缓冲溶液，选择下列哪组缓冲对合适？

（1）甲酸和甲酸钠，$K_a=1.8\times10^{-4}$

（2）氨水和氯化铵，$K_b=1.75\times10^{-5}$

(3) 醋酸和醋酸钠，$K_a=1.75\times10^{-5}$

(4) 磷酸二氢钠和磷酸氢二钠，$K_a=6.17\times10^{-8}$

8. 临床上主要通过血气分析检验诊断单纯性的酸碱平衡失调，以下是血气分析检验测得的三位患者血浆中的 HCO_3^- 和 H_2CO_3 的浓度（已知：H_2CO_3 的 $pK_a=6.10$）：

甲患者：$[HCO_3^-]=56.0mmol\cdot L^{-1}$，$[H_2CO_3]=1.40mmol\cdot L^{-1}$

乙患者：$[HCO_3^-]=24.0mmol\cdot L^{-1}$，$[H_2CO_3]=1.20mmol\cdot L^{-1}$

丙患者：$[HCO_3^-]=21.6mmol\cdot L^{-1}$，$[H_2CO_3]=1.35mmol\cdot L^{-1}$

试计算三位患者血浆的 pH 并诊断他们是否正常？

9. 按照酸性由强到弱顺序排列下列质子酸：

HAc　HCN　H_3PO_4　$H_2PO_4^-$　HPO_4^{2-}　NH_4^+　H_2S　H_2CO_3

10. 判断下列说法是否正确？

(1) 高浓度的强酸或强碱溶液是缓冲溶液。　(　)

(2) 酸给出质子的能力愈强，其共轭碱的碱性就愈强。　(　)

(3) H_2O 的共轭酸为 H^+，共轭碱为 OH^-。　(　)

(4) 在一定温度下，由于纯水、稀酸和稀碱溶液中 $[H^+]$ 不同，所以水的离子积 K_w 也不同。　(　)

(5) HAc 溶液加水稀释时，HAc 的解离度增大，但溶液中的 H^+ 浓度降低。　(　)

(6) 在 HAc 溶液加入少量 NaCl，其解离度会减小。　(　)

(7) 弱酸性药物在酸性环境中比在碱性环境中解离度更低。　(　)

(8) 人体血液正常的 pH 范围为 7.35～7.45。　(　)

(9) HAc 溶液和 NaCl 溶液混合后可以组成缓冲溶液。　(　)

(10) 根据酸碱质子理论，氨基酸是质子酸。　(　)

11. 将 20ml $0.10mol\cdot L^{-1}$ HAc 溶液与 10ml $0.10mol\cdot L^{-1}$NaOH 溶液混合，计算所得混合溶液的 pH。已知：HAc 的 $pK_a=4.75$

第三章

沉淀溶解平衡

学习目标

1. 掌握难溶强电解质溶度积的意义；溶度积与溶解度之间的换算关系；应用溶度积规则判断沉淀的生成、溶解及分级沉淀。
2. 熟悉难溶强电解质的沉淀溶解平衡中沉淀的转化方法。
3. 了解难溶电解质沉淀溶解平衡在医药学中的应用。

不同物质的溶解度可以有很大差异。理论上，绝对不溶解的物质是没有的。通常把溶解度小于 0.01g /100g（H_2O）的物质称为难溶物或微溶物*。在强电解质中，AgCl、$CaCO_3$、PbS 等这一类物质，它们在水中的溶解度很小，但溶解的部分是全部解离的，这类电解质称为难溶性强电解质。本章，主要介绍难溶强电解质在水溶液中的沉淀溶解平衡问题。

第一节　难溶电解质的沉淀溶解平衡

一、溶度积常数

难溶电解质在水溶液中的溶解过程与 NaCl 晶体的溶解相似（见第一章）。在一定温度下，将 NaCl 溶液滴加到一定量的 $AgNO_3$ 溶液中，此时 Ag^+ 和 Cl^- 作用产生白色的 AgCl 沉淀，此过程称为沉淀。同时固态 AgCl 表面上的 Ag^+ 和 Cl^- 在极性水分子的吸引下，部分脱离固体表面，成为水合银离子 $Ag^+(aq)$ 和水合氯离子 $Cl^-(aq)$ 而进入溶液，此过程称为溶解。难溶电解质的沉淀和溶解是一个可逆过程。在一定条件下，当沉淀与溶解的速率相等时，便达到固体难溶电解质与溶液中水合离子间的动态的平衡，称为沉淀溶解平衡或溶解 - 沉淀平衡。此过程可表示如下：

$$AgCl(s) \underset{沉淀}{\overset{溶解}{\rightleftharpoons}} Ag^+(aq) + Cl^-(aq)$$

这一多相平衡的平衡常数表达式为：

$$K_{sp} = [Ag^+][Cl^-]$$

* 我国药典把 1 g 物质能溶解在 100～1000ml 溶剂中的称为微溶，能溶解在 1000～10 000ml 溶剂中的称为极微溶解。

K_{sp} 称为溶度积常数，简称溶度积。显然，溶度积的数值大小反映了难溶电解质在水中的溶解能力。

对于任一难溶强电解质 A_aB_b，在水溶液中存在如下沉淀溶解平衡：

$$A_aB_b(s) \rightleftharpoons aA^{n+}(aq) + bB^{m-}(aq)^*$$

$$K_{sp}=[A^{n+}]^a[B^{m-}]^b \tag{3-1}$$

式(3-1)表明：在一定温度下，难溶电解质的饱和溶液中离子浓度幂之乘积为一常数。严格意义上讲，溶度积应以离子活度幂的乘积来表示，但在稀溶液中，由于离子强度很小，活度因子趋近于1，$c \approx a$，故可用浓度代替活度。一些常见难溶电解质的 K_{sp} 列于附录6。

二、溶度积与溶解度的关系

在一定温度下，溶度积(K_{sp})和溶解度(符号 s)都可表示难溶电解质在水中的溶解能力，在一定条件下，它们之间可以相互换算。

设难溶电解质 A_aB_b 的溶解度为 s(mol·L^{-1})，溶解达到平衡时：

$$A_aB_b(s) \rightleftharpoons aA^{n+}(aq) + bB^{m-}(aq)$$

平衡浓度 /mol·L^{-1}　　　　as　　　　bs

$$K_{sp}=[A^{n+}]^a \cdot [B^{m-}]^b=(as)^a \cdot (bs)^b=a^a \cdot b^b \cdot s^{(a+b)}$$

$$s=\sqrt[a+b]{\frac{K_{sp}}{a^a \cdot b^b}}$$

例 3-1　已知在25℃时，AgCl 的溶解度 1.90×10^{-4}g/100gH_2O，求 AgCl 的 K_{sp}。

解　首先考虑将 AgCl 的溶解度的单位换算成 mol·L^{-1}

已知 M(AgCl)=143.4g·mol^{-1}，则 AgCl 的溶解度为

$$s=\frac{1.91\times10^{-3}\text{g}\cdot\text{L}^{-1}}{143.4\text{g}\cdot\text{mol}^{-1}}=1.33\times10^{-5}\text{mol}\cdot\text{L}^{-1}$$

AgCl 溶于水达到溶解平衡时，由 AgCl 溶解产生的 Ag^+ 和 Cl^- 浓度相等，所以在 AgCl 饱和溶液中，$[Ag^+]=[Cl^-]=1.33\times10^{-5}$mol·L^{-1}

$$K_{sp}(\text{AgCl})=[Ag^+][Cl^-]=(1.33\times10^{-5})^2=1.77\times10^{-10}$$

例 3-2　已知在298K 时 AgCl 的 $K_{sp}=1.77\times10^{-10}$，AgBr 的 $K_{sp}=5.35\times10^{-13}$，求该温度下 AgCl 和 AgBr 的溶解度 s。

解　$AgCl(s) \rightleftharpoons Ag^+(aq)+Cl^-(aq)$

当 AgCl 溶于水达到沉淀溶解平衡时：$[Ag^+]=[Cl^-]=s$

$$K_{sp}(\text{AgCl})=[Ag^+][Cl^-]$$

$$K_{sp}(\text{AgCl})=[Ag^+][Cl^-]=s\times s=1.77\times10^{-10}$$

$$s(\text{AgCl})=\sqrt{1.77\times10^{-10}}=1.33\times10^{-5}\text{mol}\cdot\text{L}^{-1}$$

* 式中，an = bm。

同理：　　$s(AgBr)=\sqrt{5.35\times10^{-13}}=7.31\times10^{-7}(mol\cdot L^{-1})$

例 3-3　Ag_2CrO_4 在 298K 时的 $s=6.54\times10^{-5}mol\cdot L^{-1}$，计算其 K_{sp}。

解　在 Ag_2CrO_4 饱和溶液中，存在平衡

$$Ag_2CrO_4(s)\rightleftharpoons 2Ag^+(aq)+CrO_4^{2-}(aq)$$

由反应式可知，每生成 1mol CrO_4^{2-}，同时生成 2mol Ag^+，即

$$[Ag^+]=2\times6.54\times10^{-5}mol\cdot L^{-1},\ [CrO_4^{2-}]=6.54\times10^{-5}mol\cdot L^{-1}$$

$$\begin{aligned}K_{sp}(Ag_2CrO_4)&=[Ag^+]^2[CrO_4^{2-}]\\&=(2\times6.54\times10^{-5})^2\times(6.54\times10^{-5})\\&=1.12\times10^{-12}\end{aligned}$$

将上述例题的计算结果列于表 3-1。

表 3-1　不同类型难溶电解质的溶解度与 K_{sp} 的比较

电解质类型	难溶电解质	$s/(mol\cdot L^{-1})$	K_{sp}
AB	AgCl	1.33×10^{-5}	1.77×10^{-10}
AB	AgBr	7.31×10^{-7}	5.35×10^{-13}
A_2B	Ag_2CrO_4	6.54×10^{-5}	1.12×10^{-12}

由表 3-1 可以得到如下规律：

(1) 由于 $K_{sp}(AgCl)>K_{sp}(AgBr)$，所以 $s(AgCl)>s(AgBr)$，即：对于相同类型的难溶电解质(指组成离子的数目相同)，可以用溶度积 K_{sp} 的大小直接比较它们溶解度 s 的大小。

(2) 对于不同类型的难溶电解质，不能直接用 K_{sp} 来比较 s 的大小。例如 $K_{sp}(AgCl)>K_{sp}(Ag_2CrO_4)$，但反而 $s(AgCl)<s(Ag_2CrO_4)$，这是由于 Ag_2CrO_4 溶度积的表达式与 AgCl 的不同，因此，必须经过计算才能进行比较。

由于影响难溶电解质溶解度的因素很多，因此，运用 K_{sp} 与 s 之间的相互关系进行直接换算时，应当满足一定的条件：

(1) 仅适用于稀溶液，即可以忽略离子强度的影响，其浓度可以代替活度的溶液。如果是溶解度较大的微溶电解质(如 $CaSO_4$、$CaCrO_4$ 等)，由于离子强度较大，用浓度进行计算时，将产生较大误差。

(2) 仅适用于溶解后解离出的离子在水溶液中不发生副反应或副反应程度很小的物质。对于能产生 S^{2-}、CO_3^{2-}、PO_4^{3-}、Fe^{3+} 的物质而言，由于其可以发生水解等反应，不能用上述方法换算。

(3) 仅适用于难溶电解质溶于水的部分完全解离。而对于 $PbCl_2$、Hg_2Cl_2、Hg_2I_2 等共价性较强的化合物，溶液中还存在溶解了的分子与水合离子之间的解离平衡，用上述方法换算也会产生较大误差。

三、溶度积规则

如前所述，溶度积 K_{sp} 是指难溶电解质的饱和溶液中离子浓度幂的乘积，而在任意情况下，离子浓度幂的乘积称为离子积 Q。Q 和 K_{sp} 的表达形式类似，但其含义不同。K_{sp} 仅是 Q 的

一个特例。对某一溶液，Q 和 K_{sp} 的关系可以有三种情况：

（1）$Q<K_{sp}$ 时，溶液是不饱和溶液，溶液中没有沉淀析出，若加入难溶电解质固体，则会继续溶解，直到达饱和溶液为止。

（2）$Q=K_{sp}$ 时，溶液是饱和溶液，这时溶液中的沉淀与溶解达到动态平衡。

（3）$Q>K_{sp}$ 时，溶液是过饱和溶液，溶液将会有沉淀析出，直至溶液处于饱和。

上述规律称为溶度积规则，它是难溶电解质沉淀与溶解平衡移动规律的总结，也是判断沉淀的生成和溶解的依据。

问题与思考

1. 使用溶度积表达式进行有关计算时，需要满足什么条件？

2. 比较任意两个难溶电解质的溶解度大小，能否直接根据其溶度积常数的大小进行判断？

第二节　沉淀溶解平衡的移动

一、沉淀的生成

（一）沉淀的生成

根据溶度积规则，当溶液中的 $Q>K_{sp}$ 时，就会生成沉淀。

例 3-4　已知 298K 时，$BaSO_4$ 的 $K_{sp}=1.07\times10^{-10}$，若将 0.020mol·L^{-1} 的 $BaCl_2$ 溶液和 0.020mol·L^{-1} 的 Na_2SO_4 溶液等体积混合，是否有沉淀生成？

解　两种溶液等体积混合后，$[Ba^{2+}]=0.010$mol·L^{-1}，$[SO_4^{2-}]=0.010$mol·L^{-1}，此时

$$Q(BaSO_4)=[Ba^{2+}][SO_4^{2-}]=0.010\times0.010=1.07\times10^{-4}>K_{sp}(BaSO_4)=1.07\times10^{-10}$$

因此溶液中有 $BaSO_4$ 沉淀析出。

例 3-5　分别计算 $BaSO_4$：（1）在纯水；（2）在 0.10mol·L^{-1} Na_2SO_4 溶液中的溶解度。

解　（1）在纯水中，当 $BaSO_4$ 达到沉淀溶解平衡时：

$$BaSO_4(s) \rightleftharpoons Ba^{2+}(aq) + SO_4^{2-}(aq)$$

平衡时 /（mol·L^{-1}）　　s　　s

$$s(BaSO_4)=\sqrt{K_{sp}}=\sqrt{1.07\times10^{-10}}=1.04\times10^{-5}(\text{mol}\cdot\text{L}^{-1})$$

（2）在 0.10mol·L^{-1} Na_2SO_4 溶液中的溶解度

在有 SO_4^{2-} 离子存在的溶液中，沉淀溶解达到平衡时，

$$BaSO_4(s) \rightleftharpoons Ba^{2+}(aq) + SO_4^{2-}(aq)$$

平衡时 /（mol·L^{-1}）　　s　　$0.10+s\approx0.10$

$$K_{sp}(BaSO_4)=[Ba^{2+}][SO_4^{2-}]=s(0.10)=0.10s$$

$$s = K_{sp}/0.10 = 1.07 \times 10^{-9} (mol \cdot L^{-1})$$

计算结果表明，在 0.10mol·L^{-1} Na_2SO_4 溶液中 $BaSO_4$ 的溶解度比在纯水中降低了近 10^4 倍。

以上计算结果说明：在 $BaSO_4$ 的沉淀溶解平衡体系中，因为 Na_2SO_4 的存在增加了SO_4^{2-}的浓度，使 $BaSO_4$ 溶解度降低。我们把这种因加入含有相同离子的强电解质，从而使难溶电解质的溶解度降低的效应称为同离子效应。根据同离子效应，要使溶液中 Ba^{2+}沉淀更为完全，应加入适当过量的沉淀剂（如 Na_2SO_4）。

在 $BaSO_4$ 或 AgCl 沉淀的饱和溶液中，若加入一定量的不含相同离子的强电解质时（如 KNO_3），这两种沉淀的溶解度都比在纯水中的溶解度略微增大。这种因加入不含有相同离子的强电解质而使沉淀溶解度略微增大的效应称为盐效应。

需要指出的是，在沉淀溶液中某种离子的时候，沉淀剂的用量并不是愈多愈好，因为过量沉淀剂同样会增大溶液的离子强度而使沉淀的溶解度增大。

（二）分步沉淀

如果在溶液中存在两种或两种以上的离子可与同一沉淀剂反应，必须考虑这些问题：哪一种离子先沉淀？后一种离子开始沉淀时，先沉淀的离子是否沉淀完全？根据溶度积规则，最先析出沉淀的是其离子积首先达到溶度积的离子，这种按先后顺序沉淀的现象，称为分步沉淀或分级沉淀。

例 3-6　在含有 Cl^- 和CrO_4^{2-}离子浓度均为 0.0010mol·L^{-1} 的溶液中，滴加 $AgNO_3$ 溶液时，哪种离子最先沉淀？当第二种离子刚开始沉淀时，溶液中残留的第一种离子浓度为多少？（忽略溶液体积的变化）。已知 $K_{sp}(AgCl) = 1.77 \times 10^{-10}$，$K_{sp}(Ag_2CrO_4) = 1.12 \times 10^{-12}$。

解　根据溶度积规则：

AgCl 开始沉淀时所需的 Ag^+ 最低浓度：

$$[Ag^+] = K_{sp}(AgCl)/[Cl^-] = (1.77 \times 10^{-10}/0.0010) = 1.77 \times 10^{-7} (mol \cdot L^{-1})$$

Ag_2CrO_4 开始沉淀时所需的 Ag^+ 最低浓度：

$$[Ag^+] = \sqrt{K_{sp}(Ag_2CrO_4)/[CrO_4^{2-}]} = \sqrt{1.12 \times 10^{-12}/0.0010} = 3.35 \times 10^{-5} (mol \cdot L^{-1})$$

计算表明，沉淀 Cl^- 所需的 $[Ag^+]$ 比沉淀CrO_4^{2-}所需的 $[Ag^+]$ 少，所以 AgCl 先沉淀。当加入的 $[Ag^+] = 3.35 \times 10^{-5}$mol·$L^{-1}$ 时，Ag_2CrO_4 开始沉淀，此时溶液中剩余的 Cl^- 浓度为：

$$[Cl^-] = K_{sp}(AgCl)/[Ag^+] = (1.77 \times 10^{-10}/3.35 \times 10^{-5}) = 5.28 \times 10^{-6} (mol \cdot L^{-1})$$

分级沉淀可以使混合溶液中的离子依次沉淀，因此可以利用分级沉淀达到分离混合溶液中各种离子的目的。

二、沉淀的溶解

根据溶度积规则，要使沉淀溶解，必须减小该难溶电解质饱和溶液中某一离子的浓度，以使其 $Q<K_{sp}$。对于不同类型的沉淀，可通过不同的化学反应，减小离子的浓度，从而达到沉淀溶解的目的。常用的使沉淀溶解的方法有：

（一）生成弱电解质

弱电解质包括弱酸、弱碱、水等。例如：难溶的氢氧化物 $Mg(OH)_2$、$Mn(OH)_2$ 和 $Fe(OH)_3$ 等，与酸反应生成难解离的水。如 $Fe(OH)_3$ 可以加入 HCl 使其溶解。

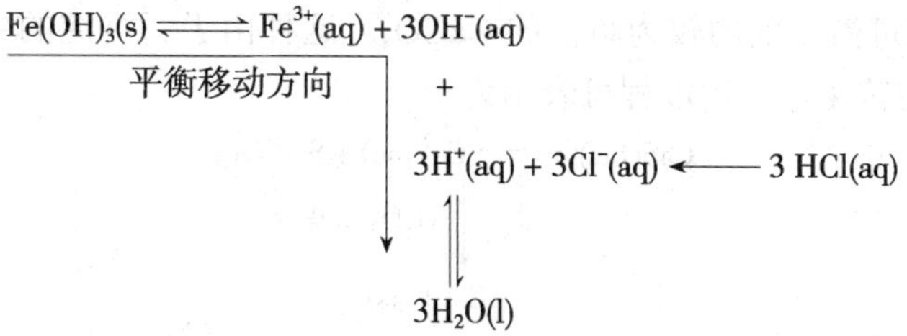

$$\begin{array}{l} Fe(OH)_3(s) \rightleftharpoons Fe^{3+}(aq) + 3OH^-(aq) \\ \qquad\qquad\qquad\qquad\qquad + \\ \qquad\qquad 3H^+(aq) + 3Cl^-(aq) \longleftarrow 3HCl(aq) \\ \qquad\qquad\qquad \Updownarrow \\ \qquad\qquad\qquad 3H_2O(l) \end{array}$$

平衡移动方向

加入 HCl 后，H^+ 和 OH^- 结合生成 H_2O，使沉淀平衡体系中 $[OH^-]$ 降低，$Q\{Fe(OH)_3\}<K_{sp}\{Fe(OH)_3\}$，于是 $Fe(OH)_3$ 沉淀溶解。

难溶的弱酸盐，如磷酸盐、碳酸盐、草酸盐、硫化物、氟化物等，当加入强酸时，若难溶盐的溶度积 K_{sp} 比较大，或生成的弱酸的解离平衡常数 K_a 值比较小，则有可能使沉淀平衡向右移动，从而使沉淀溶解。

例如在 ZnS 沉淀中加入 HCl，由于 H^+ 与 S^{2-} 结合生成 HS^-，再与 H^+ 结合生成 H_2S 气体，使 ZnS 的 $Q(ZnS)<K_{sp}(ZnS)$，沉淀溶解。

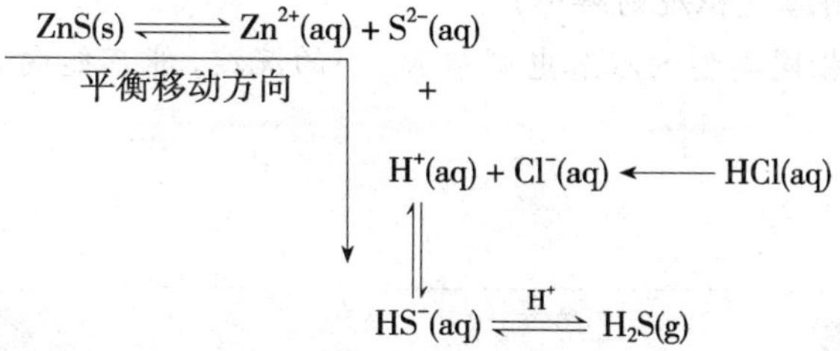

$$\begin{array}{l} ZnS(s) \rightleftharpoons Zn^{2+}(aq) + S^{2-}(aq) \\ \qquad\qquad\qquad\qquad + \\ \qquad\qquad H^+(aq) + Cl^-(aq) \longleftarrow HCl(aq) \\ \qquad\qquad\qquad \Updownarrow \\ \qquad\qquad HS^-(aq) \xrightleftharpoons{H^+} H_2S(g) \end{array}$$

平衡移动方向

（二）生成配位化合物

AgCl 沉淀不能溶于 HNO_3、H_2SO_4 等强酸，但可溶于氨水，

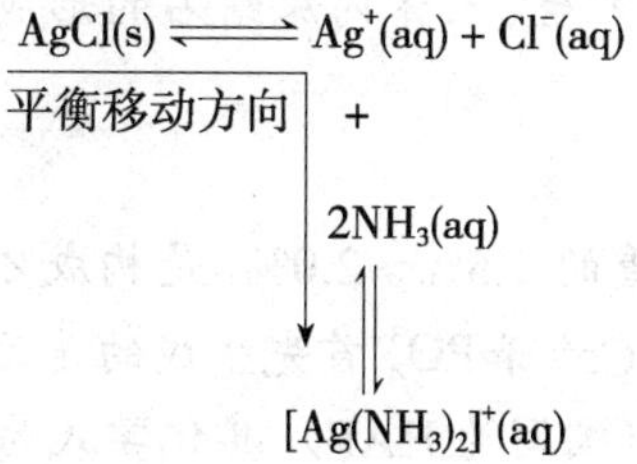

$$\begin{array}{l} AgCl(s) \rightleftharpoons Ag^+(aq) + Cl^-(aq) \\ \qquad\qquad\qquad + \\ \qquad\qquad\qquad 2NH_3(aq) \\ \qquad\qquad\qquad \Updownarrow \\ \qquad\qquad [Ag(NH_3)_2]^+(aq) \end{array}$$

平衡移动方向

由于 Ag^+ 可以和 NH_3 结合成难解离的配合物 $[Ag(NH_3)_2]^+$，使溶液中的 $[Ag^+]$ 降低，导致 AgCl 沉淀溶解。沉淀溶解生成配合物的反应将在第七章配位化合物中详细介绍。

（三）利用氧化还原反应使沉淀溶解

由于金属硫化物的 K_{sp} 值相差很大，故其溶解情况大不相同。如 ZnS、PbS、FeS 等 K_{sp} 值较大的金属硫化物都能溶于盐酸。而如 CuS K_{sp} 值很小的金属硫化物不能溶于盐酸，但可溶于硝酸。这是由于 HNO_3 可将 S^{2-} 离子氧化为 S 单质，使溶液中 $[S^{2-}]$ 降低，$Q(CuS)<K_{sp}(CuS)$，从而达到 CuS 溶解的目的。反应如下

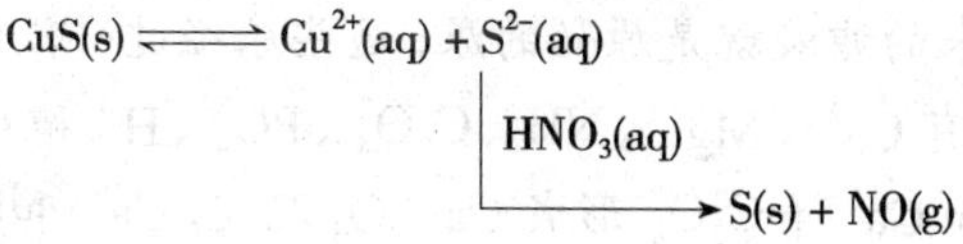

$$\begin{array}{l} CuS(s) \rightleftharpoons Cu^{2+}(aq) + S^{2-}(aq) \\ \qquad\qquad\qquad\qquad \Big| \; HNO_3(aq) \\ \qquad\qquad\qquad\qquad \longrightarrow S(s) + NO(g) \end{array}$$

总反应式为：$3CuS(s)+8HNO_3(aq)=3Cu(NO_3)_2(aq)+3S(s)+2NO(g)+4H_2O(l)$

（四）沉淀的转换

锅炉水垢中含有难溶于水且又难溶于酸的 $CaSO_4$，该锅垢可用饱和 Na_2CO_3 溶液多次浸泡

后处理，能够转化为可溶于酸的较为疏松的 $CaCO_3$。这种由于新沉淀的生成促使原有沉淀溶解的过程称为沉淀的转化。上述过程可表示为：

$$\begin{array}{c} CaSO_4(s) \rightleftharpoons Ca^{2+}(aq) + SO_4^{2-}(aq) \\ \downarrow +CO_3^{2-}(aq) \\ CaCO_3(s) \end{array}$$

沉淀能否转化及转化的程度取决于两种沉淀溶度积的相对大小。当沉淀的类型相同时，K_{sp} 大的沉淀容易转化成 K_{sp} 小的沉淀，且两者 K_{sp} 相差越大，转化越完全。

问题与思考

1. 分步沉淀时，是不是 K_{sp} 小的物质一定先沉淀析出？

2. 为什么有些金属硫化物可以溶于盐酸（如：ZnS、PbS、FeS 等），而 HgS、CuS 等却不能溶解于盐酸中，试用溶度积规则解释？

3. 沉淀转化时，相同类型的难溶电解质 K_{sp} 小的沉淀，能不能向 K_{sp} 大的沉淀转化？

沉淀溶解平衡在生命科学中的应用

人体骨骼的形成与龋齿的产生、人体内尿结石的形成等都涉及一些与沉淀溶解平衡有关的原理。

（一）骨骼的形成与龋齿的产生

在正常人体内，钙约占体重的 1.5%～2.0%，是构成牙齿和骨骼的主要成分。在人体的生理条件下（37℃、pH 为 7.4），Ca^{2+} 和 PO_4^{3-} 首先生成的是无定形磷酸钙，后转变成磷酸八钙，最后变成更稳定的羟基磷灰石（缩写为 HAP），其化学式为 $Ca_{10}(OH)_2(PO_4)_6$。

人类口腔最常见的疾病——龋齿的产生与沉淀溶解平衡密切相关。人的牙齿的牙釉质很坚硬。然而，当人们用餐后，如果食物长期滞留在牙缝处腐烂，就会滋生细菌，从而产生有机酸类物质，这类酸性物质会使牙釉质中的 HAP 开始溶解：

$$Ca_{10}(OH)_2(PO_4)_6(s) + 8H^+(aq) = 10Ca^{2+}(aq) + 6HPO_4^{2-}(aq) + 2H_2O(l)$$

长期发展则会产生龋齿，罪魁祸首是 HAP 溶于细菌代谢产生的有机酸。

（二）尿结石的形成

在人体内，尿形成的第一步是进入肾脏的血通过肾小球过滤，把蛋白质、细胞等大分子和“有形物质”滤掉，出来的滤液就是原始的尿，这些尿经过一段细小管道进入膀胱，在这一段细小管道中的尿液含有 Ca^{2+}、Mg^{2+}、NH_4^+、$C_2O_4^{2-}$、PO_4^{3-}、H^+ 和 OH^- 等离子，这些离子互相之间会生成沉淀物质，如 Ca^{2+} 和 $C_2O_4^{2-}$ 形成 CaC_2O_4 沉淀，Ca^{2+} 和 PO_4^{3-} 会形成磷酸钙沉淀，这些物质就会形成尿结石。血液通过肾小球前通常对 CaC_2O_4 是过饱和的，即 $Q=[Ca^{2+}][C_2O_4^{2-}]>K_{sp}(CaC_2O_4)$，但由于血液中含有蛋白质等结晶抑制剂，$CaC_2O_4$ 难以形成沉淀。经过肾小球过滤后，蛋白质等物质被过滤，因此滤液在肾小管内会形成 CaC_2O_4 结晶，这种现象在一些人的尿中也有发生，只是形成小结石不会堵塞通道，停留时间短，容易随尿液排出。但有些人的尿中成石抑制物浓度太低，或肾功能不好，滤液流动速率太慢，停留时间长，这些因素都容易形成尿结石。因此，医学上常用加快排尿速率（即降低滤液停留时间）、加大尿量（减少 Ca^{2+}、$C_2O_4^{2-}$ 的浓度）等防治尿结石。生活中多饮水，也是防治尿结石的一种方法。

学习小结

1. 溶度积　在一定条件下，当难溶性强电解质在水溶液中溶解与沉淀的速率相等时，便达到固相难溶强电解质与溶液中离子间的动态的两相平衡，称为沉淀溶解平衡或溶解-沉淀平衡。

对于 A_aB_b 型的难溶电解质

$$A_aB_b(s) \rightleftharpoons aA^{n+}(aq) + bB^{m-}(aq)$$

$$K_{sp}=[A^{n+}]^a[B^{m-}]^b$$

式中，an＝bm。上式表明：在一定温度下，难溶电解质的饱和溶液中离子浓度幂的乘积为一常数，称为溶度积常数，简称溶度积用 K_{sp} 表示。

2. 溶度积与溶解度的关系　一般情况下，溶度积和溶解度（用 s 表示）都可表示难溶电解质在水中的溶解能力的大小，在一定条件下，可以进行换算。

设 A_aB_b 的溶解度为 s，溶解达平衡时

$$A_aB_b(s) \rightleftharpoons aA^{n+}(aq) + bB^{m-}(aq)$$

平衡浓度 /$mol \cdot L^{-1}$　　　as　　　bs

$$K_{sp}=[A^{n+}]^a \cdot [B^{m-}]^b=(as)^a \cdot (bs)^b=a^a \cdot b^b \cdot s^{(a+b)}$$

$$s=\sqrt[a+b]{\frac{K_{sp}}{a^a \cdot b^b}}$$

3. 溶度积规则　任意情况下，离子浓度幂的乘积称为离子积 Q。Q 和 K_{sp} 的表达形式类似，但其含义不同。K_{sp} 表示难溶电解质的饱和溶液中离子浓度幂的乘积，它仅是 Q 的一个特例。对某一溶液，Q 和 K_{sp} 关系可能有三种情况：

（1）$Q<K_{sp}$ 时，溶液是不饱和溶液，溶液中无沉淀析出，若加入难溶电解质，则会继续溶解，直到饱和为止。

（2）$Q=K_{sp}$ 时，溶液是饱和溶液，这时溶液中的沉淀与溶解达到动态平衡，既无沉淀析出又无沉淀溶解。

（3）$Q>K_{sp}$ 时，溶液是过饱和溶液，溶液中会有沉淀析出，直至溶液处于饱和。

上述结论称为溶度积规则，它是难溶电解质沉淀与溶解平衡移动规律的总结，也是判断沉淀生成和溶解的依据。

（李振泉）

复习题

1. 写出难溶强电解质$CaCO_3$、$Cu(OH)_2$、$Mg_3(PO_4)_2$、Ag_2S的溶度积表达式。

2. 已知298K时，$Mg(OH)_2$在纯水中的溶度积为5.61×10^{-12}，计算$Mg(OH)_2$的溶解度s，以$mol\cdot L^{-1}$表示。

3. 已知298K时，$BaCrO_4$在纯水中的溶解度为$2.91\times10^{-3}g\cdot L^{-1}$，计算$BaCrO_4$的溶度积。

4. 如何应用溶度积常数来比较难溶强电解质的溶解度？

5. 同离子效应和盐效应对难溶强电解质的溶解度有什么影响？

6. 将$0.20mol\cdot L^{-1}MgCl_2$溶液和等体积同浓度的氨水混合，能否生成$Mg(OH)_2$沉淀？已知$Mg(OH)_2$的$K_{sp}=5.61\times10^{-12}$，$NH_3$的$K_b=1.76\times10^{-5}$。

7. 在含有Fe^{2+}和Fe^{3+}离子浓度均为$0.010mol\cdot L^{-1}$的溶液中，滴加NaOH溶液时，哪种离子先沉淀？当第二种离子刚开始沉淀时，溶液中残留的第一种离子浓度为多少？（忽略溶液体积的变化）。已知$Fe(OH)_2$的$K_{sp}=4.87\times10^{-17}$，$Fe(OH)_3$的$K_{sp}=2.79\times10^{-39}$。

8. 分别计算AgBr：(1)在纯水中的溶解度(2)在$0.10mol\cdot L^{-1}$ KBr溶液中的溶解度。已知$K_{sp}(AgBr)=5.35\times10^{-13}$。

第四章

氧化还原

学习目标

1. 掌握元素氧化数的确定；用离子－电子法配平氧化还原反应方程式；原电池的表示方法；影响电池电动势及电极电势的因素；Nernst 方程及有关计算；电极电势的应用。

2. 熟悉氧化还原基本概念；原电池的类型；标准电极电势（标准氢电极，标准电极电势）；元素的电极电势图。

3. 了解电极电势产生的原因。

氧化还原反应是一类重要的化学反应，如煤和石油的燃烧、铁的生锈、高锰酸钾的消毒作用、营养物质在人体内的代谢等。人类一切生产活动与生命活动都离不开氧化还原过程。

第一节　氧化还原基本概念

一、氧　化　数

1970 年，国际纯粹与应用化学学会（IUPAC）提出了氧化数（又称氧化值）的定义：氧化数是指某元素的一个原子的表观荷电数，该荷电数是假定把每一化学键中的电子指定给电负性较大的原子而求得的。

确定氧化数的规则：① 单质中，元素的氧化数为零；② 在单原子离子中，元素的氧化数等于该离子所带的电荷数；③ 在大多数化合物中，氢的氧化数为 +1；只有在金属氢化物中氢的氧化数为 −1；④ 通常，氧在化合物中的氧化数为 −2；但是在过氧化物中，氧的氧化数为 −1，在超氧化物中，氧的氧化数为$-\frac{1}{2}$，在氟的氧化物中，如 OF_2 中，氧的氧化数为 +2；⑤ 中性分子中，各元素原子的氧化数的代数和为零，复杂离子的电荷等于各元素氧化数的代数和。

例如：H_5IO_6　I 的氧化数为 +7　　$S_2O_3^{2-}$　S 的氧化数为 +2

$S_4O_6^{2-}$　S 的氧化数为 +2.5　Fe_3O_4　Fe 的氧化数为 $+\frac{8}{3}$

二、氧化还原基本概念

1. 氧化与还原　元素原子的氧化数发生变化的化学反应称为氧化还原反应。氧化还原反应中氧化数的变化反映了电子的得与失，包括电子的转移和电子的偏移。

例如，甲烷和氧的反应：　$CH_4(g) + 2O_2(g) \rightleftharpoons CO_2(g) + 2H_2O(g)$

反应式中，CH_4 中碳原子的氧化值为 −4，反应后生成 CO_2，碳的氧化值升高到 +4；氧分子中氧原子的氧化值为 0，反应后生成 CO_2 和 H_2O，氧的氧化值降低到 −2。

在氧化还原反应中，元素氧化数升高的过程称为氧化反应，该物质称为还原剂；元素氧化数降低的过程称为还原反应，该物质称为氧化剂。

上例中，CH_4 是还原剂，它使 O_2 发生了还原反应，而 O_2 是氧化剂，它使 CH_4 发生了氧化反应。

又如：
$$Zn(s) + Cu^{2+}(aq) \rightleftharpoons Zn^{2+}(aq) + Cu(s)$$

反应中，Zn 失去了 2 个电子生成了 Zn^{2+}，Zn 的氧化值从 0 升高到 +2，Zn 被氧化（Cu^{2+} 是氧化剂）；Cu^{2+} 得到 2 个电子生成了 Cu，Cu 的氧化值从 +2 降低到 0，Cu^{2+} 被还原（Zn 是还原剂）。

从以上讨论可以得知：① 氧化还原反应的本质是物质在反应过程中有电子的得失；② 氧化还原反应中电子的得失既可以表现为电子的偏移，也可以表现为电子的转移。

本章重点讨论在溶液中进行的有电子转移的氧化还原反应。

2. 氧化还原半反应和氧化还原电对　根据电子得失关系，任何一个氧化还原反应都可以拆分成两个氧化还原半反应。例如：

$$Zn(s) + Cu^{2+}(aq) \rightleftharpoons Zn^{2+}(aq) + Cu(s)$$

反应中 Zn 失去电子，生成 Zn^{2+}，这个半反应是氧化反应：

$$Zn(s) - 2e^- \rightleftharpoons Zn^{2+}(aq)$$

Cu^{2+} 得到电子，生成 Cu，这个半反应是还原反应：

$$Cu^{2+}(aq) + 2e^- \rightleftharpoons Cu(s)$$

在氧化还原反应中，电子有得必有失，氧化半反应和还原半反应同时存在，且反应过程中得失电子的数目相等。

氧化还原半反应的通式为：

$$\text{氧化型} + ne^- \rightleftharpoons \text{还原型}$$

或
$$Ox + ne^- \rightleftharpoons Red$$

式中，n 为半反应中电子转移的数目。符号 Ox 表示氧化型物质；符号 Red 表示还原型物质。同一元素的氧化型物质及对应的还原型物质组成氧化还原电对。氧化还原电对通常写成：氧化型 / 还原型（Ox/Red），如 Cu^{2+}/Cu、Zn^{2+}/Zn。每个氧化还原半反应中都含有一个氧化还原电对。

当溶液中的介质参与半反应时，尽管它们在反应中未得失电子，但没有它们参与半反应就不能进行。为体现反应前后物料守恒和电荷守恒，也应将它们写入半反应中。例如：

$$MnO_4^-(aq) + 8H^+(aq) + 5e^- \rightleftharpoons Mn^{2+}(aq) + 4H_2O(l)$$

式中，电子转移数为 5，氧化型包括 MnO_4^- 和 H^+，还原型包括 Mn^{2+} 和 H_2O。

问题与思考

氧化还原反应的介质条件，除了由题意提供外，还有什么方法可以判断？

第二节 原电池与电极电势

一、原 电 池

（一）原电池

借助于氧化还原反应将化学能转化为电能的装置称为原电池。图 4-1 所示为 Cu-Zn 原电池。

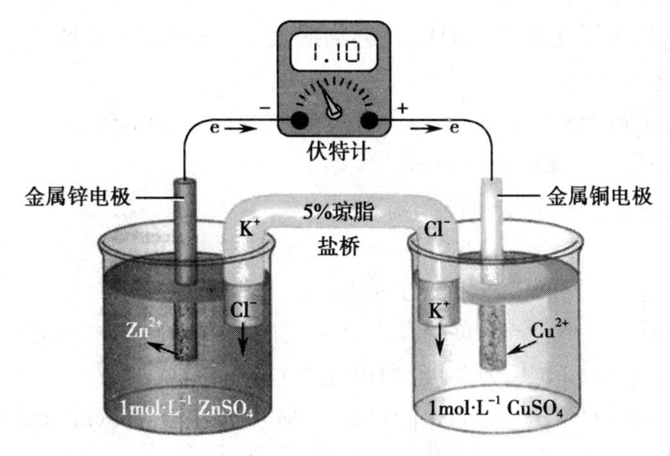

图 4-1 铜锌原电池

在上述原电池中，$ZnSO_4$ 溶液和 Zn 片构成 Zn 半电池，$CuSO_4$ 溶液和 Cu 片构成 Cu 半电池。半电池中的导体称为电极。根据检流计指针的偏转方向可知，电流从 Cu 电极流向 Zn 电极，电子从 Zn 电极流向 Cu 电极。Zn 电极输出电子，是原电池的负极；Cu 电极输入电子，是原电池的正极。负极失去电子，反应物发生氧化反应；正极得到电子，反应物发生还原反应：

负极反应 $Zn(s) \longrightarrow Zn^{2+}(aq) + 2e^-$ （氧化反应）

正极反应 $Cu^{2+}(aq) + 2e^- \longrightarrow Cu(s)$ （还原反应）

由正极反应和负极反应所构成的总反应，称为电池反应。

$$Zn(s) + Cu^{2+}(aq) \rightleftharpoons Cu(s) + Zn^{2+}(aq)$$

可以看出电池反应就是氧化还原反应，而负极反应是在 Zn 半电池中发生的氧化反应，正极反应是在 Cu 半电池中发生的还原反应。正负极之间的电子转移是经由导线（或负载）完成的，从而实现将氧化还原反应的化学能转化为电能。从理论上讲，任何一个氧化还原反应都可以设计成一个原电池。

（二）原电池的表示方法

原电池一般由两个半电池（或电极）组成。半电池包括电极板（电子导体）和电解质溶液，氧化还原电对中的电子得失反应在电极板与溶液的界面上进行。两个半电池由盐桥连接，它的作用是沟通原电池的回路。例如上述 Cu-Zn 原电池中，当电池反应发生时，电子经过由 Cu、Zn 电极板及导线和负载构成的外电路转移时，盐桥中电解质的正、负离子就会迁移到半电池中以维持溶液的电中性。

原电池的组成可以用电池组成式（电池符号）表示。上述 Cu-Zn 原电池的电池组成式是：

$$(-)Zn(s)|Zn^{2+}(c_1)\|Cu^{2+}(c_2)|Cu(s)(+)$$

书写电池组成式要注意以下几点：

(1) 用双竖线“‖”表示盐桥，将两个半电池分开，习惯上负极写在盐桥的左边，正极写在盐桥的右边，电极的极性在括号内用“+”、“−”号标注。

(2) 用单竖线“|”表示两相的界面，将不同相的物质分开；同一相中的不同物质用逗号“，”隔开。溶液中的溶质须在括号内标注浓度；气体物质须在括号内标注分压。如不注明，一般是指溶液浓度为 $1mol \cdot L^{-1}$ 或气体分压为 100kPa。

(3) 电池中，电极板写在外边，固体、气体物质紧靠电极板，溶液紧靠盐桥。

例 4-1 将氧化还原反应

$$2MnO_4^-(aq)+10Cl^-(aq)+16H^+(aq) = 2Mn^{2+}(aq)+5Cl_2(g)+8H_2O(l)$$

设计成原电池，写出该原电池的符号。

解 先将氧化还原反应分为两个半反应：

氧化反应 $2Cl^- \longrightarrow Cl_2(g)+2e^-$

还原反应 $MnO_4^-+8H^+(aq)+5e^- \longrightarrow Mn^{2+}+4H_2O$

原电池的正极发生还原反应，负极发生氧化反应。因此将两个电对组成原电池时，电对 MnO_4^-/Mn^{2+} 为正极，电对 Cl_2/Cl^- 为负极，原电池符号为：

$$(-)Pt|Cl_2(p)|Cl^-(c_1)\|H^+(c_2),Mn^{2+}(c_3),MnO_4^-(c_4)|Pt(+)$$

（三）电极类型

常用电极可分为四种类型：

1. 金属电极　以金属为电极板，插入含有该金属离子的溶液中构成的电极。如 Zn^{2+}/Zn 电极

电极组成式 $Zn(s)|Zn^{2+}(c)$

电极反应 $Zn^{2+}(aq)+2e^- \rightleftharpoons Zn(s)$

2. 气体电极　将气体通入含有相应离子的溶液中，并用惰性导体（如石墨或金属铂）做电极板所构成的电极。如：氯电极

电极组成式 $Pt(s)|Cl_2(p)|Cl^-(c)$

电极反应 $Cl_2(g)+2e^- \rightleftharpoons 2Cl^-(aq)$

3. 金属 - 金属难溶盐电极　在金属表面涂有该金属难溶盐的固体，然后浸入与该盐具有相同阴离子的溶液中所构成的电极。如：Ag-AgCl 电极，在 Ag 的表面涂有 AgCl，然后浸入有一定浓度的 Cl^- 溶液中。

电极组成式 $Ag(s)|AgCl(s)|Cl^-(c)$

电极反应 $AgCl(s)+e^- \rightleftharpoons Ag(s)+Cl^-(aq)$

4．氧化还原电极　将惰性导体浸入含有同一种元素的两种不同氧化数状态的离子溶液中所构成的电极。如将Pt浸入含有Fe^{2+}、Fe^{3+}的溶液，构成Fe^{3+}/Fe^{2+}电极。

电极组成式　　$Pt(s)|Fe^{2+}(c_1), Fe^{3+}(c_2)$

电极反应　　$Fe^{3+}(aq) + e^- \rightleftharpoons Fe^{2+}(aq)$

二、电极电势

（一）电极电势的产生

用导线将原电池的两个电极连接起来，其间有电流通过。这表明两个电极的电势是不相等的。即：两个电极之间存在电势差。下面简单介绍金属及其盐溶液所构成的电极的电极电势是如何产生的。

金属晶体是由金属原子、金属离子和自由电子组成的。当把金属插入其盐溶液中时，金属表面的离子与溶液中极性水分子相互吸引而发生水化作用。这种水化作用可使金属表面上部分金属离子进入溶液而把电子留在金属表面上，这是金属的溶解过程。金属越活泼，溶液越稀，金属溶解的倾向越大。另一方面，溶液中的金属离子有可能碰撞金属表面，从金属表面上得到电子，还原为金属原子沉积在金属表面上。这个过程称为金属离子的沉积。金属越不活泼，溶液浓度越大，金属离子沉积的倾向越大。当金属的溶解速率和金属离了的沉积速度相等时，达到动态平衡：

$$M(s) \underset{析出}{\overset{溶解}{\rightleftharpoons}} M^{n+}(aq) + ne^-$$

在一给定浓度的溶液中，若金属失去电子的溶解速率大于金属离子得到电子的沉积速率，达到平衡时，金属带负电，溶液带正电。溶液中的金属离子并不是均匀分布的，由于静电吸引，较多地集中在金属表面附近的液层中。这样在金属和溶液的界面上形成了双电层[图4-2(a)]，产生电势差；反之，如果金属离子的沉积速率大于金属的溶解速度，达到平衡时，金属带正电，溶液带负电。金属和溶液的界面上也形成双电层[图4-2(b)]，产生电势差。金属与其盐溶液界面上的电势差称为电极电势（或电极电位），常用符号$\varphi(Ox/Red)$（或φ_+与φ_-、$\varphi_{左}$与$\varphi_{右}$）表示，单位是伏特（V）。

影响电极电势的因素有：电极的本性、体系的温度、溶液的介质、离子浓度等。

用导线连接两个不同的电极，由于电极电势的不同，则电子从电势较低的一极流向电势较高的一极，产生电流。原电池的电动势就是电势较高的电极（正极）与电势较低的电极（负极）的电势差（即电池电动势），单位为“伏特”，用符号$E_{池}$表示之。

（二）标准电极电势

1．标准氢电极　电极电势的绝对值是无法测定的，但可以选定一个电极作为标准，将各种待测电极与它相比较，就可得到各种电极的电极电势的相对值。国际纯粹和应用化学协会（IUPAC）规定：以“标准氢电极”为通用参比电极。

标准氢电极的装置如图4-3所示。容器中装有H^+浓度为$1mol \cdot L^{-1}$的酸溶液，插入一铂片。为了增大吸附氢气的能力，铂片表面上镀一层疏松的铂黑。在298K时，不断从下方的支管中通入分压为100kPa的纯氢气，H_2被铂黑吸附直到饱和。这时铂黑吸附的H_2和溶液中的H^+构成了氢电极，其电极反应为：

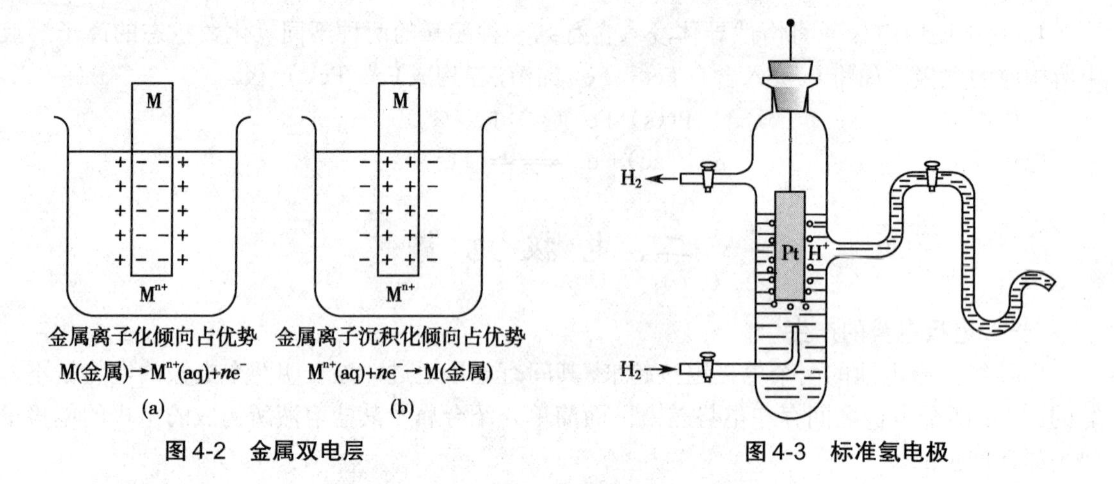

图 4-2 金属双电层

图 4-3 标准氢电极

$$2H^+(aq) + 2e^- \rightleftharpoons H_2(g)$$

此时，氢气与氢离子溶液间的电势差，即为标准氢电极的电极电势，并人为地规定标准氢电极的电极电势为零伏特，记作：$\varphi^\ominus(H^+/H_2) = 0.0000V$。其电极表示式为

$$H^+(1mol \cdot L^{-1}), H_2(100kPa)|Pt$$

2. 标准电极电势 参与电极反应的各有关物质均为标准状态（离子浓度为 $c^\ominus=1mol \cdot L^{-1}$，气体物质的分压为 $p^\ominus=100kPa$）时，其电极电势称为该电极的标准电极电势，用符号 $\varphi^\ominus(Ox/Red)$ 表示。欲测定某标准电极的电极电势，可将该电极与标准氢电极组成原电池，书写时把标准氢电极列于左侧（假定为负极），将待测电极列于右侧（假定为正极）。测定该原电池的标准电动势 $E^\ominus_{池}$，则有：

$$E^\ominus_{池} = \varphi^\ominus_{右} - \varphi^\ominus_{左} = \varphi^\ominus_{待测} - \varphi^\ominus(H^+/H_2) = \varphi^\ominus_{待测} - 0 \tag{4-1}$$

例 4-2 测定 Cu^{2+}/Cu 电极的标准电极电势 $\varphi^\ominus(Cu^{2+}/Cu)$。

解 将标准 Cu^{2+}/Cu 电极与标准氢电极组成原电池。

$$Pt|H_2(100kPa)|H^+(1mol \cdot L^{-1}) \parallel Cu^{2+}(1mol \cdot L^{-1})|Cu$$

298K 时，测得 $E^\ominus_{池} = +0.3402(V)$。

$\because$ $E^\ominus_{池} = \varphi^\ominus(Cu^{2+}/Cu) - \varphi^\ominus(H^+/H_2) = \varphi^\ominus(Cu^{2+}/Cu) - 0$

$\therefore$ $\varphi^\ominus(Cu^{2+}/Cu) = +0.3402(V)$

因为 Cu^{2+}/Cu 电极的电势为正值，高于标准氢电极的电势。所以 Cu^{2+}/Cu 电极为正极，标准氢电极为负极。其电极反应和电池反应为：

电极反应 负极 $H_2 \longrightarrow 2H^+ + 2e^-$

正极 $Cu^{2+} + 2e^- \longrightarrow Cu$

电池反应 $H_2 + Cu^{2+} \longrightarrow 2H^+ + Cu$

例 4-3 测定 Zn^{2+}/Zn 电极的标准电势 $\varphi^\ominus(Zn^{2+}/Zn)$。

解 将标准 Zn^{2+}/Zn 电极与标准氢电极组成原电池。

$$Pt|H_2(100kPa), H^+(1mol \cdot L^{-1}) \parallel Zn^{2+}(1mol \cdot L^{-1})|Zn$$

298.15K 时，测得 $E^\ominus_{池} = -0.7628(V)$。

$\because$ $E^\ominus_{池} = \varphi^\ominus(Zn^{2+}/Zn) - \varphi^\ominus(H^+/H_2) = \varphi^\ominus(Zn^{2+}/Zn) - 0$

$\therefore$ $\varphi^\ominus(Zn^{2+}/Zn) = -0.7628(V)$

因为 Zn^{2+}/Zn 电极的电势为负值，低于标准氢电极的电势。所以 Zn^{2+}/Zn 电极为负极，标准氢电极为正极。其电极反应和电池反应为：

电极反应　负极 $Zn \longrightarrow Zn^{2+} + 2e^-$

正极 $2H^+ + 2e^- \longrightarrow H_2$

电池反应　$Zn + 2H^+ \longrightarrow Zn^{2+} + H_2$

3. 标准电极电势表　用上述方法不仅可以测定金属的标准电极电势，也可测定其他电极的标准电极电势。对于某些与水剧烈反应而不能直接测定的电极，可以通过热力学数据用间接的方法计算出其标准电极电势。表 4-1 列出了 298K 时，部分常见氧化还原电对的标准电极电势，更多氧化还原电对的标准电极电势见附录 7 或相关物理化学手册。

表 4-1　标准电极电势表（298K）

电极组成	电极反应式 氧化型 + ne^- $\rightleftharpoons$ 还原型	$\varphi^{\ominus}$(Ox/Red)/V
Li^+/Li	$Li^+ + e^- \rightleftharpoons Li$	–3.040
K^+/K	$K^+ + e^- \rightleftharpoons K$	–2.931
Na^+/Na	$Na^+ + e^- \rightleftharpoons Na$	–2.71
Mn^{2+}/Mn	$Mn^{2+} + 2e^- \rightleftharpoons Mn$	–1.185
Zn^{2+}/Zn	$Zn^{2+} + 2e^- \rightleftharpoons Zn$	–0.7618
Fe^{2+}/Fe	$Fe^{2+} + 2e^- \rightleftharpoons Fe$	–0.447
Sn^{2+}/Sn	$Sn^{2+} + 2e^- \rightleftharpoons Sn$	–0.1375
Pb^{2+}/Pb	$Pb^{2+} + 2e^- \rightleftharpoons Pb$	–0.1262
H^+/H_2/Pt	$H^+ + 2e^- \rightleftharpoons H_2$	0.0000
Cu^{2+}/Cu^+/Pt	$Cu^{2+} + e^- \rightleftharpoons Cu^+$	+0.153
Cu^{2+}/Cu	$Cu^{2+} + 2e^- \rightleftharpoons Cu$	+0.3419
I_2/I^-/Pt	$I_2 + 2e^- \rightleftharpoons 2I^-$	+0.5355
MnO_4^- / MnO_4^{2-} / Pt	$MnO_4^- + e^- \rightleftharpoons MnO_4^{2-}$	+0.558
MnO_4^-/MnO_2/Pt	$MnO_4^- + 2H_2O + 3e^- \rightleftharpoons MnO_2 + 4OH^-$	+0.595
MnO_4^{2-}/MnO_2/Pt	$MnO_4^{2-} + 2H_2O + 2e^- \rightleftharpoons MnO_2 + 4OH^-$	+0.60
O_2/H_2O_2/Pt	$O_2 + 2H^+ + 2e^- \rightleftharpoons H_2O_2$	+0.695
Fe^{3+}，Fe^{2+}/Pt	$Fe^{3+} + e^- \rightleftharpoons Fe^{2+}$	+0.771
Ag^+/Ag	$Ag^+ + e^- \rightleftharpoons Ag$	+0.7996
Br_2，Br^-/Pt	$Br_2(aq) + 2e^- \rightleftharpoons 2Br^-$	+1.0873
O_2/H_2O/Pt	$O_2 + 4H^+ + 4e^- \rightleftharpoons 2H_2O$	+1.229
Cl_2，Cl^-/Pt	$Cl_2 + 2e^- \rightleftharpoons 2Cl^-$	+1.3587
$Cr_2O_7^{2-}$，H^+/Cr^{3+}/Pt	$Cr_2O_7^{2-} + 14H^+ + 6e^- \rightleftharpoons 2Cr^{3+} + 7H_2O$	+1.36

续表

电极组成	电极反应式 氧化型 + ne^- $\rightleftharpoons$ 还原型	$\varphi^\ominus$(Ox/Red)/V
MnO_4^-, H^+/Mn^{2+}/Pt	$MnO_4^- + 8H^+ + 5e^- \rightleftharpoons Mn^{2+} + 4H_2O$	+1.507
MnO_4^-, H^+/MnO_2/Pt	$MnO_4^- + 4H^+ + 3e^- \rightleftharpoons MnO_2 + 2H_2O$	+1.679
H^+, H_2O_2/Pt	$H_2O_2 + 2H^+ + 2e^- \rightleftharpoons 2H_2O$	+1.776
F_2, F^-/Pt	$F_2 + 2e^- \rightleftharpoons 2F^-$	+2.866

本表数据摘自 Robert C.Weast，CRC Handbook of Chemistry and Physics 90th，8-25～8-29

使用标准电极电势表时，需注意以下几点：

（1）在电极反应式“氧化型 + ne^- $\rightleftharpoons$ 还原型”中，ne^- 表示电极反应的电子数。氧化型和还原型物质包括电极反应所需的 H^+、OH^-、H_2O 等物质，如

$$Cr_2O_7^{2-} + 14H^+ + 6e^- \rightleftharpoons 2Cr^{3+} + 7H_2O$$

氧化型与还原型是相互依存的。同一种物质在某一电对中是氧化型，在另一电对中也可以是还原型。如 $Fe^{2+} + 2e^- \rightleftharpoons Fe$，$\varphi^\ominus(Fe^{2+}/Fe) = -0.409V$，其中的 Fe^{2+} 是氧化型；在 $Fe^{3+} + e^- \rightleftharpoons Fe^{2+}$ 中，$\varphi^\ominus(Fe^{3+}/Fe^{2+}) = 0.77V$，其中的 Fe^{2+} 是还原型。所以在讨论与 Fe^{2+} 有关的氧化还原反应时，若 Fe^{2+} 是作为还原剂而被氧化为 Fe^{3+}，则必须用与还原型的 Fe^{2+} 相对应的电对的 $\varphi^\ominus(Fe^{3+}/Fe^{2+})$ 值（0.771V）；反之，若 Fe^{2+} 是作为氧化剂而被还原为 Fe，则必须用与氧化型的 Fe^{2+} 相对应的电对的 $\varphi^\ominus(Fe^{2+}/Fe)$ 值（−0.447V）。

（2）表 4-1 采用的电势是平衡电势。不论电极进行氧化或还原反应，电极电势符号不改变。例如，无论电极反应是 $Zn \longrightarrow Zn^{2+} + 2e$ 还是 $Zn^{2+} + 2e \longrightarrow Zn$，$Zn^{2+}$/Zn 电极标准电极电势值均取 −0.7628V；标准电极电势 $\varphi^\ominus$(Ox/Red) 值与电极反应中物质的计量系数无关。例如，Ag^+/Ag 电极的电极反应若写成 $2Ag^+ + 2e \longrightarrow 2Ag$，其电极电势 $\varphi^\ominus(Ag^+/Ag)$ 仍是 +0.7996V，而不是 2×0.7996V。

（3）$\varphi^\ominus$(Ox/Red) 愈高，表示该电对的氧化型愈容易接受电子，氧化其他物质的能力愈强，它本身易被还原，是一个强氧化剂，而它的还原型的还原能力则愈弱；$\varphi^\ominus$(Ox/Red) 愈低，表示该电对的还原型愈容易失去电子，还原其他物质的能力愈强，它本身易被氧化，是一个强还原剂，而它的氧化型的氧化能力愈弱。

电极反应式左边的氧化型可作氧化剂，右边的还原型可作还原剂。氧化型在表的愈下方就是愈强的氧化剂；还原型在表的愈上方就是愈强的还原剂。因此，标准态下，在不同的氧化剂或在不同的还原剂之间进行强弱比较时，根据标准电极电势的数值可以判断它们的强弱。例如，在表 4-1 中所列的各物质中，F_2 是最强的氧化剂，Li 是最强的还原剂。

（4）电极电势和标准电极电势，都是电极处于平衡状态时表现时出来的特征，与达到平衡的快慢无关。

综上所述，在标准状态下，由任何两个电极（半电池）组成电池时，电极电势较高的一方，由于氧化剂起氧化作用，发生的是还原反应，为正极；电极电势较低的一方，由于还原剂起还原作用，发生的是氧化反应，为负极。

参比电极

在实际测定标准电极电势时，由于标准氢电极的使用很不方便，往往采用另外一些电极作为参考比较的标准，这类电极叫参比电极。参比电极必须性能稳定、使用方便，其标准电极电势可与标准氢电极组成原电池而测得。常用的参比电极有甘汞电极、氯化银电极和硫酸亚汞电极等。甘汞电极如图4-4所示，它由$Hg\text{-}Hg_2Cl_2(s)$电对及KCl溶液组成，其电极电势值与KCl溶液的浓度有关。当KCl为饱和溶液时，其电极电势$\varphi(Hg_2Cl_2/Hg)$为0.2412V，称为饱和甘汞电极。

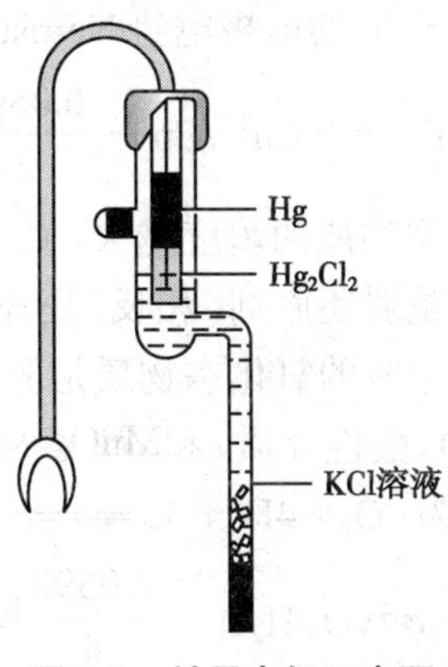

图4-4　甘汞电极示意图

三、影响电极电势的因素

标准电极电势只能在标准状态下应用，而绝大多数氧化还原反应都是在非标准状态下进行的。非标准状态下的电极电势遵循能斯特方程。

（一）能斯特(Nernst)方程

电极电势的大小与温度、浓度间的关系可用能斯特(Nernst)方程式表示。

若电极反应为：$p\,\text{Ox}+ne^- \rightleftharpoons q\,\text{Red}$

则
$$\varphi(\text{Ox/Red})=\varphi^{\ominus}(\text{Ox/Red})-\frac{RT}{nF}\ln Q \qquad (4\text{-}2)$$

式中，Q是电极反应中还原型(Red)物种的相对浓度(或相对分压)的幂乘积与氧化型(Ox)物种的相对浓度(或相对分压)的幂乘积的比值。

所谓相对浓度，是指各浓度项除以$c^{\ominus}(1\text{mol}\cdot\text{L}^{-1})$以后的数值；所谓相对分压，是指各气体用其分压除以$p^{\ominus}(100\text{kPa})$后的数值。换底，则

$$\varphi(\text{Ox/Red})=\varphi^{\ominus}(\text{Ox/Red})-\frac{2.303RT}{nF}\lg Q \qquad (4\text{-}3)$$

在298K时，$\varphi(\mathrm{Ox/Red})=\varphi^{\ominus}(\mathrm{Ox/Red})-\dfrac{0.0592}{n}\lg Q$ (4-4)

应用Nernst方程式应注意：

(1) 有关溶液以相对浓度表示，有关气体物种以相对分压表示。纯固体、纯液体或溶剂为1。

(2) 式中的Q，并非专指有参加电子得失（或氧化数有改变）的物质，而是包含参与电极反应的所有物质，如：H^+或OH^-，也应把这些物质的相对浓度表示在方程中。

(3) 电极反应中各物质前的系数作为相应各相对浓度或相对分压的幂指数。

（二）浓度对电极电势的影响

例4-4 试写出电极反应$Cu^{2+}+2e^- \rightleftharpoons Cu$的电极电势Nernst方程式。

解 电极反应$Cu^{2+}+2e^- \rightleftharpoons Cu$的电极电势Nernst方程式为

$$\varphi(\mathrm{Cu^{2+}/Cu})=\varphi^{\ominus}(\mathrm{Cu^{2+}/Cu})-\frac{0.0592}{2}\lg\frac{1}{c(\mathrm{Cu^{2+}})}$$

对一个指定的电极来说，氧化型物质的浓度越大，则φ值越大，即电对中氧化型物质的氧化能力越强，而相应的还原型物质是弱还原剂；相反，还原型物质的浓度越大，则φ值越小，电对中的还原型物质是强还原剂，而相应的氧化态物质是弱氧化剂。

例4-5 分别写出电对O_2/H_2O（酸性介质）和MnO_4^-/MnO_2（中性介质）的能斯特方程。

解 电对O_2/H_2O的电极反应为：$O_2+4H^++4e \rightleftharpoons 2H_2O$

其能斯特方程为：$\varphi(\mathrm{O_2/H_2O})=\varphi^{\ominus}(\mathrm{O_2/H_2O})-\dfrac{0.0592}{4}\lg\dfrac{1}{\left[p(\mathrm{O_2})/p^{\ominus}\right]\cdot c(\mathrm{H^+})^4}$

电对MnO_4^-/MnO_2的电极反应为：$MnO_4^-+2H_2O+3e^- \rightleftharpoons MnO_2+4OH^-$

其能斯特方程为：$\varphi(\mathrm{MnO_4^-/MnO_2})=\varphi^{\ominus}(\mathrm{MnO_4^-/MnO_2})-\dfrac{0.0592}{3}\lg\dfrac{c(\mathrm{OH^-})^4}{c(\mathrm{MnO_4^-})}$

例4-6 计算$c(\mathrm{Fe^{3+}})=1.0\times10^{-3}\mathrm{mol\cdot L^{-1}}$，$c(\mathrm{Fe^{2+}})=0.10\mathrm{mol\cdot L^{-1}}$时的$\varphi(\mathrm{Fe^{3+}/Fe^{2+}})$。

解 电极反应为：$Fe^{3+}+e \rightleftharpoons Fe^{2+}$ $\varphi^{\ominus}(\mathrm{Fe^{3+}/Fe^{2+}})=0.771\mathrm{V}$

根据式(4-4)：

$$\varphi(\mathrm{Fe^{3+}/Fe^{2+}})=\varphi^{\ominus}(\mathrm{Fe^{3+}/Fe^{2+}})-0.0592\lg\frac{c(\mathrm{Fe^{2+}})}{c(\mathrm{Fe^{3+}})}=0.771-0.0592\lg\frac{0.10}{1.0\times10^{-3}}=0.653(\mathrm{V})$$

因为$c(\mathrm{Fe^{2+}})>c(\mathrm{Fe^{3+}})$，$Q>1$，所以$\varphi(\mathrm{Fe^{3+}/Fe^{2+}})<\varphi^{\ominus}(\mathrm{Fe^{3+}/Fe^{2+}})$。

例4-7 计算$c(\mathrm{Cl^-})$为$0.100\mathrm{mol\cdot L^{-1}}$，$p(\mathrm{Cl_2})=300\mathrm{kPa}$时$\varphi(\mathrm{Cl_2/Cl^-})$为多少。

解 电极反应为：$Cl_2+2e \rightleftharpoons 2Cl^-$ $\varphi^{\ominus}(\mathrm{Cl_2/Cl^-})=1.358\mathrm{V}$

由Nernst方程得：

$$\varphi(\mathrm{Cl_2/Cl^-})=\varphi^{\ominus}(\mathrm{Cl_2/Cl^-})-\frac{0.0592}{2}\lg\frac{c(\mathrm{Cl^-})^2}{p(\mathrm{Cl_2})/p^{\ominus}}=1.358-\frac{0.0592}{2}\lg\frac{(0.100)^2}{300/100}$$

$$=1.431(\mathrm{V})$$

因为$c(\mathrm{Cl^-})^2<p(\mathrm{Cl_2})/p^{\ominus}$，$Q<1$，所以$\varphi(\mathrm{Cl_2/Cl^-})>\varphi^{\ominus}(\mathrm{Cl_2/Cl^-})$。

根据式(4-4)，在298K时，某电对的电极电势取决于标准电极电势及电对中氧化型物质和还原型物质的浓度或分压。由于氧化型物质和还原型物质的浓度或分压处于对数中，对电极电势的影响要通过对数处理后乘上一个远小于 1 的系数(0.0592/*n*)，故在一般情况下氧化型物质和还原型物质的浓度或分压对电极电势的影响远小于标准电极电势。

问题与思考

1. 根据 Nernst 方程，若增大某电对氧化型物质的浓度，其电极电势将如何变化？
2. 若正负极的电对均为 Cu^{2+}/Cu，它们能组成原电池吗？

(三) 酸度对电极电势的影响

在电极反应中，有 H^+ 或 OH^- 参与了电极反应，溶液中的酸度将影响电极电势的改变。

例 4-8 已知电极反应 $MnO_4^-(aq)+8H^+(aq)+5e^- \rightleftharpoons Mn^{2+}(aq)+4H_2O(l)$ 若 $c(MnO_4^-)=c(Mn^{2+})$ 均为 1.0mol·L^{-1}，分别计算溶液 pH=1.0 和 pH=7.0 时的 $\varphi(MnO_4^-/Mn^{2+})$。

解 $$\varphi(MnO_4^-/Mn^{2+})=\varphi^{\ominus}(MnO_4^-/Mn^{2+})-\frac{0.0592}{5}\lg\frac{c(Mn^{2+})}{c(MnO_4^-)\cdot c(H^+)^8}$$

$$=1.51+\frac{0.0592}{5}\lg c(H^+)^8$$

$$=1.51-8\times\frac{0.0592}{5}pH$$

当 pH=1.0 时，$\varphi(MnO_4^-/Mn^{2+})=1.51-8\times\frac{0.0592}{5}\times1=1.42(V)$；

当 pH=7.0 时，$\varphi(MnO_4^-/Mn^{2+})=1.51-8\times\frac{0.0592}{5}\times7=0.85(V)$。

$\varphi(MnO_4^-/Mn^{2+})$ 随酸度的下降(pH 升高)从 1.51V 分别下降到 1.42V、0.85V。

从上例可看出酸度对电极电势的影响很大，特别是对含氧酸、含氧酸盐、氧化物的电极电势影响更显著。

(四) 沉淀剂对电极电势的影响

由于沉淀剂的加入，使氧化还原电对中的氧化型或还原型物质生成沉淀，改变了氧化型或还原型物质的离子浓度，从而影响电极电势。

如在电对 Ag^+/Ag 中，$\varphi^{\ominus}(Ag^+/Ag)=+0.7991V$。

当加入 NaCl 溶液，达平衡后 $c(Cl^-)=1.0mol\cdot L^{-1}$：

根据 $K_{sp}(AgCl)=c(Ag^+)\cdot c(Cl^-)$ 有：

$$c(Ag^+)=\frac{K_{sp}(AgCl)}{c(Cl^-)}=\frac{1.8\times10^{-10}}{1.0}=1.8\times10^{-10}(mol\cdot L^{-1})$$

根据 Nernst 方程式：

$$\varphi(Ag^+/Ag)=\varphi^{\ominus}(Ag^+/Ag)-0.0592\lg\frac{1}{c(Ag^+)}$$

$$=0.7991-0.0592\lg\frac{1}{1.8\times10^{-10}}$$

$$=0.222(V)$$

由于 AgCl 的生成，使得溶液中 $c(Ag^+)$ 下降，电极反应的反应商 *Q* 值变大，电对的电极电势$\varphi(Ag^+/Ag)$下降，$\varphi(Ag^+/Ag)$值从0.7991V下降到0.222V。同理也可求得Ag^+/Ag电对在$c(Br^-)=1.0mol·L^{-1}$和$c(I^-)=1.0mol·L^{-1}$的溶液中的电极电势，结果见表4-2：

表4-2 Ag^+/Ag电对在$c(X^-)=1.0mol·L^{-1}$的溶液中的电极电势

X^-	$c(X^-)/mol·L^{-1}$	$K_{sp}(AgX)$	$c(Ag^+)/mol·L^{-1}$	$\varphi(Ag^+/Ag)/V$
Cl^-	1.0	1.8×10^{-10}	1.8×10^{-10}	0.222
Br^-	1.0	5.0×10^{-13}	5.0×10^{-13}	0.073
I^-	1.0	8.3×10^{-17}	8.3×10^{-17}	−0.151

显然随AgX溶度积的变小，$c(Ag^+)$减小更多，$\varphi(Ag^+/Ag)$值随之下降越明显。

在电极反应中，如果电对的氧化型生成沉淀，则电极反应的反应商Q变大，电极电势下降；如果电对的还原型生成沉淀，则电极反应的反应商Q变小，电极电势升高；当氧化型与还原型均生成沉淀时[如$Fe(OH)_3+e^- \rightleftharpoons Fe(OH)_2+OH^-$]，若氧化型物质的溶解度小于还原型物质的溶解度，则电极反应的反应商Q变大，电极电势下降；反之则升高。

第三节 电极电势的应用

一、判断氧化剂和还原剂的相对强弱

电极电势越大，氧化型物质得电子能力越强，其氧化性越强；反之，电极电势越小，还原型物质失电子能力越强，其还原性越强。

例4-9 判断标准状态下金属Pb置于$c(Pb^{2+})=1.0mol·L^{-1}$的溶液中和金属Sn置于$c(Sn^{2+})=1.0mol·L^{-1}$的溶液中的还原能力大小。

解 查表知$\varphi^{\ominus}(Pb^{2+}/Pb)=-0.126V$，$\varphi^{\ominus}(Sn^{2+}/Sn)=-0.136V$

标准状态下$\varphi^{\ominus}(Sn^{2+}/Sn)<\varphi^{\ominus}(Pb^{2+}/Pb)$，所以此时金属Sn的还原能力大于金属Pb。

例4-10 判断当金属Pb置于$c(Pb^{2+})=0.010mol·L^{-1}$的溶液中和金属Sn置于$c(Sn^{2+})=0.10mol·L^{-1}$的溶液中的还原能力大小。

解 $$\varphi(Pb^{2+}/Pb)=\varphi^{\ominus}(Pb^{2+}/Pb)-\frac{0.0592}{2}\lg\frac{1}{c(Pb^{2+})}=-0.126-\frac{0.0592}{2}\lg\frac{1}{0.010}=-0.185(V)$$

$$\varphi(Sn^{2+}/Sn)=\varphi^{\ominus}(Sn^{2+}/Sn)-\frac{0.0592}{2}\lg\frac{1}{c(Pb^{2+})}=-0.136-\frac{0.0592}{2}\lg\frac{1}{0.10}=-0.156(V)$$

$\varphi(Pb^{2+}/Pb)<\varphi(Sn^{2+}/Sn)$，所以此时金属Pb的还原能力大于金属Sn。

二、判断氧化还原反应进行的方向

氧化还原反应的实质是两个电对间的电子转移，所以自发的氧化还原反应总是在得电子能力强的氧化剂与失电子能力强的还原剂之间发生。写成通式为：

$$强氧化剂(1)+强还原剂(2) \rightleftharpoons 弱还原剂(1)+弱氧化剂(2)$$

即电极电势较大的电对中的氧化型物质（作氧化剂）可以与电极电势较小的电对中的还原

型物质（作还原剂）发生氧化还原反应。

也就是说，只有当氧化剂所在的电对的电极电势大于还原剂所在的电对的电极电势时（$E_{池}>0$），氧化还原反应才能自发进行。这样，利用电对的电极电势就可以判断氧化还原反应的方向。

例 4-11　判断反应 $2Fe^{3+} + Cu \rightleftharpoons 2Fe^{2+} + Cu^{2+}$ 在标准状态下的反应方向。

解　查表 $\varphi^{\ominus}(Fe^{3+}/Fe^{2+}) = 0.771V$，$\varphi^{\ominus}(Cu^{2+}/Cu) = 0.337V$。此反应 Fe^{3+} 作氧化剂，φ_+ 为 $\varphi^{\ominus}(Fe^{3+}/Fe^{2+})$；Cu 作还原剂，$\varphi_-$ 为 $\varphi^{\ominus}(Cu^{2+}/Cu)$。

$E^{\ominus} = \varphi^{\ominus}(Fe^{3+}/Fe^{2+}) - \varphi^{\ominus}(Cu^{2+}/Cu) = 0.771 - 0.337 = 0.434(V) > 0$，此时反应正向进行。

例 4-12　（1）判断反应 $MnO_2(s) + 4HCl(aq) \rightleftharpoons MnCl_2(aq) + Cl_2(g) + 2HCl(aq)$ 处于标准状态时的反应方向。（2）解释实验室中为什么能利用上述反应制取 $Cl_2(g)$。

解　（1）查表：$\varphi^{\ominus}(MnO_2/Mn^{2+}) = 1.23V$，$\varphi^{\ominus}(Cl_2/Cl^-) = 1.358V$。从反应方程式可知此时 $MnO_2(s)$ 为氧化剂，HCl(aq) 作还原剂。因而

$\varphi^{\ominus} = \varphi^{\ominus}(MnO_2/Mn^{2+}) - \varphi^{\ominus}(Cl_2/Cl^-) = 1.23 - 1.358 = -0.13(V) < 0$，此时反应逆向进行。

（2）实验室制备 $Cl_2(g)$ 时使用的是浓 HCl。此时 $c(H^+) = 12mol \cdot L^{-1}$，$c(Cl^-) = 12mol \cdot L^{-1}$。假设 $c(Mn^{2+}) = 1mol \cdot L^{-1}$，$p(Cl_2) = 100kPa$，则有

$$\varphi(MnO_2/Mn^{2+}) = \varphi^{\ominus}(MnO_2/Mn^{2+}) - \frac{0.0592}{2}\lg\frac{c(Mn^{2+})}{c(H^+)^4} = 1.23 + 0.0592 \times 2\lg12 = 1.36(V)$$

$$\varphi(Cl_2/Cl^-) = \varphi^{\ominus}(Cl_2/Cl^-) - \frac{0.0592}{2}\lg\frac{c^2(Cl^-)}{p(Cl_2)/p^{\ominus}} = 1.358 - 0.0592 \times \lg12 = 1.294(V)$$

$$\varphi = \varphi(MnO_2/Mn^{2+}) - \varphi(Cl_2/Cl^-) = 1.36 - 1.294 = 0.07(V) > 0$$

此时反应正向进行，能利用上述反应制备 $Cl_2(g)$。

体系中若同时存在多个氧化还原反应，E 较大的首先发生反应，掌握这一规律有助于选择适当的氧化剂和还原剂，进行选择性的氧化还原反应；另一方面还可利用这一规律判断氧化还原反应的次序。

问题与思考

在含有 Cl^-、Br^-、I^- 的混合溶液中，欲使 I^- 氧化为 I_2，而不使 Br^- 发生变化，常用的氧化剂 $Fe_2(SO_4)_3$ 和 $KMnO_4$，哪一种更合适？

$\varphi^{\ominus}(I_2/I^-) = 0.535V$，$\varphi^{\ominus}(Br_2/Br^-) = 1.08V$，$\varphi^{\ominus}(Cl_2/Cl^-) = 1.358V$，

$\varphi^{\ominus}(Fe^{3+}/Fe^{2+}) = 0.771V$，$\varphi^{\ominus}(MnO_4^-/Mn^{2+}) = 1.51V$

三、判断氧化还原反应进行的限度

当电池放电做电功时，实际上，半反应的每一个反应物浓度都在变化。随着反应的推进，正极的电势不断降低，负极的电势不断增高，直至两极的电极电势相等，$\varphi_+ = \varphi_-$，$E_{池} = 0$。这时的电池反应（即氧化还原反应）就达到了平衡状态，也就是达到了反应进行的限度。平衡常数是平衡状态的主要标志，它能反映反应达到的限度（即平衡）前所能进行的程度。

例 4-13 加锡于铅盐溶液，发生如下反应：$Sn + Pb^{2+} \rightleftharpoons Sn^{2+} + Pb$。已知 $\varphi^{\ominus}(Pb^{2+}/Pb) = -0.126V$，$\varphi^{\ominus}(Sn^{2+}/Sn) = -1.36V$。试计算 25℃ 时该反应的平衡常数。设铅盐溶液原有的 $c_0(Pb^{2+}) = 0.45mol \cdot L^{-1}$，问达到反应的限度时剩余 $c(Pb^{2+})$ 多少？

解 反应 $Sn + Pb^{2+} \rightleftharpoons Sn^{2+} + Pb$ 的平衡常数表达式为

$$K = \frac{c(Sn^{2+})}{c(Pb^{2+})}$$

根据 Nernst 方程式，正极的电极电势

$$\varphi(Pb^{2+}/Pb) = \varphi^{\ominus}(Pb^{2+}/Pb) - \frac{0.0592}{2}\lg\frac{1}{c(Pb^{2+})}$$

负极的电极电势

$$\varphi(Sn^{2+}/Sn) = \varphi^{\ominus}(Sn^{2+}/Sn) - \frac{0.0592}{2}\lg\frac{1}{c(Sn^{2+})}$$

当两个电极的电势达到相等，$\varphi(Pb^{2+}/Pb) = \varphi(Sn^{2+}/Sn)$ 即 $E_{池}=0$ 时，就达到平衡状态。这时应有下列关系存在：

$$\varphi^{\ominus}(Pb^{2+}/Pb) - \frac{0.0592}{2}\lg\frac{1}{c(Pb^{2+})} = \varphi^{\ominus}(Sn^{2+}/Sn) - \frac{0.0592}{2}\lg\frac{1}{c(Sn^{2+})}$$

化简，得

$$\lg\frac{c(Sn^{2+})}{c(Pb^{2+})} = \frac{2}{0.0592}\left[\varphi^{\ominus}(Pb^{2+}/Pb) - \varphi^{\ominus}(Sn^{2+}/Sn)\right] \tag{4-5}$$

将上述结论推广到一般公式，即为

$$\lg K = \frac{n}{0.0592}(\varphi_{+}^{\ominus} - \varphi_{-}^{\ominus}) = \frac{nE_{池}^{\ominus}}{0.0592} \tag{4-6}$$

本题因 $\lg K = \lg\frac{c(Sn^{2+})}{c(Pb^{2+})} = \frac{2}{0.0592}[(-0.126)-(-0.136)] = 0.34$，所以 $K=2.2$。

从所得结果可知，当 Sn^{2+} 与 Pb^{2+} 浓度比达到 2.2 时，到达平衡状态，就达到反应进行的限度，这表明该反应进行得不完全。一般来说，$K > 1$ 反应正向自发，K 值越大，反应正向自发进行的趋势也越大，当 $K > 10^6$ 时，化学反应进行得比较完全。

设达到平衡时剩余的 $c(Pb^{2+})$ 为 x，则达到平衡前的变化过程中所耗用的 $c(Pb^{2+})$ 为 $0.45-x$；但每用去 1mol 的 Pb^{2+}，必然产生 1mol 的 Sn^{2+}，因而平衡时溶液中 $c(Sn^{2+})$ 为 $0.45-x$。代入平衡常数表达式 $K = \frac{c(Sn^{2+})}{c(Pb^{2+})}$，得

$$\frac{0.45 - x}{x} = 2.2 \quad \therefore x = 0.14(mol \cdot L^{-1})$$

即到达反应限度时剩余的 $c(Pb^{2+})$ 应为 $0.14mol \cdot L^{-1}$。

四、元素标准电极电势图及其应用

（一）元素标准电极电势图

许多元素有多种氧化数，能组成各种不同的电对，显示不同的氧化还原性，如铁元素有 Fe^{3+}、Fe^{2+}、Fe^{0} 等氧化数。为了能比较直观地反映同一元素的各种氧化数的氧化还原性，人们

把同一元素不同氧化态的物质按其氧化态从左到右由高到低排列，各氧化态之间用直线连接，在直线上方表明两氧化态转换的标准电极电势 $\varphi^{\ominus}$，由此构成的关系图称为元素标准电极电势图，简称元素电势图，如图 4-5 所示。

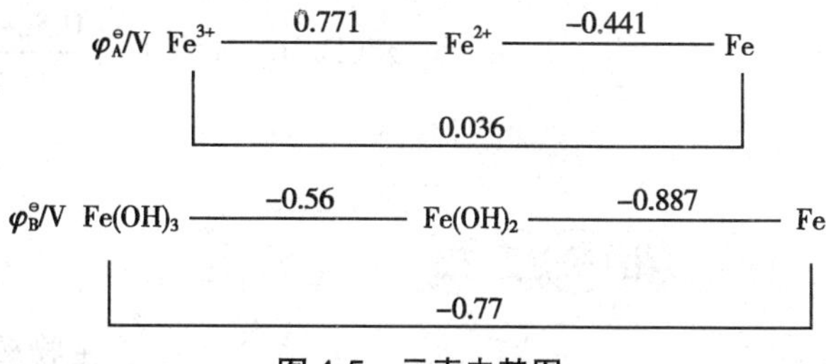

图 4-5　元素电势图

元素电势图可以清楚地表明同一元素不同氧化数物质的氧化、还原能力的相对大小，还可以判断其在酸性或碱性溶液中能否稳定存在。

（二）元素标准电极电势图的应用

1. 判断歧化反应能否进行　图 4-6 为 Cu 在酸性介质中的元素电势图。

由于 $\varphi^{\ominus}(Cu^{+}/Cu) > \varphi^{\ominus}(Cu^{2+}/Cu^{+})$，当它们组成电池时，$E^{\ominus} = \varphi^{\ominus}(Cu^{+}/Cu) - \varphi^{\ominus}(Cu^{2+}/Cu^{+}) = 0.521 - 0.153 = 0.368(V) > 0$，反应能自发进行。其电池反应为：$2Cu^{+} \rightleftharpoons Cu^{2+} + Cu$。所以 Cu^{+} 能发生歧化反应。

由上例可得出判断歧化反应能否发生的规律：

在图 4-7 所示的元素电势图（A、B、C 为同一元素的不同氧化态）中，当$\varphi_{右} > \varphi_{左}$时，处于中间氧化态的 B 物质能发生歧化反应，其产物为 A 和 C，如图 4-6 中的 Cu^{+}：$2Cu^{+} \rightleftharpoons Cu^{2+} + Cu$。

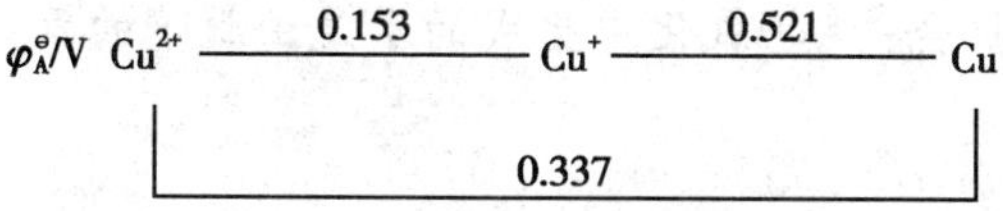

$\varphi_A^{\ominus}$/V Cu^{2+} —0.153— Cu^{+} —0.521— Cu（Cu^{2+} 至 Cu：0.337）

图 4-6　Cu 的元素电势图

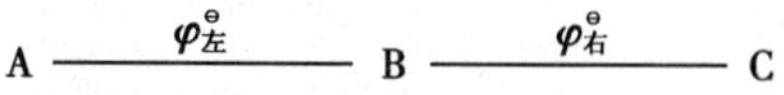

A —$\varphi^{\ominus}_{左}$— B —$\varphi^{\ominus}_{右}$— C

图 4-7　同种元素元素电势示意图

当 $\varphi_{右} < \varphi_{左}$时，B 物质虽处于中间氧化态，但不能发生歧化反应，如图 4-5 中的 Fe^{2+}，而此时其逆反应 $2Fe^{3+} + Fe \rightleftharpoons 3Fe^{2+}$ 则是自发的。

2. 从已知电极电势求与其相关的电对的电极电势　如某元素的元素电势图为：

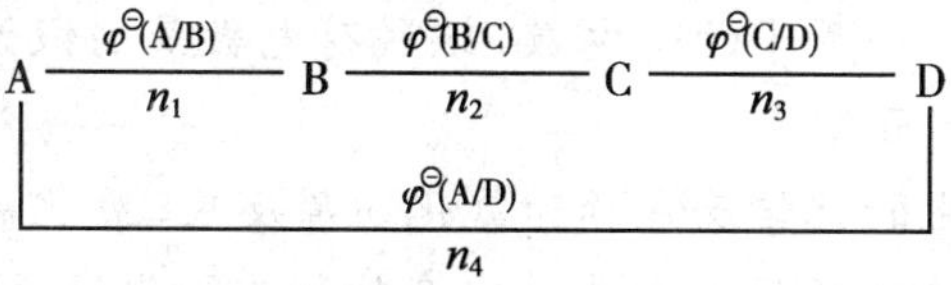

A —$\varphi^{\ominus}(A/B)$, n_1— B —$\varphi^{\ominus}(B/C)$, n_2— C —$\varphi^{\ominus}(C/D)$, n_3— D（A 至 D：$\varphi^{\ominus}(A/D)$, n_4）

从热力学定律可以推得：

$$n_x\varphi^{\ominus}(A/D) = n_1\varphi^{\ominus}(A/B) + n_2\varphi^{\ominus}(B/C) + n_3\varphi^{\ominus}(C/D) \qquad (4\text{-}7)$$

利用式（4-7），可计算一些未知的电极电势。

例 4-14　根据下面碱性介质中的电势图：

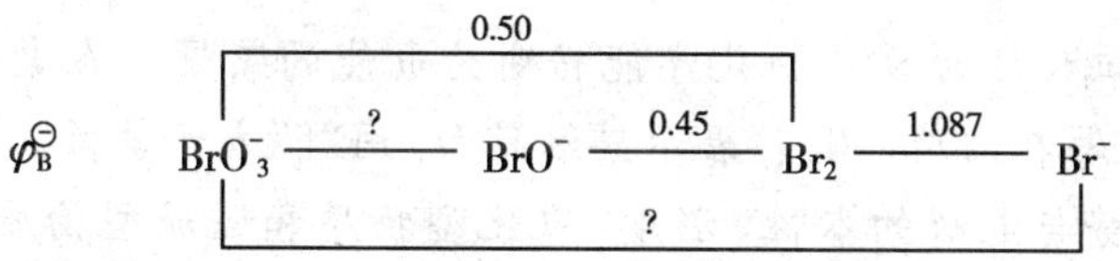

$\varphi_B^{\ominus}$　BrO_3^- —?— BrO^- —0.45— Br_2 —1.087— Br^-（BrO_3^- 至 Br_2：0.50；BrO_3^- 至 Br^-：?）

求 $\varphi^{\ominus}(BrO_3^-/BrO^-)$ 和 $\varphi^{\ominus}(BrO_3^-/Br^-)$。

解　根据式（4-7）：$n_x\varphi^{\ominus}(A/D) = n_1\varphi^{\ominus}(A/B) + n_2\varphi^{\ominus}(B/C) + n_3\varphi^{\ominus}(C/D)$

（1）$\varphi^{\ominus}(BrO_3^-/Br^-) = \dfrac{5\varphi^{\ominus}(BrO_3^-/Br_2) + 1\varphi^{\ominus}(Br_2/Br^-)}{6} = \dfrac{5 \times 0.50 + 1 \times 1.087}{6} = 0.60(V)$

（2）$5\varphi^{\ominus}(BrO_3^-/Br_2) = 4\varphi^{\ominus}(BrO_3^-/BrO^-) + 1\varphi^{\ominus}(BrO^-/Br_2)$

$$\varphi^{\ominus}(\mathrm{BrO_3^-/BrO^-})\frac{5\times0.50-1\times0.45}{4}=0.51(\mathrm{V})$$

生物氧化

糖、脂肪、蛋白质等营养物在体内经分解代谢，最终生成 CO_2 和 H_2O，同时逐步释放出能量，供生命活动所需。其中有相当一部分能量需要驱动ADP磷酸化生成ATP，因为ATP才是能被细胞直接利用的主要能量方式，是机体能量生成、利用过程的核心。其余能量主要以热能的形式释放，可用于维持体温。这是营养物质在生物体内进行的氧化，即生物氧化的主要功能。

生物氧化遵循氧化还原反应的一般规律，如物质的氧化方式均为加氧、脱氢、失电子，物质在体内外氧化的最终产物（CO_2 和 H_2O）和释放的能量都相同。但生物氧化又具有与体外氧化（燃烧）明显不同的特点：生物氧化在条件温和（体温、pH接近中性）的细胞环境内，经一系列酶的催化逐步进行，物质氧化的能量得以逐步释放，有利于机体捕获能量，增加ATP生成的效率；生物氧化过程常见的加水脱氢反应使物质能间接获得氧，并增加脱氢及产生更多还原当量（$NADH+H^+$，$FADH_2$）的机会；生物氧化中生成的水是由脱下的氢与氧结合产生的，CO_2 由有机酸脱羧产生。

学习小结

氧化值是某一元素一个原子的荷电数，这种荷电数是由假设把每个化学键中的电子指定给电负性较大的原子而求得的。

元素氧化值发生变化的化学反应称为氧化还原反应，氧化和还原必然同时发生。通常把氧化剂和其还原产物及还原剂和其氧化产物称为氧化还原电对，可表示为Ox/Red。在氧化还原反应中，电对中的氧化型物质与还原型物质是可以相互转变的：

$$\mathrm{Ox}+ne^- \rightleftharpoons \mathrm{Red}$$

任何氧化还原反应都可以拆分成两个半反应，一个半反应发生氧化反应，另一个半反应发生还原反应。

原电池是通过氧化还原反应把化学能转变为电能的装置。在表示原电池的组成时，负极写在左边，正极写在右边，用“|”表示接触界面，用“‖”表示盐桥。

电极的电极电势与电极的本性、温度、氧化型物质和还原型物质的浓度（或分压）有关，其真实值无法求得。IUPAC规定标准氢电极的电极电势为零，据此可求出其他电极的标准电极电势。大多数氧化还原反应都是在非标准状态下进行的，非标准状态下电极的电极电势可利用能斯特方程计算。

对于 $\mathrm{Ox}+ne^- \rightleftharpoons \mathrm{Red}$：

能斯特方程为：　$\varphi(\mathrm{Ox/Red})=\varphi^{\ominus}(\mathrm{Ox/Red})-\frac{RT}{nF}\ln\frac{c(\mathrm{Red})}{c(\mathrm{Ox})}$

或　$\varphi(\mathrm{Ox/Red})=\varphi^{\ominus}(\mathrm{Ox/Red})+\frac{RT}{nF}\ln\frac{c(\mathrm{Ox})}{c(\mathrm{Red})}$

利用电极电势，可以判断氧化剂和还原剂的相对强弱，也可以判断氧化还原反应的方向，还可以判断氧化还原反应的限度。氧化还原反应到达平衡时：

$$\lg K=\frac{n}{0.0592}(\varphi_{+}^{\ominus}-\varphi_{-}^{\ominus})=\frac{nE_{池}^{\ominus}}{0.0592}$$

利用元素电势图判断歧化反应能否发生：$A\xrightarrow{\varphi_{左}^{\ominus}}B\xrightarrow{\varphi_{右}^{\ominus}}C$
当$\varphi_{右}^{\ominus}>\varphi_{左}^{\ominus}$时，处于中间氧化态的B物质能发生歧化反应。

（黄双路）

复习题

1. 现有下列物质：$KMnO_4$，$K_2Cr_2O_7$，$CuCl_2$，$FeCl_2$，I_2，Br_2，Cl_2，F_2，在一定条件下它们都能作为氧化剂。试根据标准电极电势表把上列物质按氧化能力的大小排列成顺序，并写出它们的还原产物。

2. 现有下列物质：$FeCl_2$，$SnCl_2$，H_2，KI，Mg，Al，它们都能做还原剂，试根据标准电极电势表，把它们按还原能力的大小排列成顺序，并写出它们相应的氧化产物。

3. 欲把Fe^{2+}氧化成Fe^{3+}而又不引入其他金属离子，可采用哪些切实可行的氧化剂？（试举三例）。

4. 根据标准电极电势表，判断在标准状态下反应进行的方向：

① $Zn+MgCl_2 \rightleftharpoons Mg+ZnCl_2$

② $I_2+Fe^{2+} \rightleftharpoons I^{-}+Fe^{3+}$

③ $MnO_4^{-}+HNO_2 \rightleftharpoons Mn^{2+}+NO_3^{-}$

④ $Cl_2+Sn^{2+} \rightleftharpoons Cl^{-}+Sn^{4+}$

⑤ $Hg^{2+}+Hg \rightleftharpoons Hg_2^{2+}$

5. 把镁片和铁片分别浸在它们的浓度为$1\mathrm{mol\cdot L^{-1}}$的盐溶液中各组成电极，再通过盐桥组成一个化学电池。试求该电池的电动势（25℃），写出负极发生的变化，并说明哪一种金属溶解到溶液中去。

6. 在含有相同浓度的Fe^{2+}，I^{-}混合溶液中，加入氧化剂$K_2Cr_2O_7$溶液。问哪一种离子先被氧化？

7. 写出下列原电池的半反应及电池总反应式。

(1) $Fe\,|\,Fe^{2+}(1\mathrm{mol\cdot L^{-1}})\,\|\,H^{+}(1\mathrm{mol\cdot L^{-1}})\,|\,H_2(p^{\ominus})\,|\,Pt(+)$

(2) $Pt\,|\,H_2(p^{\ominus})\,|\,H^{+}(1\mathrm{mol\cdot L^{-1}})\,\|\,Cr_2O_7^{2-}(1\mathrm{mol\cdot L^{-1}}),\,Cr^{3+}(1\mathrm{mol\cdot L^{-1}}),\,H^{+}(1\mathrm{mol\cdot L^{-1}})\,|\,Pt(+)$

8. 根据下列氧化还原反应设计电池，并写出电池符号。

(1) $2Ag^{+}+Zn \rightleftharpoons 2Ag+Zn^{2+}$

(2) $MnO_4^{-}+8H^{+}+5Fe^{2+} \rightleftharpoons Mn^{2+}+5Fe^{3+}+4H_2O$

9. 计算下列反应的平衡常数，哪一个反应进行得更完全一些？

① $Ni+Sn^{2+} \rightleftharpoons Sn+Ni^{2+}$

② $CrO_7^{2-}+6Fe^{2+}+14H^{+} \rightleftharpoons 2Cr^{3+}+6Fe^{3+}+7H_2O$

10. 通过计算回答：若溶液中MnO_4^{-}和Mn^{2+}的浓度相等，在如下酸度下$KMnO_4$可否氧化I^{-}和Br^{-}？(1) pH = 3；(2) pH = 6，

11. 根据如下两个电极的标准电极电势：

$MnO_4^{-}+8H^{+}+5e^{-} \rightleftharpoons Mn^{2+}+4H_2O$ $\quad \varphi^{\ominus}=1.507V$

$Cl_2+2e^{-} \rightleftharpoons 2Cl^{-}$ $\quad \varphi^{\ominus}=1.3587V$

(1) 若把这两个电极组成一化学电池时，判断反应自发进行方向（设离子浓度均为$1mol \cdot L^{-1}$，气体分压为100kPa）。

(2) 完成并配平上述电池反应的方程式。

(3) 用电池符号表示该电池的构成，标明电池的正、负极。

(4) 计算当$c(H^{+})=10mol \cdot L^{-1}$，其他各离子浓度均为$1mol \cdot L^{-1}$，$Cl_2$气体分压为100kPa时，该电池的电动势。

(5) 计算该反应的平衡常数。

12. 解释下列名词：① 原电池；② 电极和电对；③ 半反应和电池反应；④ 氧化型和还原型；⑤ 氧化剂和还原剂

13. 比较说明：① 标准电极电势和非标准电极电势；② 电极电势和电池电动势；③ 酸性溶液中的电极电势和碱性溶液中的电极电势。

14. 往含Cu^{2+}、Ag^{+}的混合液中（设均为$1mol \cdot L^{-1}$）加入铁粉，哪种金属先被置换析出？当第二种金属开始被置换时，溶液里第一种金属离子的浓度是多少？

第五章

原子结构和元素周期律

学习目标

1. 掌握四个量子数的物理意义；核外电子的排布规则及方法；常见元素的电子结构式。

2. 熟悉原子轨道和电子云的角度分布图；核外电子排布与元素周期系之间的关系。

3. 了解核外电子运动的特征，波函数的意义；有效核电荷、原子半径、电离能、电子亲和能和元素的电负性。

自然界的物质种类繁多、性质各异。不同物质在性质上的差异是由物质内部结构不同引起的。在化学变化中，一般只涉及原子核外电子运动状态的改变（除核化学反应外）。因此，要了解物质的性质及其变化规律，首先必须了解原子的内部结构。人们对原子结构的研究，主要是探讨原子核外电子的运动规律。随着生命科学的发展，药物化学、药理学、生理和病理学研究已经深入到微观分子水平。本章将介绍原子核外电子运动和元素性质周期性变化的规律。

第一节　微观粒子的运动特征

原子、分子和离子是构成物质的基本微粒。原子是由带正电荷的原子核和带负电荷的电子组成。原子核具有复杂结构，它是由带正电荷的质子和不带电荷的中子组成。电子、质子、中子等称为基本粒子，它们都有确定的质量与电荷。对于原子中核外电子的分布规律和运动状态等问题的研究，则是从氢原子光谱实验开始的。

一、氢原子光谱和玻尔理论

（一）氢原子光谱

太阳或白炽灯发出的光通过三角棱镜的分光作用，在光谱图上形成一条红、橙、黄、绿、青、蓝、紫连续的色带，这种光谱叫连续光谱。若将气体原子置于放电管中，受激发后产生的光经过三角棱镜分光后，得到的光谱图是一根根孤立的、彼此间隔的线状光谱，称原子光谱。图 5-1 是氢原子在可见光区的原子光谱。相对于连续光谱，原子光谱为不连续光谱。

任何原子被激发后都能产生原子光谱，不同原子有各自不同的特征光谱。

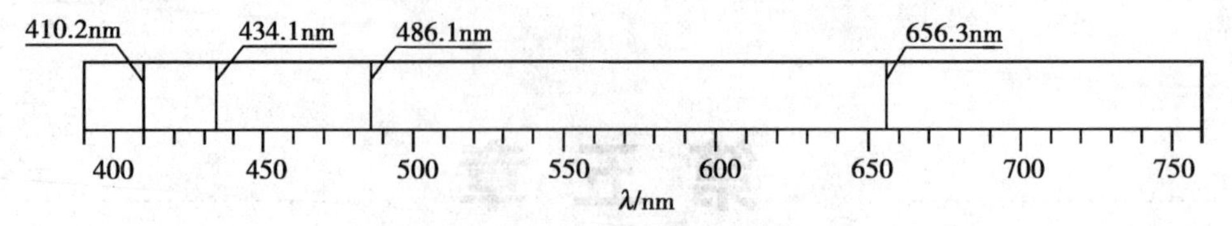

图 5-1　氢原子可见光区的光谱图

1900 年德国物理学家 M .Planck 提出了能量量子化的假设。认为辐射能的发射或吸收是不连续的。在微观领域，把不连续变化的物理量的最小单位称为量子。1905 年爱因斯坦为了解释光电效应提出了光子学说，进一步说明微观粒子的能量是量子化的，能量的最小单位称为光量子，简称光子，表示为

$$E = h\nu \tag{5-1}$$

式中 h 为普朗克常数（6.626×10^{-34}J•s），ν 为光子频率，E 为光子的能量。微观粒子的状态发生变化时，吸收和发射电磁波，其频率为

$$\nu = \frac{E_2 - E_1}{h} \tag{5-2}$$

（二）玻尔氢原子理论

1913 年丹麦物理学家 N. Bohr 依据上述量子论的基本观点，提出核外电子运动假设：

1. 定态规则　假设核外电子沿着具有一定能量或一定半径（r）的轨道上绕核运动，在这些轨道上运动着的电子既不辐射也不吸收能量，这些稳定的能量状态称为定态。能量最低的定态称为基态，其他状态称为激发态。

2. 量子化条件　电子运动轨道的角动量 L 是量子化的，即

$$L = n\frac{h}{2\pi} \tag{5-3}$$

式中，L 是描述电子运动轨道的角动量（$L = p \cdot r = m_e \cdot \nu \cdot r$，$p$ 是电子轨道运动的动量，即 $P = m_e \cdot \nu$，r 是轨道半径，m_e 是电子的质量，ν 是电子的运动速度），h 为普朗克常数，π 为圆周率，n 为正整数。n 值越大，表示电子离核越远，能量就越高。

3. 跃迁规则　核外电子吸收能量时，可以从低能态轨道跃迁到高能态轨道。而从高能态轨道迁回到低能态轨道时，则放出辐射能量，能量是量子化的，表示为

$$\Delta E = E_2 - E_1 = h\nu \tag{5-4}$$

式中，ΔE 为两轨道的能级差，E_1、E_2 分别代表电子的始态和终态的能量，h 为普朗克常数，ν 为光的频率。若 $\Delta E<0$ 表示电子跃迁时放出能量，$\Delta E>0$ 表示电子跃迁时吸收能量。

玻尔根据上述假设及经典力学的规律，提出氢原子体系的能量状态和电子绕核做圆周运动的轨道半径是一系列由 n 决定的不连续数值，并成功地解释了氢原子光谱。但将玻尔理论应用于多电子原子体系时，它不能很好地解释多电子原子光谱和能量，同时无法解释氢原子光谱的精细结构。因为它不能反映微观粒子的全部特征和其独特的运动规律。

二、氢原子结构的量子力学模型

电子、中子、质子等微观粒子相对于子弹、飞机、火车等宏观物体，具有特殊的性质和完全不同的运动规律。因此，不能用描述宏观物体运动状态的经典力学来描述微观粒子的运动状态。

（一）微观粒子运动的基本特征

19 世纪，人们发现了光的干涉和衍射现象，说明光具有波动性。光电效应和氢原子光谱又证明光具有粒子性。因此，1924 年法国物理学家 L. De Broglie 受光具有波粒二象性的启发，提出一切运动着的实物粒子都具有波粒二象性，其关系式为：

$$\lambda = \frac{h}{p} = \frac{h}{mv} \tag{5-5}$$

式(5-5)的左侧反映了粒子的波动特征，右侧表明它的粒子性，微观粒子的波动性和粒子性通过普朗克常数 h 联系在一起。

1927 年，美国物理学家 C. J. Davisson 和 L. H. Germer 通过电子的衍射实验，得到了电子衍射图像(图 5-2)，证实了电子具有波动性，说明了 L. De Broglie 波的存在。需要注意的是 L. De Broglie 波是一种概率分布统计波，电子在核外空间运动也是概率分布统计波规律的呈现。

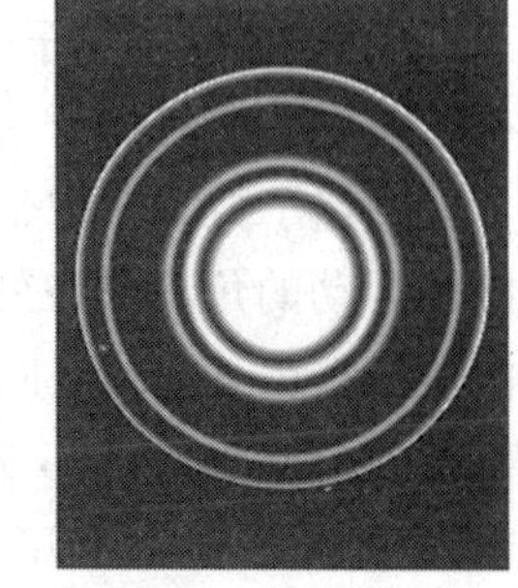

图 5-2　电子衍射图

微观粒子具有波粒二象性，它们的运动服从不确定原理。不确定原理又称测不准原理，是 1927 年德国物理学家 W. Heisenberg 提出的。该原理认为电子在核外空间所处的位置(以原子核为坐标原点)与电子运动的动量两者不可能同时准确测定，如果测定电子的位置越准确，其相应动量测定就越不准确，反之亦然。数学关系式为：

$$\Delta x \cdot \Delta p \geqslant h \quad 或 \quad \Delta x \geqslant \frac{h}{m\Delta v} \tag{5-6}$$

式中，Δx 为微观粒子在 x 方向的位置测不准值，Δp 为微观粒子在 x 方向的动量测不准值。Δx 与 Δp 的乘积为一定值 h(普朗克常数)。

测不准原理说明核外电子运动不可能有确定的运动轨道，它在空间出现的概率可由衍射波的强度反映出来，所以电子波又称概率波，即微观粒子运动特征的波粒二象性是通过量子化和统计性来具体体现的。

（二）核外电子运动状态的描述

1926 年，奥地利物理学家薛定谔根据电子运动的波粒二象性，结合 L. De Broglie 关系式和光的波动方程提出了微观粒子运动状态的波动方程，称为薛定谔方程：

$$\frac{\partial^2\psi}{\partial x^2} + \frac{\partial^2\psi}{\partial y^2} + \frac{\partial^2\psi}{\partial z^2} + \frac{8\pi^2 m}{h^2}(E-V)\psi = 0 \tag{5-7}$$

式中，x、y、z 是三维空间的坐标，E 是总能量即势能和动能之和；V 是势能；$(E-V)$ 是动能；m 是微粒的质量；π 是圆周率；h 是普朗克常数；ψ 是波函数。

波函数 ψ 是薛定谔方程的解，是描述电子运动状态的数学函数，也称为原子轨道，它本身的物理意义并不明确。但是，波函数绝对值的平方 $|\psi|^2$ 却有明确的物理意义。$|\psi|^2$ 代表核外空间某点 $P(x, y, z)$ 处电子出现的概率密度，即在该点处单位体积中电子出现的概率。

薛定谔方程的解为系列解，每个解对应于一个运动状态。每一个运动状态可以用 n、l、m 三个量子数表示。n、l、m 三个量子数是薛定谔方程在求解过程中为了获得合理解必须引入的。

主量子数 n　取值是 1, 2, 3…任意的正整数，它决定电子出现最大概率的区域离核的远近和能量。n 值越大，电子离核越远，能量越高。在同一原子内，具有相同 n 值的电子几乎在离核距离相同的空间内运动，可看做是一个核外电子“层”，n 代表电子层。

n	1	2	3	4	5	6	7
电子层符号	K	L	M	N	O	P	Q

角量子数 l　取值是 0，1，2，3…$(n-l)$ 的正整数。它与电子运动的角动量有关，决定原子轨道的形状。在多电子原子体系中，电子的能量与 n 和 l 有关。n 表示电子层，l 表示同一电子层内的亚层。

l	0	1	2	3	4…$(n-1)$
光谱符号	s	p	d	f	g…

l 的取值受主量子数的限制。表示同一个电子层中包含有几个不同的亚层，不同亚层能量有所差异。在多电子原子中，当主量子数相同时，l 值愈大，能量愈高，$E_{ns} < E_{np} < E_{nd} < E_{nf}$。

磁量子数 m　取值要求是 0，±1，±2…±l 等整数。它决定原子轨道在空间伸展的方向，与电子运动的角动量在外磁场方向上的分量有关，故称为磁量子数。原子轨道在空间伸展的方向是指它在空间的取向，取向数值共有 $(2l+1)$ 个。

当 $l=0$ 时，$m=0$，表明 s 亚层只有一种空间取向，称 s 轨道。

当 $l=1$ 时，$m=0$，$+1$，-1，表明 p 亚层有三种空间取向，分别表示为 p_z、p_x、p_y 轨道。

当 $l=2$ 时，$m=0$，$+1$，-1，$+2$，-2，表明 d 亚层有五个空间取向，分别表示为 d_{z^2}、d_{xz}、d_{yz}、d_{xy}、$d_{x^2-y^2}$ 轨道。

当 $l=3$ 时，$m=0$，$+1$，-1，$+2$，-2，$+3$，-3，表明 f 亚层有七个空间取向。

磁量子数与能量无关。l 相同 m 不同的原子轨道，能量是相同的。能量相同的各原子轨道称为简并轨道或等价轨道。如 p_x、p_y、p_z 轨道为等价轨道，其能量相同。

自旋量子数 m_s　它是反映电子自旋运动的两种不同状态。取值为 $+\frac{1}{2}$ 和 $-\frac{1}{2}$，示意为顺时针方向或逆时针方向。m_s 可以解释氢原子光谱的微细结构。

综上所述，电子在核外运动的状态可以用四个量子数来描述，即根据四个量子数可以确定核外电子的运动状态以及各电子层中电子可能的状态数（表 5-1）。

表 5-1　量子数组合和轨道数

主量子数 n	轨道角动量量子数 l	磁量子数 m	波函数 ψ	同一电子层的轨道数 (n^2)
1	0	0	ψ_{1s}	1
2	0	0	ψ_{2s}	4
	1	0	ψ_{2p_z}	
		±1	ψ_{2p_x}，ψ_{2p_y}	
3	0	0	ψ_{3s}	9
	1	0	ψ_{3p_z}	
		±1	ψ_{3p_x}，ψ_{3p_y}	
	2	0	$\psi_{3d_{z^2}}$	
		±1	$\psi_{3d_{xz}}$，$\psi_{3d_{yz}}$	
		±2	$\psi_{3d_{xy}}$，$\psi_{3d_{x^2-y^2}}$	

（三）原子轨道和电子云的图像

波函数 $\psi_{n,l,m}(r,\theta,\varphi)$ 通过变量分离后可以表示为

$$\psi_{n\,l\,m}(r、\theta、\varphi)=R_{n\,l}(r)\,Y_{l\,m}(\theta、\varphi) \tag{5-8}$$

式中，波函数 $\psi_{n\,l\,m}(r、\theta、\varphi)$ 即所谓的原子轨道。$R_{n\,l}(r)$ 称为原子轨道的径向部分，与离核半径有关。$Y_{l\,m}(\theta、\varphi)$ 称为原子轨道的角度部分，与球极坐标的 θ 和 φ 角度有关。表 5-2 列出了氢原子若干原子轨道的径向分布和角度分布函数。

表 5-2　氢原子若干原子轨道的径向分布和角度分布函数

轨道	$R_{n,l}(r)$	$Y_{l,m}(\theta,\varphi)$	能量/J
1s	A_1e^{-Br}	$\sqrt{\frac{1}{4\pi}}$	-2.18×10^{-18}
2s	$A_2(2-Br)e^{-Br/2}$	$\sqrt{\frac{1}{4\pi}}$	$-2.18\times10^{-18}/2^2$
$2p_z$		$\sqrt{\frac{3}{4\pi}}\cos\theta$	
$2p_x$	$A_3re^{-Br/2}$	$\sqrt{\frac{3}{4\pi}}\sin\theta\cos\varphi$	$-2.18\times10^{-18}/2^2$
$2p_y$		$\sqrt{\frac{3}{4\pi}}\sin\theta\sin\varphi$	

A_1、A_2、A_3、B 均为常数

原子轨道除了用函数式表示外，还可以用更具有形象化特点的相应图形表示。现介绍几种主要的图形表示法。

1. 原子轨道的角度分布图　这是一种表示波函数的角度部分 $Y_{l,m}(\theta、\varphi)$ 随 θ 和 φ 角度变化的图形，只与量子数 l 和 m 有关。因此，只要 l, m 相同，$Y_{l,m}(\theta、\varphi)$ 的函数就相同，角度分布图形也就相同。原子轨道的角度分布图形对解释原子间的成键作用具有重要意义，作简要讨论之。

（1）由表 5-2 可知，$l=0$ 的原子轨道角度波函数是 $Y_s=\sqrt{\frac{1}{4\pi}}$，即 s 态的角度波函数与 θ、φ 角无关。它们的角度分布图形是以 $\sqrt{\frac{1}{4\pi}}$ 为半径的球面，如图 5-3 所示。

（2）当 $l=1$ 时，Yp 轨道的角度波函数式有三种情况。其中 $Yp_z=\sqrt{\frac{3}{4\pi}}\cos\theta$ 比较简单，只与 θ 角有关。表 5-3 中列出不同 θ 角的 Yp_z 值，据此作 $Yp_z-\cos\theta$ 图（图 5-4）。由图 5-4 中可见，

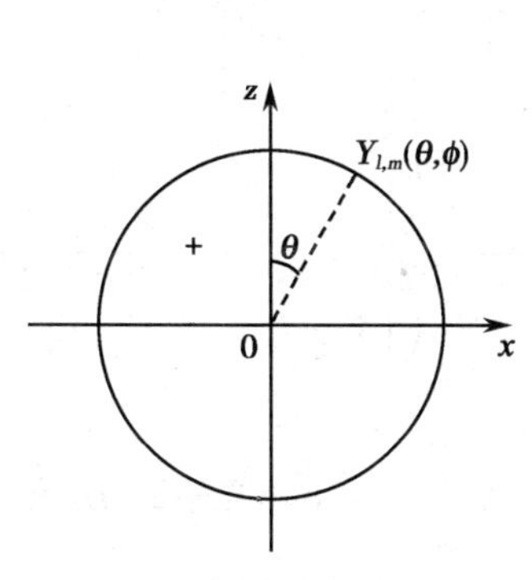

图 5-3　s 轨道的角度分布图

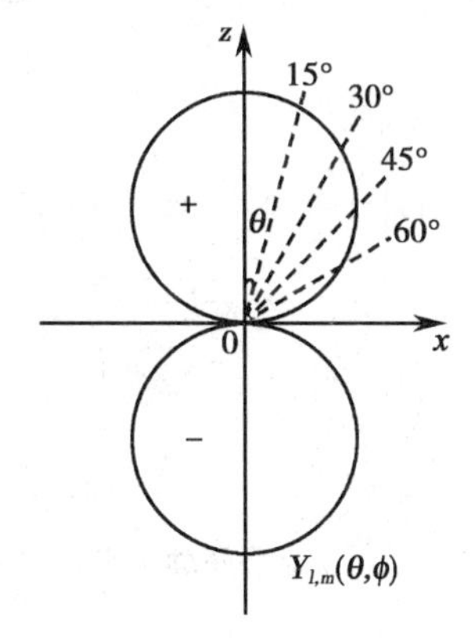

图 5-4　p_z 轨道的角度分布图

Yp_z 在 xy 平面上有一个节面，节面上下的正负号不代表电荷，没有“电性”意义。这些正负号和 Yp_z 的极大值空间取向在讨论原子间成键过程中起重要作用。

表 5-3　不同 θ 角的 Yp_z 值

θ	0°	30°	60°	90°	120°	150°	180°
cosθ	1	0. 866	0. 5	0	−0.5	−0.866	−1
Yp_z	0.489	0.423	0.244	0	−0.244	−0.423	−0.489

采取同样的方法，根据各原子轨道的 $Y(\theta、\varphi)$ 函数式，可以做出 p_x 和 p_y 以及其他五种 d 轨道的角度分布图，如图 5-5 所示。

2．电子云角度分布图　电子云是电子在核外空间出现概率密度分布的形象化描述，而概率密度是指电子在空间单位体积中出现的概率，可以用 $|\psi|^2$ 表示。电子云角度分布图是波函数角度部分 $Y(\theta,\varphi)$ 的平方 $|Y|^2$ 随 θ、φ 角度变化的图形（图 5-6）。它反映电子在核外空间不同角度的概率密度大小。原子轨道和电子云的角度分布图在化学键的形成、分子的空间构型讨论中有着重要意义。

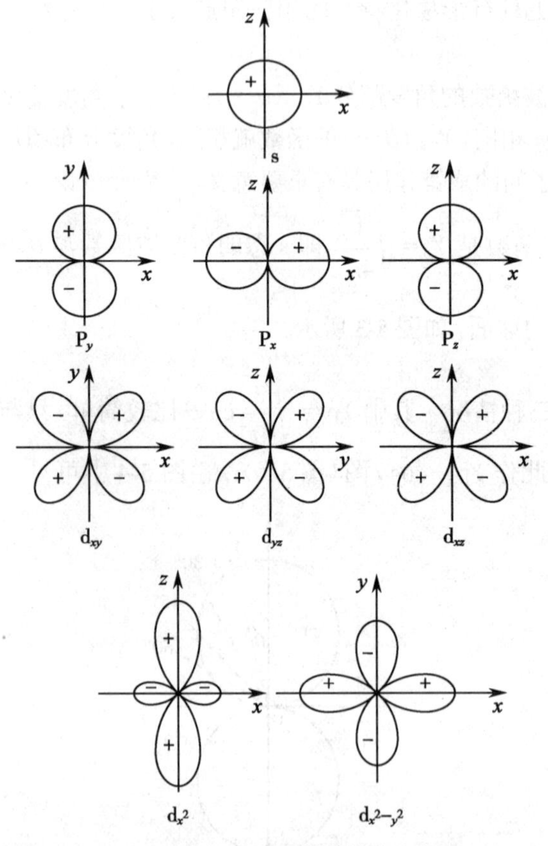

图 5-5　s，p，d 原子轨道角度分布图

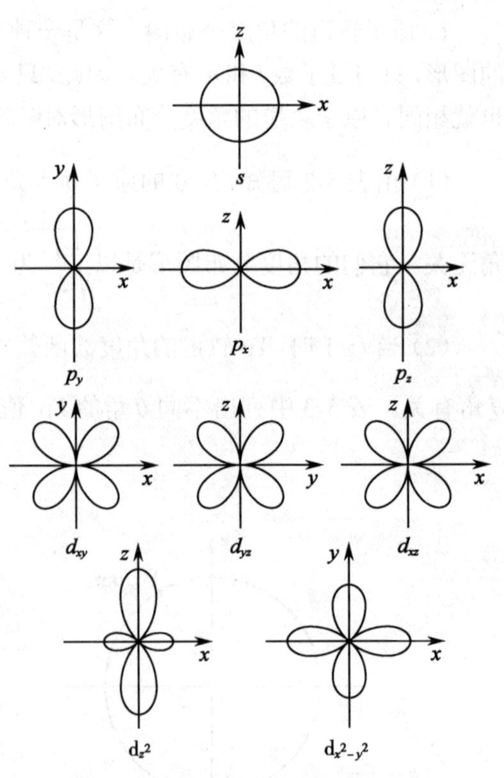

图 5-6　s，p，d 电子云的角度分布图

对电子云角度分布图与相应的原子轨道角度分布图进行比较：两者图形相似，但前者图中无正负号，这是因为 $|Y|^2$ 都是正值。且由于 $Y<1$，$|Y|^2<Y$，所以电子云角度分布图比原子轨道的角度分布图要显得“瘦”些。

3．电子云径向分布图　电子云的径向分布图是反映电子在核外空间出现概率与离核远近随 r 变化的关系。

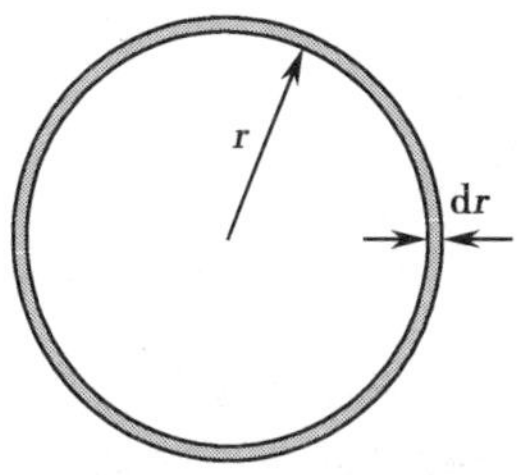

图 5-7　球形薄壳夹层

假设一个离核距离为 r、厚度为 dr 的薄球壳（图 5-7），以 r 为半径的球面面积是 $4\pi r^2$，球壳体积为 $4\pi r^2\,dr$，电子在球壳内出现的概率是：

$$|\psi|^2 \times 4\pi r^2\,dr = R^2_{n,l}(r)4\pi r^2\,dr$$

令
$$D(r) = R^2_{n,l}(r)4\pi r^2$$

$D(r)$ 是电子云的径向分布函数。它表示在任意指定方向上，距核为 r 处的单位厚度球壳内电子出现的概率。以 $D(r)$ 对 r 作图，得氢原子电子云的径向分布图 5-8。图中左侧 1s 电子云径向分布曲线在 $r=52.9$pm 处有一极大峰值，意指 1s 电子在离核半径 $r=52.9$pm 的球壳层中出现的概率最大。

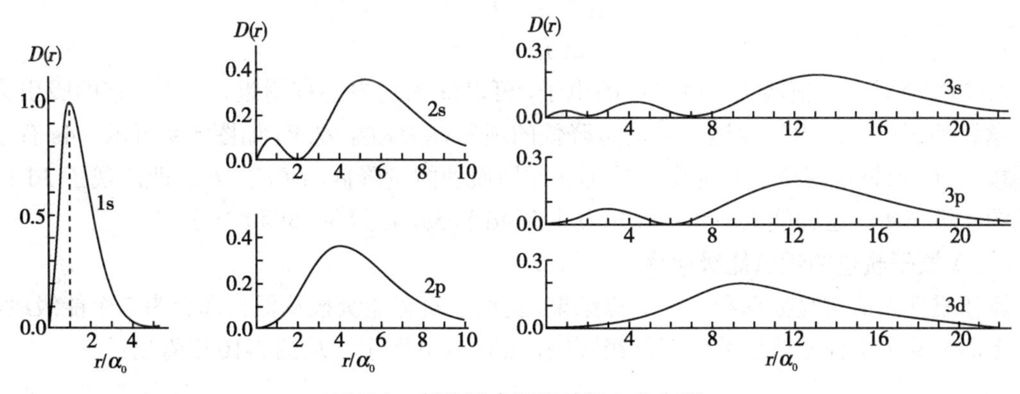

图 5-8　氢原子电子云的径向分布图

问题与思考

氢原子 1s 电子在核外的概率分布为什么在 52.9pm 处出现极大值？

从图 5-8 中还可以得出如下规律：

（1）径向分布曲线上的峰个数与量子数 n 和 l 有关，峰数为 $(n-l)$。当 $n=1$，$l=0$，$(n-l)=1$ 时，峰数为 1，只有 1 个峰；若 $n=4$，$l=0$，则 $(n-l)=4$，峰数为 4，有 4 个峰。

（2）随着 n 值增大，主峰距核越远，能量越高。

（3）当 n 值相同 l 值不同时，l 值越小，峰数越多。如 3s 比 3p 多一个离核较近的峰，3p 比 3d 多一个离核较近的峰等。

电子云的径向分布图对了解多电子原子的能级分裂十分重要。

第二节　多电子原子结构

氢原子和类氢离子核外只有 1 个电子，该电子仅受到原子核的吸引，其波动方程可以精确求解。在多电子原子中，电子不仅受原子核的吸引，电子与电子之间也存在着相互作用，相应的波动方程很难精确求解。因此，量子力学通常采用近似方法来处理。

一、多电子原子轨道的能级

（一）屏蔽效应和钻穿效应

1. 屏蔽效应　多电子原子中，内层电子对外层电子的排斥相当于削弱了原子核对外层电子的吸引，这种作用称为屏蔽效应。屏蔽效应使外层电子感受到的有效核电荷（Z'）降低，能量相应升高。当 l 值相同 n 值不同时，n 值越大，电子层数越多，外层电子受到的屏蔽作用越强，核对电子的吸引越弱，轨道能级愈高：

$$E_{1s}<E_{2s}<E_{3s}<\ldots$$
$$E_{2p}<E_{3p}<E_{4p}<\ldots$$

2. 钻穿效应　n 值较大 l 值较小的电子，可以深入到内层核附近，使核对它的吸引力增大。这种外层电子向内层穿透使其能量降低的现象称为钻穿效应，如图 5-9 所示。4s 有小峰钻到核附近，很好地回避了其他电子的屏蔽作用而使能量降低，故 $E_{4s}<E_{3d}$，即出现了 3d 和 4s 轨道的能级交错。这种能级交错现象也发生在 4d 和 5s，4f 和 6s，5f 和 7s 之间。

（二）原子轨道的近似能级顺序

鲍林根据光谱实验数据和理论计算结果，把原子轨道能级按从低到高分为 7 个能级组，提出了多电子原子中原子轨道的近似能级顺序，如图 5-10 所示。从图 5-10 中看出：

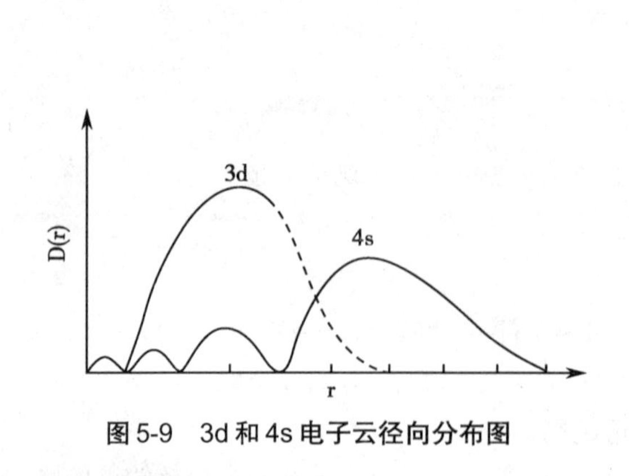

图 5-9　3d 和 4s 电子云径向分布图

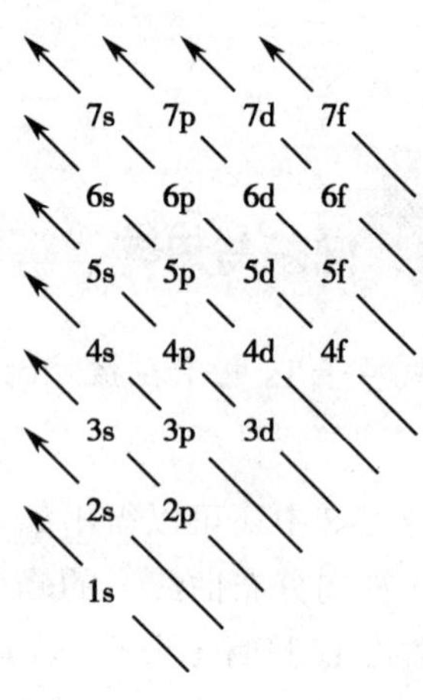

图 5-10　近似能级顺序

（1）当 l 值相同 n 值不相同时，n 值决定其能量。随着主量子数 n 值增大，原子轨道的能量依次升高。如：$E_{1s}<E_{2s}<E_{3s}<E_{4s}\cdots$。

(2) 当 n 值相同 l 值不同时，其能量随 l 值的增大而升高。l 值越大，能量越高。如：$E_{4s}<E_{4p}<E_{4d}<E_{4f}\cdots$。

(3) 当 n 值和 l 值都不相同时，有能级交错现象。如：$E_{4s}<E_{3d}<E_{4p}$，$E_{5s}<E_{4d}<E_{5p}$，$E_{6s}<E_{4f}<E_{5d}<E_{6p}$

原子轨道的近似能级顺序反映了与元素周期表一致的核外电子排布的一般规律，与光谱实验得到的各元素原子内电子的排布情况大多数相符合。

二、多电子原子核外电子的排布原则

原子核外电子的排布是根据光谱数据和对元素周期律的分析确定的。基态原子的核外电子排布遵守三项原则，即能量最低原理、泡利不相容原理和洪特规则。

能量最低原理　自然界中存在一个普遍的规律就是“体系的能量越低越稳定”。原子中的电子也遵循这个规律。多电子原子在基态时，核外电子总是尽可能地排布在能量最低的轨道上，而使原子的能量处于最低状态。这就是能量最低原理。

泡利不相容原理　在同一原子中不能有四个量子数完全相同的电子存在，这就是泡利不相容原理。按照 n、l、m 三个量子数的取值规律和 m_s 的取值范围，每个轨道上最多容纳两个自旋方向相反的电子，例如 Ca 原子 4s 轨道上的两个电子，用量子数描述其运动状态，分别是 $\psi(4,0,0,+\frac{1}{2})$ 和 $\psi(4,0,0,-\frac{1}{2})$。因此，每个电子层中最多容纳的电子数为 $2n^2$。

洪特规则　电子总是尽可能分占能量相等的等价轨道且自旋方向相同，这就是洪特规则。这种排布方式可使原子能量最低，体系最稳定。例如，氮原子的电子排布

	1s	2s	2p		
$_7$N	↑↓	↑↓	↑	↑	↑

洪特规则还指出，等价轨道处于全空（p^0　d^0　f^0）、半满（p^3　d^5　f^7）或全满（p^6　d^{10}　f^{14}）状态，原子所处的能量较低，体系稳定。如 $_{24}$Cr 电子排布顺序为 $1s^22s^22p^63s^23p^64s^13d^5$，而非 $1s^22s^22p^63s^23p^64s^23d^4$。

为简化电子排布的书写，当电子排布达到稀有气体结构的内层，可用稀有气体元素符号加方括号（称原子实）表示。如 $_{11}$Na 原子的电子排布为 $1s^2\,2s^2\,2p^6\,3s^1$，可简化表示为 [Ne] $3s^1$。原子实以外的电子排布称为外层电子构型。需要提醒注意的是，虽然原子核外电子是按近似能级顺序图由低到高顺序排布，但在书写原子的电子构型时，应按 $(n-2)$f，$(n-1)$d，ns，np 书写。如 $_{29}$Cu 原子外层电子构型为 [Ar] $3d^{10}\,4s^1$。

第三节　电子层结构与元素周期系

将元素按原子序数递增的顺序排列时，发现元素的性质随着核电荷的递增呈现出周期性变化，这一规律称为元素周期律。元素周期律的发现，使自然界所有的元素变成为一个完整的体系，称为元素周期系。

一、电子层结构与元素周期表

原子核外电子分布的周期性是元素周期律的基础。元素性质的周期性来源于原子电子层结构的周期性。元素周期表是元素周期律的表达形式。

（一）电子层结构与周期

从电子层结构可知，主量子数 n 每增加 1 个数值就增加一个能级组，也就增加一个新的电子层，在元素周期表中就是一个新的周期的开始，即一个能级组对应着一个周期。每个周期的最外电子层的结构都是从 ns 开始到 np（稀有气体）结束（第一周期除外）。

周期表中有 7 个周期。第 1 周期为特短周期，第 2、3 周期为短周期，第 4～7 周期为长周期。由于能级交错的产生，使每个能级组包含的电子数目有所不同，故周期有长短之分。一个能级组最多容纳的电子数就是该周期中元素的数目。如第一周期有 2 个元素。第 2、3 周期各 8 个元素。第 4、5 周期各 18 个元素。第 6、7 周期各 32 个元素。

在长周期中，有些元素的最后一个电子填充在（n−1）层 d 轨道、或者是（n−2）层的 f 轨道，使该周期的元素增多。这类元素称为过渡元素或者内过渡元素。由于元素的性质主要取决于最外层上的电子数，所以，过渡元素和内过渡元素的性质递变比较缓慢。

（二）价电子构型与族

参与化学反应并用于成键的电子称为价电子。价层电子的排布称为价电子构型或价电子组态。由于元素化学性质与原子的外层电子有关，所以价电子构型与原子的外层电子构型有关。对于主族元素，价电子构型为最外层电子构型，即 ns、或 ns、np。对于副族元素，价电子构型不仅包括最外层的 ns 电子，还包括（n−1）d 亚层以及（n−2）f 亚层的电子。如 P 的价电子构型为 $3s^23p^3$，Ni 的价电子构型为 $3d^84s^2$。

周期表中把价电子构型相似的元素排成一列称为族。共有 18 列，划分为 16 个族。8 个主族和 8 个副族。族的序号使用大写的罗马数字，主族用 A 表示，副族用 B 表示。

1. 主族　ⅠA～ⅧA 族，其中ⅧA 族又称 0 族。主族元素的最后一个电子填在 ns 或 np 亚层上，价电子总数等于族数。如元素 $_7$N 的价电子构型为 $2s^22p^3$，最后一个电子填充在 2p 亚层，价电子总数为 5，是ⅤA 族元素。ⅧA 是稀有气体，最外电子层均已填满，即 ns^2、np^6，达到 8 电子稳定结构（He 除外）。

2. 副族　ⅠB～ⅧB 族。ⅠB、ⅡB 族元素的族数等于最外层 s 电子数目，如 $_{29}$Cu，最外层电子数目为 $4s^1$，是ⅠB 元素。ⅢB～ⅦB 族元素的族数等于最外层 s 电子和次外层（n−1）d 亚层电子数之和，即价电子数目。如 $_{22}$Ti，价电子构型为 $3d^24s^2$，价电子数为 4，是ⅣB 族。ⅧB 有三列，价电子数分别为 8、9 或 10，由于同周期的元素性质相近，将其归为一族。副族元素由于电子依次填充在内层（n−1）d 轨道中，所以称为过渡元素。

第 6、7 周期两个系列元素的电子最后主要依次填充在（n−2）f 轨道，因此又称为内过渡系元素。前者称为 4f 内过渡元素，后者称为 5f 内过渡元素。第 6 周期 从 $_{57}$La～$_{71}$Lu 共 15 个元素称为镧系元素。第 7 周期 从 $_{89}$Ac～$_{103}$Lr 的 15 个元素称为锕系元素。镧系元素及与之在化学性质上相近的钪（$_{21}$Sc）和钇（$_{39}$Y）共 17 个元素总称为稀土元素。

（三）价电子构型与元素分区

根据元素的价层电子构型，把周期表中的元素划分成五个区域，分别为 s 区、p 区、d 区、ds

区和f区，如表5-4所示。

表5-4 周期表中元素的分区

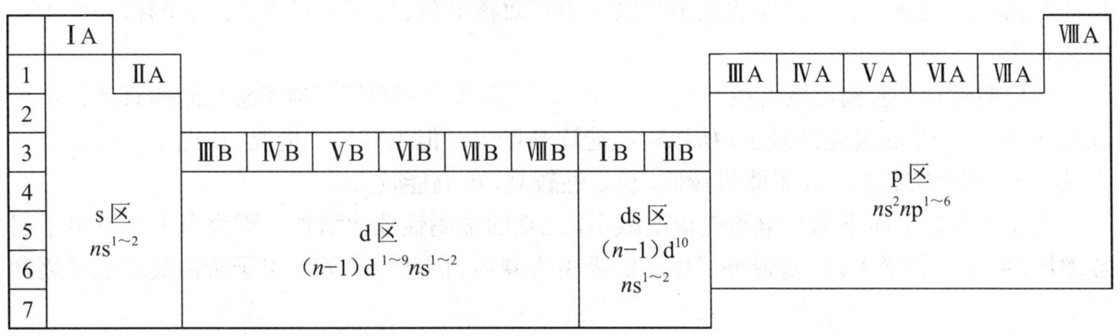

镧系	f区
锕系	$(n-2)f^{0\sim14}(n-1)d^{0\sim2}ns^2$

二、元素基本性质的周期性

由于原子的电子层结构具有周期性的变化规律，因此元素的基本性质也呈现出周期性变化，如原子半径、电离能、电子亲和能和电负性等均呈现周期性的变化规律。

（一）原子半径(r)

元素的单质和化合物的物理性质和化学性质与原子半径的大小有关。原子半径只是一个相对概念。如果将原子视为球体，那么两原子的核间距离即为两原子球体的半径之和，称为原子半径。原子半径根据原子和原子之间作用力的不同分为三种，即共价半径、金属半径和范德华半径。对同一种元素来说，范德华半径>金属半径>共价半径。如Cl和Na原子半径的比较：

原子	共价半径/pm	金属半径/pm	van der Waals半径/pm
Cl	99		198
Na	157	186	231

整个周期表中原子半径变化规律遵循：同一周期元素，原子半径从左至右逐渐减小。同周期主族元素从左至右电子层数不变，但随着原子序数的增加，有效核电荷明显增大，即核对外层电子的吸引力增大，所以原子半径逐渐减小；同周期副族元素从左至右总趋势是原子半径缓慢减小，因为新增电子进入次外层轨道，所以原子半径变化缓慢。

同一主族元素，原子半径自上而下逐渐增大。这是因为电子层数增加的缘故。

同一副族元素，原子半径自上而下一般也增大，但增幅不大。特别是第五和第六周期的副族元素，它们的原子半径十分接近，这是由于镧系收缩所造成的结果。这一现象导致了这些元素在矿石中共生，难以分离。

（二）元素的电离能与电子亲和能

原子失去电子的难易程度，可以用电离能来衡量。电离能是指基态的气态原子失去一个电子形成+1氧化态气态离子所需要的能量称为该元素的第一电离能，常以符号 I_1 表示，单位是 $kJ·mol^{-1}$。由+1价态阳离子再失去一个电子所需的能量称为第二电离能 I_2。通常所说的电离能是指第一电离能。电离能的大小与原子的有效核电荷、原子半径以及原子的核外电子层结构有关。

同周期元素从左到右电离能一般逐渐增大。因为从左到右外层电子感受到的有效核电荷逐渐增加，原子半径又逐渐减小，所以电离能逐渐增大。但也有反常情况，如电子层结构出现半满、全满和全空状态的元素能量较低，稳定性较高，电离能较大。

主族元素自上而下第一电离能依次减小，元素的金属性依次增加。因为自上而下电子层数增加，原子半径增大，核对最外层电子的吸引力减弱，因此电离外层电子所需要的能量逐渐降低。

副族元素自上而下第一电离能总体上呈逐渐增加趋势。因为自上而下原子半径增大不是太大，所以有效核电荷的增加起了主导作用。

原子结合电子的难易程度常用电子亲和能衡量。电子亲和能是指基态的气态原子获得一个电子形成气态负离子时所放出的能量，称为该元素的第一电子亲和能，常以符号 A_1 表示，单位是 $kJ·mol^{-1}$。和电离能相似，由 −1 价气态阴离子再得到一个电子所需要吸收的能量称为第二电子亲和能 A_2。电子亲和能 A_1 负值越大，表明原子越容易获得电子。

同一周期元素，从左到右元素第一电子亲和能的绝对值逐渐增大。因为从左到右核电荷增加，原子半径逐渐减小，原子核对外来电子的吸引力逐渐增强，放出的能量增加。

同一主族元素，自上而下电子亲和能减小。因为自上而下随着原子半径的增大，原子核对外来电子的吸引力逐渐减小，所以放出的能量依次减少。

（三）元素的电负性

通常把原子在分子中吸引电子的能力称为元素的电负性。常用符号 x 表示。电负性的数值是相对的，它是将元素F的电负性规定为4.0，依次求出其他元素的数值。电负性越大，表示该元素原子吸引电子的能力越大，生成阴离子的倾向性大；反之，则生成阳离子的倾向性大。元素的电负性值也呈现周期性变化规律。

同一周期内，元素的电负性随原子序数的增加而增大。同一族内，自上而下电负性一般减小。过渡元素的电负性都比较接近，没有明显的变化规律。

电负性数据是判断元素金属性或非金属性以及了解元素化学性质的重要参数，一般金属元素的电负性小于2.0，而非金属元素则大于2.0。

电负性数据还用于估计化学键的类型。在化合物中，成键的两个原子的电负性差值 $\Delta x>1.7$，一般为离子键；$\Delta x<1.7$，一般为极性共价键；$\Delta x = 0$，一般为非极性共价键。$\triangle x$ 值越大，键的极性越强。

学习小结

微观粒子具有波粒二象性，其运动状态用波函数 ψ 和相对应的能量来描述。波函数的具体形式取决于 $n\ l\ m$ 3个量子数。$n\ l\ m\ m_s$ 四个量子数描述核外电子的运动状态。

波函数可以分解成两个函数的乘积，$\psi_{nlm}(r、\theta、\varphi)=R_{nl}(r)\,Y_{lm}(\theta、\varphi)$。$R_{nl}(r)$ 是径向部分，与离核 r 半径有关。$Y_{lm}(\theta、\varphi)$ 是角度部分，是方位角 θ 和 φ 的函数。将波函数的径向

部分和角度部分分开作图，可以从两个侧面考察电子的运动状态。

用波函数的平方 $|\psi|^2$ 表示原子核外空间各处单位体积中电子出现的概率情况。

原子轨道能级按从低到高分为 7 个能级组。由于核外电子之间存在屏蔽效应和钻穿效应，所以会发生能级交错现象。多电子原子核外电子的排布规则，必须遵守能量最低原理、泡利不相容原理和洪特规则。

主量子数 n 每增加 1 个数值，就增加一个新的电子层，就是一个新的周期开始。

主族元素的价层电子总数等于族数，也等于该族元素的最高氧化数。

ⅠB、ⅡB 族元素的族数等于 ns 电子数目，ⅢB～ⅦB 族元素的族数等于 $(n-1)$d $+ns$ 价电子数目。副族元素 $(n-1)$d 轨道中的电子参与化学反应，故有多种氧化数。

两原子的核间距离称为原子半径。根据原子和原子之间作用力的不同，又分为共价半径、金属半径和范德华半径。

电离能的大小反映了原子失去电子的难易程度，即元素金属性的强弱。

电子亲和能的大小反映了原子得到电子的难易程度，即元素的非金属性的强弱。

电负性数据是判断元素金属性或非金属性以及估计化学键的类型的重要参数。

（刘洛生）

复习题

1. 简要说明波函数、原子轨道、电子云和概率密度的意义、联系和区别。

2. 在原子的量子力学模型中，电子的运动状态要用几个量子数来描述？简要说明各量子数的物理含义、取值范围和相互间的关系。

3. 试判断满足下列条件的元素有哪些？写出它们的价电子构型、元素符号和中文名称。

(1) 有 6 个量子数为 $n=3$、$l=2$ 的电子，有 2 个量子数为 $n=4$、$l=0$ 的电子；

(2) 第五周期的稀有气体元素；

(3) 第四周期的第六个过渡元素；

(4) 电负性最大的元素；

(5) 基态 4p 轨道半充满的元素；

(6) 基态 4s 轨道只有 1 个电子的元素。

4. 硫原子的 3p 电子可用下面任意一套量子数描述：

① 3，1，0，+1/2；

② 3，1，0，−1/2；

③ 3，1，1，+1/2；

④ 3，1，1，−1/2；

⑤ 3，1，−1，+1/2；

⑥ 3，1，−1，−1/2。

若同时描述硫原子的 4 个 3p 电子，可以采用哪四套量子数？

5. 写出 $n=4$ 的电子层中各电子的量子数组合和对应波函数的符号，指出各亚层中的轨道数和最多能容纳的电子数。

6. 核外电子排布遵循哪些基本原理？

7. 在下列电子构型中，哪种属于原子的基态？哪种属于原子的激发态？哪种纯属错误？

(1) $1s^22s^22p^1$　(2) $2s^22p^2$　(3) $1s^22s^3$　(4) $1s^22s^22p^63s^13d^1$

(5) $1s^22s^22p^54f^1$　(6) $1s^22s^12p^1$

8. 已知某原子的电子排布式：$1s^2 2s^2 2p^6 3s^2 3p^6 3d^{10} 4s^2 4p^1$，问：该元素的原子序数是多少？属于第几周期、第几族元素？是主族元素还是过渡元素？

9. 19号元素K和29号元素Cu是同一周期的元素，最外层中都只有一个4s电子，两者原子半径也相近，但两者的化学活泼性相差很大。试用相关的原子结构理论知识说明之。

10. 试解释下列现象：

(1) Na的第一电离能小于Mg，而Na的第二电离能却远远大于Mg；

(2) Na^+、Mg^{2+}、Al^{3+}为等电子体，且属于同一周期，但离子半径逐渐减小，分别为98pm、74pm、57pm；

(3) 第ⅤA、ⅥA、ⅦA族第三周期元素的电子亲和能高于同族的第二周期元素。

第六章

化学键与分子结构

学习目标

1. 掌握现代价键理论要点和σ键、π键的特征；杂化轨道理论基本要点，sp型杂化特征，等性、不等性杂化概念及应用。

2. 熟悉分子间力类型、特点、产生原因；氢键形成条件、特征、应用。

3. 了解分子轨道理论要点；键参数。

物质的化学性质主要取决于分子的性质，而分子的性质与分子的内部结构有关，分子由原子组成。自然界中物质除稀有气体外，都是以分子或晶体形式存在。研究分子的结构主要包括两个问题：一是分子或晶体中相邻的原子是靠什么力、以何种方式结合，也就是化学键的问题；另一个是分子中原子的连接次序、空间排布，即分子的空间构型问题。分子或者晶体中，相邻两原子或离子之间强烈的相互作用力称为化学键。按形成不同，化学键可以分为离子键、共价键、金属键三类。除化学键外，物质内部分子之间还存在弱的相互作用，称为分子间作用力，包括范德华力和氢键。化学键、分子的空间构型以及分子间作用力，影响物质的物理化学性质。本章将在原子结构基础上讨论化学键的有关理论，同时，对分子间作用力进行适当介绍。

第一节　离　子　键

一、离子键的形成及特征

1916年德国化学家W. Kossel提出离子键的概念。当活泼金属和活泼非金属原子相互靠近时，由于两个原子电负性相差比较大，金属和非金属之间发生电子转移，金属原子失电子变成阳离子，非金属原子得到电子变成阴离子，阴、阳离子之间通过静电引力而形成的化学键称为离子键。由于形成的离子具有稀有气体构型，成键后体系能量降低，形成离子化合物，如NaCl的形成。

$$n\mathrm{Na}(1s^22s^22p^63s^1) \xrightarrow{-ne} n\mathrm{Na}^+(1s^22s^22p^6)$$

$$n\mathrm{Cl}(1s^22s^22p^63s^23p^5) \xrightarrow{+ne} n\mathrm{Cl}^-(1s^22s^22p^63s^23s^6)$$

$$n\mathrm{Na}^+ + n\mathrm{Cl}^- \longrightarrow n\mathrm{Na}^+\mathrm{Cl}^-$$

要形成离子键，成键的两原子电负性差值要足够大，才能够发生电子转移形成阴阳离子。一般认为，两原子电负性差大于1.7时形成离子键。

离子键的特点是没有方向性和饱和性。由于离子的电荷分布是球形对称的，在任何方向对异号电荷都有吸引力，所以离子键没有方向性；只要空间条件许可，一个离子可以从空间各个方向同时吸引尽可能多的带相反电荷的离子形成离子键，所以离子键没有饱和性。

二、离子的特征

离子的特征主要是指离子的电荷、半径和电子构型。这些因素影响离子键的强弱以及离子化合物的性质。

（一）离子电荷

离子是由原子成键过程中发生电子得失后形成的，因此简单阴阳离子的电荷等于原子得到或者失去的电子数。离子键的本质是阴阳离子间的静电引力，由库仑定律可知，静电引力大小取决于离子所带的电荷大小以及离子间的距离：

$$f=\frac{q^{+}\cdot q^{-}}{R^{2}} \tag{6-1}$$

因此离子键的强弱取决于离子间静电引力的大小。由式6-1可以看出，半径相近的阴阳离子，电荷数越高，静电引力越大，形成的离子键越强，物质的熔沸点越高。如 Na^{+}（95pm）和 Ca^{2+}（99pm）半径相近，但 Ca^{2+} 离子的电荷数是 Na^{+} 离子的2倍，CaO的熔点为2819K，而 Na_2O 的熔点是1193K，CaO的熔点比 Na_2O 高得多。

（二）离子半径

和原子一样，离子没有固定的半径。通常把离子晶体中，相互接触的正、负离子中心之间的距离（称作核间距）作为两种离子的半径之和看待。离子的核间距离可以通过X射线衍射实验来测定。当电荷数相同时，随着离子半径的减小离子间引力增大。如 Ca^{2+} 和 Ba^{2+} 电荷数相同，因为 Ba^{2+} 的半径比 Ca^{2+} 大，所以CaO的熔点比BaO高。

不同元素离子半径变化规律如下：

1．同一元素阳离子半径小于原子半径，阴离子半径大于原子半径，如 $Na>Na^{+}$，$Cl<Cl^{-}$。

2．同一元素阳离子半径随着电荷数增大而减小，负离子半径随电荷数增大而增大，如 $Fe^{2+}>Fe^{3+}$，

3．正离子的半径较小，约在10～170pm之间；负离子的半径较大，约在130～260pm之间。

4．同一周期不同元素正离子的半径随电荷数的增加而减小，例如，$Na^{+}>Mg^{2+}>Al^{3+}$；负离子的半径随电荷数的增加而增大。

5．同一主族元素，离子半径自上而下随核电荷数的增加而递增，例如，$Li^{+}<Na^{+}<K^{+}<Rb^{+}<Cs^{+}$ 和 $F^{-}<Cl^{-}<Br^{-}<I^{-}$。

离子键的强弱影响离子化合物的物理化学性质。通常离子电荷越高、半径越小离子键强度越大，离子晶体的熔点越高。

第二节　共　价　键

离子键理论解释了电负性相差较大的原子通过电子转移成键，揭示了离子化合物的形成和特性。那么电负性相差较小的元素的原子以及像 H_2、O_2 由同种原子组成的分子是如何形成的呢？

1916 年，美国化学家 GN.Lewis 提出了经典的共价键理论。他认为：电负性相差不大的原子成键时，键合的两原子通过共用电子对连接在一起。形成共用电子对后，参与成键原子达到稀有气体的电子构型，从而使体系能量降低，达到稳定状态。这种原子间通过共用电子对结合的化学键称为共价键，如 Cl_2 分子。

当两个 Cl 原子形成 Cl_2 分子时，两个 Cl 原子共用一对价层电子，使每个原子外围达到 8 电子的电子构型。通常用小黑点或短线表示原子之间的连接方式，称为 Lewis 结构式。Cl_2 分子的 Lewis 结构式如下所示：

:C̈l:C̈l:　　:C̈l—C̈l:

Lewis 理论虽然成功地解释了许多共价化合物的形成和稳定性。但是对不符合稀有气体构型的共价化合物如 PCl_5、BF_3 等分子的形成和稳定性无法作出解释，更重要的是，不能从根本上说明为什么两个带负电荷的电子不是相互排斥反而相互配对？为什么共价键有饱和性和方向性？

为了解决这些问题，1927 年德国化学家 W.Heitler 和 F.London 在量子力学的基础上建立了现代价键理论。

一、现代价键理论

现代价键理论（简称 VB 法，又称为电子配对法）是将量子力学处理氢分子形成的研究结果进行推广以后得到的。

（一）共价键的形成与本质

1．氢分子的形成　W. Heitler 和 F. London 用量子力学处理 H_2 分子的形成过程，如图 6-1 所示。计算结果表明：当两个氢原子相互靠近时，随着核间距离的减小，两原子之间的作用力逐渐增大，如果两个氢原子的电子自旋方向相反，则随着两原子核间距离减小，体系能量逐渐降低，直到两原子核间距离达到 R_0 时，体系能量达到最低点，形成稳定的 H_2 分子，称为氢分子的基态。两个原子继续靠近，由于原子核间斥力增大，体系能量逐渐升高。R_0 值等于 H—H 键的键长，量子力学计算结果为 87pm（实测值为 74pm），此时两个氢原子的原子轨道发生叠加，两核间电子云密度增大，屏蔽了两个原子核之间的斥力，降低了体系的能量（图 6-2）。相反，如果两原子的电子自旋方向相同，随两原子核间距离减小，体系能量始终高于两个氢原子单独存在时能量，核间电子出现的概率密度很小，两个氢原子不能键合，这种不稳定状态称为排斥态。

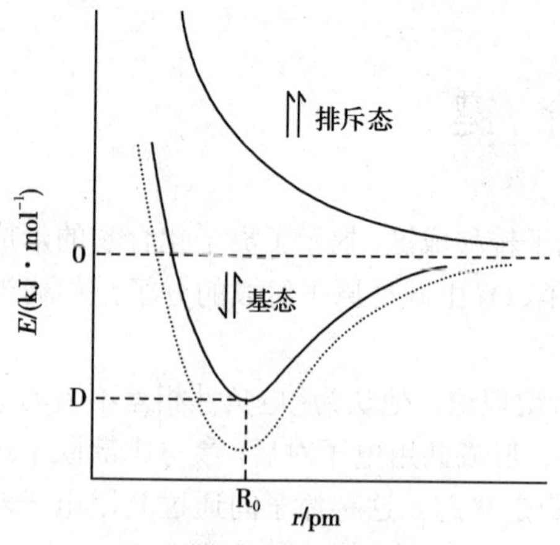

图 6-1 两个氢原子接近时的能量变化曲线

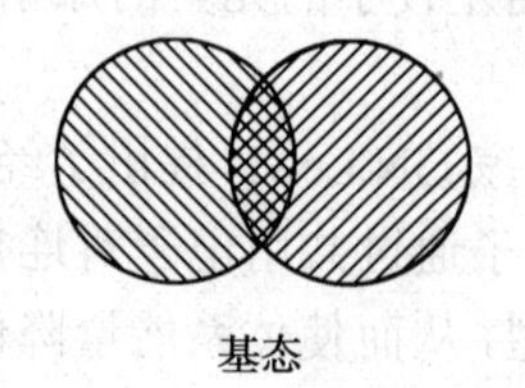

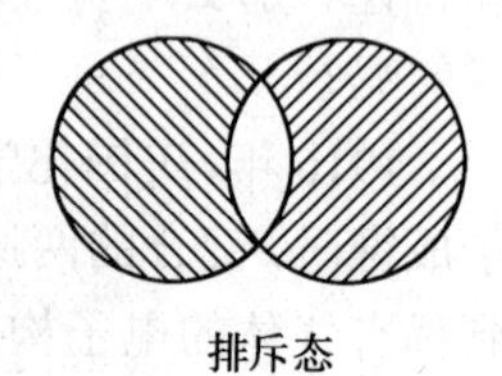

图 6-2 H_2 分子的两种状态

从上述结果可知，两个氢原子成键的原因是两个氢原子的自旋方向相反电子的 1s 轨道相互重叠，使两核间电子云密度增大，屏蔽了两个原子核，减小了两个氢原子核之间的斥力，同时增大了氢原子核对电子云密集区的吸引作用，使氢原子结合成分子。

1930 年，L. Pauling 等人将量子力学处理氢分子成键的结果推广到其他的分子，建立了现代价键理论。要点如下：

2. 价键理论的基本要点

（1）具有自旋相反的单电子的原子相互靠近才能配对形成稳定的共价键。根据泡利不相容原理，原子中有几个未成对电子就能形成几个共价键，说明共价键具有饱和性。如氢原子外层只有 1 个单电子，两个氢原子以共价单键结合，形成双原子分子。而氮原子最外层有三个单电子，所以能和三个氢原子结合成氨分子，形成 3 个共价键。

（2）形成共价键时，成键电子的原子轨道要满足最大重叠，重叠程度愈大，两核间电子的概率密度就愈大，形成的共价键愈牢固。

除了 s 轨道是球形对称外，其他原子轨道 p、d、f 在空间都有一定的取向，要形成共价键，必须尽可能满足原子轨道的最大重叠，而要满足最大重叠，成键原子轨道间必须沿着一定的方向才能发生重叠（s 轨道除外），这就是共价键的方向性。

例如，在形成 HCl 分子时，如果把 x 作为键轴（成键的两原子核之间的连线），H 原子的 1s 轨道与 Cl 原子的 $3p_x$ 轨道只有沿着 x 轴方向靠近，才能满足它们之间的最大程度重叠，形成稳定的共价键（图 6-3）。其他方向的重叠，因原子轨道没有重叠或很少重叠，故不能成键。

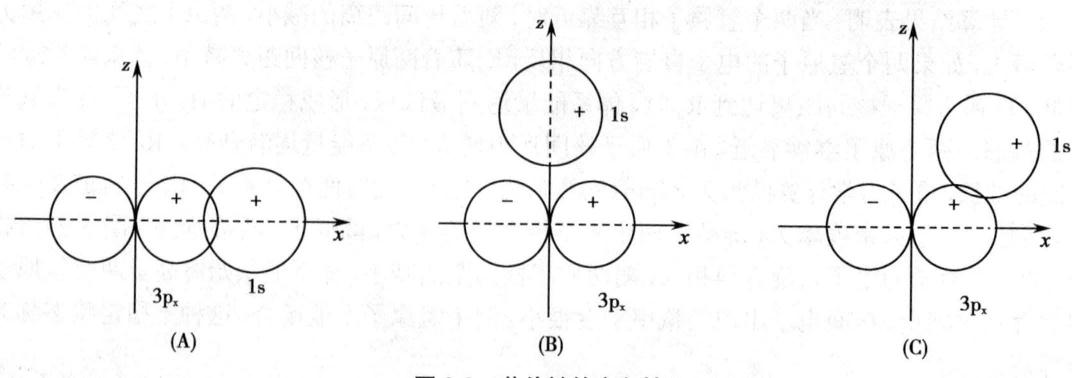

图 6-3 共价键的方向性

3. 共价键的类型　由于原子轨道重叠方式不同，共价键可分为两种类型：σ键和π键。

（1）σ键：成键的两个原子轨道沿着键轴方向以“头碰头”的方式重叠形成的共价键称为σ键。σ键的特点是轨道重叠的部分分布在两个原子核之间，沿键轴呈圆柱形对称分布，可以自由旋转。如图6-4所示，s-s、s-p_x和p_x-p_x重叠均形成σ键。如H_2、HCl、Cl_2分子中均是σ键。

（2）π键：成键的两个原子轨道沿着键轴方向以“肩并肩”的方式相互重叠，形成的键称为π键。π键的特点是重叠部分分布在键轴的两侧，当沿键轴旋转180°，轨道形状不变，符号相反，对键轴所在的某一特定平面具有镜面反对称（图6-5）。p_y-p_y，p_z-p_z轨道重叠形成π键。

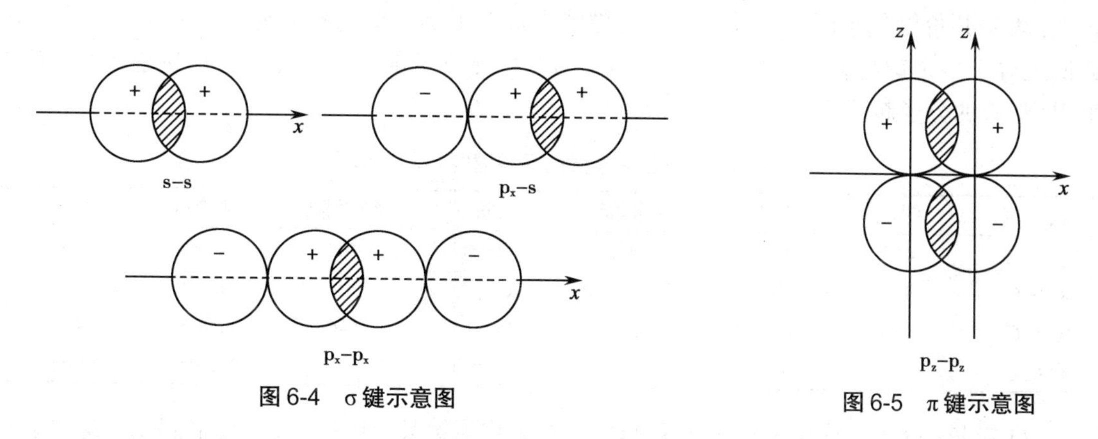

图6-4　σ键示意图

图6-5　π键示意图

例如，N_2分子中两个N原子之间形成三键。N原子的价层电子结构是$2s^22p^3$，2p轨道上的三个单电子，分布在三个相互垂直的$2p_x$，$2p_y$，$2p_z$轨道内。当两个N原子的$2p_x$轨道沿着x轴方向以“头碰头”的方式重叠时，随着σ键的形成，两个N原子将进一步靠近，这时垂直于键轴的$2p_y$和$2p_z$轨道只能以“肩并肩”的方式两两重叠，形成两个π键。图6-6即为N_2分子中所形成的化学键示意图。

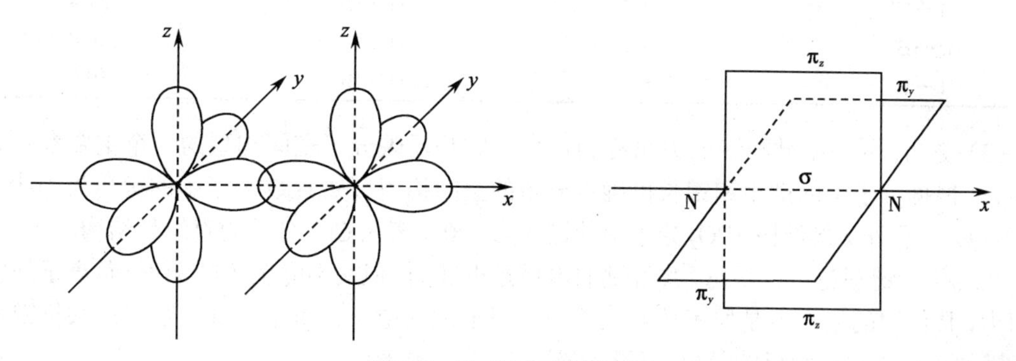

图6-6　N_2分子形成示意图

量子力学表明，π键重叠程度小于σ键，因此不如σ键稳定。由于原子轨道都有一定的夹角，两个成键原子之间只能形成一个σ键；π键较易断开，一般只能与σ键共存于具有双键或三键的分子中。

（3）配位键：如果共价键是由成键两原子中的一个原子单独提供电子对进入另一个原子的空轨道共用而形成，这种共价键称为配位共价键，简称配位键。为区别于正常共价键，配位键用“→”表示，箭头从提供电子对的原子指向接受电子对的原子。例如，在CO分子中，O原子除了以2个单的2p电子与C原子的2个单的2p电子形成1个σ键和1个π键外，还单独提

供一对孤对电子进入C原子的1个2p空轨道共用，形成1个配位键，这可表示为

$$:\dot{C}\cdot + \cdot\ddot{O}: \longrightarrow :C \Leftarrow O:$$

由此可见，要形成配位键必须同时具备两个条件：一个成键原子的价电子层有孤对电子；另一个成键原子的价电子层有空轨道。配位键和正常共价键区别在于成键电子对来源不同，但一经形成，两者没有任何区别。

4. 键参数　共价键的性质用键参数来衡量。主要包括键能、键长、键角。

（1）键能：在100kPa、298K，断开1mol化学键所需要的能量，叫做键能，用E表示。键能越大，表示共价键越牢固。双原子分子的键能在数值上等于键的解离能。多原子分子键能在数值上等于多个键解离能的平均值。表6-1为一些化学键的平均键能。一般键能愈大，键愈牢固，形成的分子越稳定。

表6-1　一些化学键的平均键能 E/kJ·mol^{-1}

共价键	键能	共价键	键能	共价键	平均键能	共价键	平均键能
C—H	413	C—F	485	O—H	463	N—H	391
C—C	346	C—Cl	339	O—N	201	N—N	163
C=C	610	C—Br	285	O—O	146	N=N	418
C≡C	835	C—I	213	O=O	495	N≡N	945

（2）键长：分子中成键两原子核间的平衡距离称为键长，用L表示。键长越短，表示原子轨道重叠越大，共价键越稳定。表6-2列出一些双原子分子的键长。

表6-2　一些双原子分子的键长

键	键长/pm	键	键长/pm
H—H	74.0	H—F	91.3
Cl—Cl	198.8	H—Cl	127.4
Br—Br	228.4	H—Cl	140.8
I—I	266.6	H—Br	160.8

（3）键角：分子中键与键的夹角称为键角。它是反映分子空间构型的一个重要参数。一般而言，根据分子中的键角和键长可确定分子的空间构型。如H_2O分子中的键角为104°45′，表明H_2O分子为V形结构；CO_2分子中的键角为180°，表明CO_2分子为直线形结构。

从现代价键理论可以看出，共价键的本质是电性的，但又不完全等同于正、负离子间的静电引力，共价键的结合力是原子核对共用电子对形成的电子云负电区域的吸引。共价键是两个成键的原子中自旋相反的单电子的原子轨道相互重叠形成。

价键理论揭示了共价键的形成和共价键的本质，成功地解释了共价键的饱和性和方向性问题，但在解释多原子分子的空间构型方面却遇到了困难。

问题与思考

CH_4分子为什么形成4个C-H键？它的四面体结构是如何形成的？为什么没有单电子的Be能够形成直线形的$BeCl_2$分子？

1931年L. Pauling等人在价键理论的基础上提出了杂化轨道理论。

（二）杂化轨道理论

1. 杂化轨道理论的基本要点

（1）在成键过程中，同一个原子中能量相近的原子轨道可以相互组合，重新分配能量和空间取向，形成数目相同，空间伸展方向对称的新原子轨道，这种轨道重新组合的过程称为杂化，杂化后形成的新轨道称为杂化轨道。

（2）和杂化前相比，杂化轨道无论形状和能量都发生了变化，杂化轨道电子云更加集中，成键能力增强。

（3）为了使体系能量降低，杂化轨道尽可能采用最大夹角分布，使轨道间斥力最小。形成的分子具有一定的空间构型。

2. 杂化类型与分子空间构型　根据参加杂化的原子轨道的种类，可以将杂化分为两类，一类是s轨道和p轨道的杂化，一类是s轨道、p轨道和d轨道参与的杂化。本章主要介绍s-p型杂化，主要分三类，sp、sp^2、sp^3杂化。

（1）sp杂化：原子形成分子时，同一个原子中1个ns轨道和1个np轨道发生杂化，组合成2个sp杂化轨道，这种类型的杂化称为sp杂化，所形成的轨道称为sp杂化轨道。每个sp杂化轨道均含有½的s轨道成分和½的p轨道成分。为使相互间的排斥能最小，轨道间的夹角为180°。当2个sp杂化轨道与其他原子轨道重叠成键可形成直线形的分子。sp杂化过程及sp杂化轨道的形状如图6-7所示。

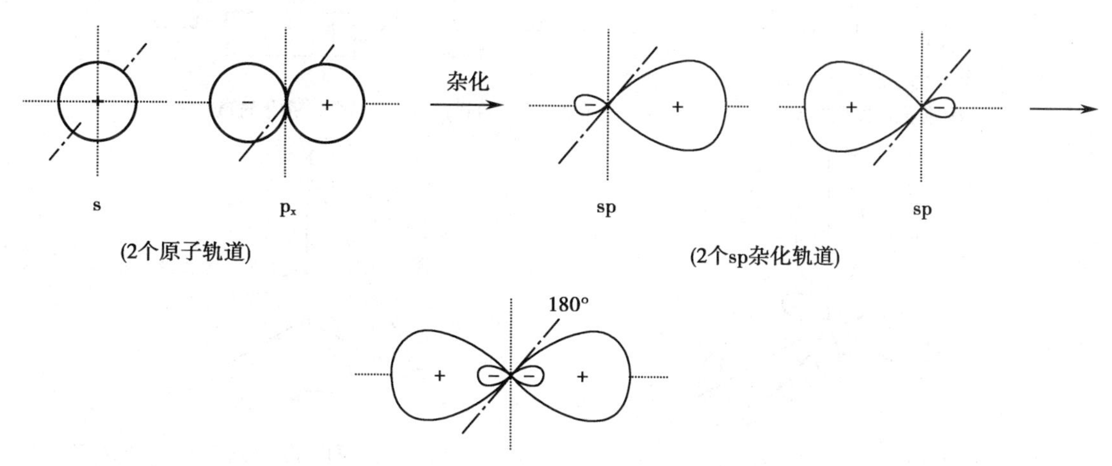

图6-7　s和p轨道组合成sp杂化轨道示意图

如$BeCl_2$分子，Be原子的价层电子结构为$2s^2$，其杂化过程如图6-8：

当2个Cl原子接近Be原子时，Be原子中的1个2s电子被激发到2p轨道上，2s轨道和2p轨道进行杂化，形成2个能量相同的sp杂化轨道，杂化轨道夹角为180°。sp杂化轨道与2个Cl原子3p轨道重叠，形成2个sp-p的σ键，所以$BeCl_2$分子的空间构型为直线形。

（2）sp^2杂化：原子在形成分子时，同一个原子中能量相近的1个ns轨道与2个np轨道发生杂化，形成3个杂化轨道，这种类型的杂化称为sp^2杂化。形成的新轨道称为sp^2杂化轨道。每个sp^2杂化轨道含有1/3的s轨道成分和2/3的p轨道成分，3个sp^2杂化轨道呈平面三角形分布，夹角为 120°。当 3 个 sp^2 杂化轨道分别与其他 3 个相同原子的轨道重叠成键后，形成平面三角形的分子。如 BF_3 分子，B 原子的价电子结构为 $2s^22p^1$，其杂化过程如图 6-9 所示：

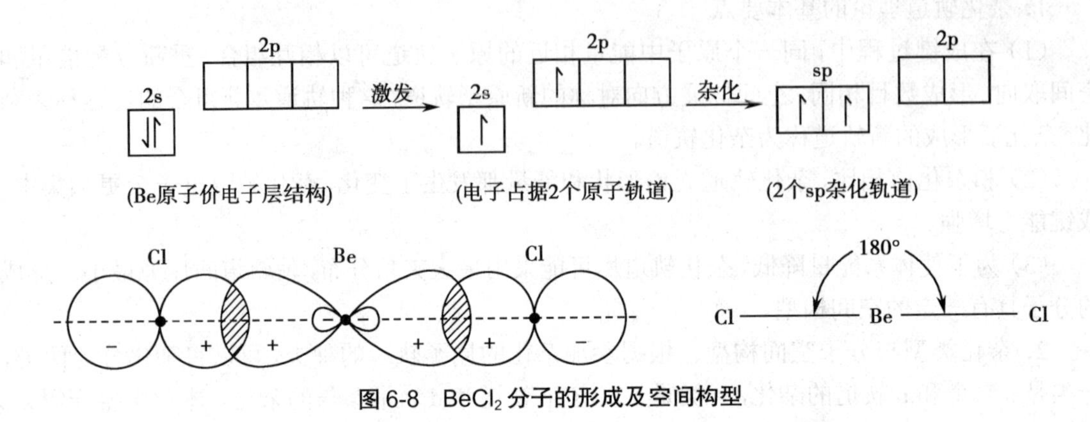

图 6-8 $BeCl_2$ 分子的形成及空间构型

当 F 原子接近 B 原子时，B 原子的 2s 轨道上的 1 个电子被激发到 2p 轨道，1 个 2s 轨道和 2 个 2p 轨道进行 sp^2 杂化，形成 3 个完全等同的 sp^2 杂化轨道，杂化轨道夹角为 120°，3 个 F 原子 2p 轨道与 sp^2 杂化轨道重叠，形成 3 个 sp^2-p 的 σ 键。故 BF_3 分子的空间构型是正三角形［图 6-9（B）］。

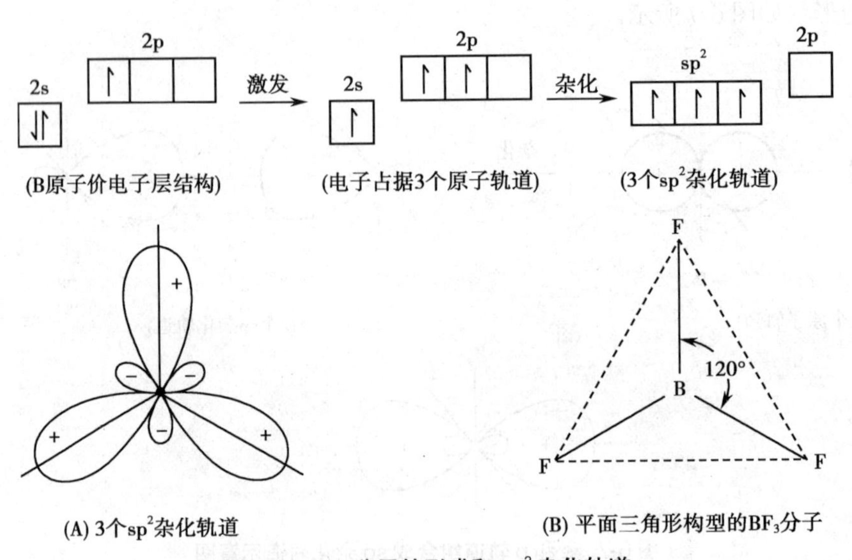

图 6-9 BF_3 分子的形成和 sp^2 杂化轨道

（3）sp^3 杂化：由 1 个 ns 轨道和 3 个 np 轨道组合成 4 个 sp^3 杂化轨道的过程称为 sp^3 杂化。每个 sp^3 杂化轨道含有¼的 s 轨道成分和¾的 p 轨道成分。4 个杂化轨道呈正四面体分布，sp^3 杂化轨道间的夹角为 109°28′（图 6-10（A））。当中心原子以 sp^3 杂化轨道分别与其他 4 个相同原子的轨道重叠成键后，形成正四面体构型的分子，如 CH_4 分子。

在 C 原子与 H 原子成键的过程中，C 原子的 2s 轨道的电子被激发到 2p 轨道上，2s 和 2p 轨道发生杂化形成 4 个等价的 sp^3 杂化轨道，杂化轨道间夹角为 109°28′，分别与 4 个 H 原子的 1s 轨道重叠，形成 4 个 sp^3-s 的 σ 键。故 CH_4 分子的空间构型为正四面体（图 6-10（B））。

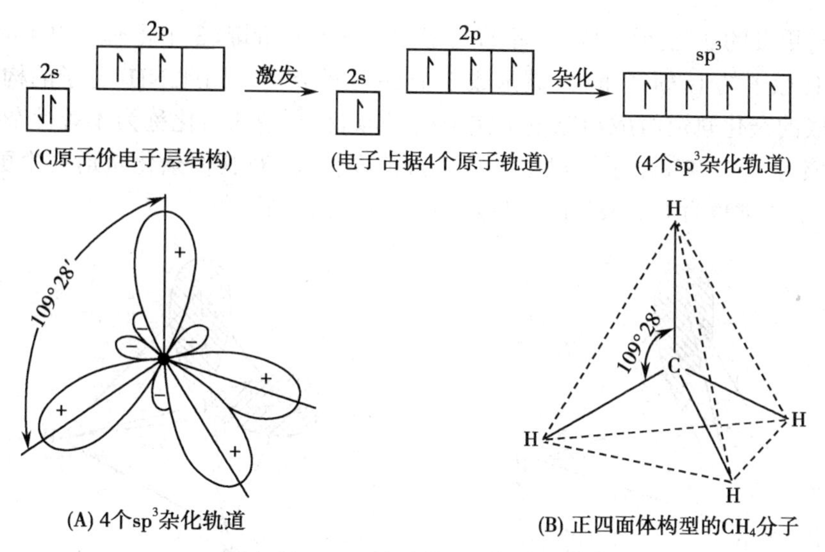

图 6-10　CH_4 的形成和 sp^3 杂化轨道

s 轨道和 p 轨道的三种杂化归纳于表 6-3 中。

表 6-3　sp 型的三种杂化

杂化类型	sp	sp^2	sp^3		
			等性	不等性	不等性
参与杂化的原子轨道	1 个 s 与 1 个 p	1 个 s 与 2 个 p	1 个 s 与 3 个 p		
杂化轨道间夹角	180°	120°	109°28′	<109°28′	<109°28′
分子空间构型	直线型	平面三角形	正四面体	三角锥	V 形
实例	$BeCl_2$ CO_2 $HgCl_2$	BF_3 SO_3 C_2H_4	CH_4 $SiCl_4$ NH_4^+	NH_3 PCl_3 NF_3	H_2O OF_2 H_2S

3. 等性杂化和不等性杂化　根据杂化后形成的几个杂化轨道的组成和能量是否相同，轨道的杂化可分为等性杂化和不等性杂化。

（1）等性杂化：中心原子杂化后所形成的杂化轨道组成和能量完全相同，这种产生完全等同轨道的杂化称为等性杂化。一般情况下，如果参与杂化的原子轨道均是含有单电子或者空轨道，杂化轨道数目和其形成的共价键数目一致，其杂化是等性杂化。如 $BeCl_2$、BF_3 和 CH_4 分子中的中心原子分别为 sp、sp^2 和 sp^3 等性杂化。

（2）不等性杂化：如果中心原子杂化后所形成的杂化轨道组成和能量不完全相同，这种产生不完全等同轨道的杂化称为不等性杂化。如果参与杂化的原子轨道中带有孤对电子，其余为单电子轨道，或者杂化轨道中既有单电子也有空轨道，这种类型的杂化是不等性的。

如 NH_3 分子：中心原子 N 的价电子构型为 $2s^2 2p_x^1 2p_y^1 2p_z^1$，有三个单电子，按照现代价键理论，如果 N 原子和 H 原子通过带有单电子的三个 p 轨道成键，形成的 NH_3 分子构型为三角锥形构型，键角应该是 90°。实验测定 NH_3 分子中 3 个 N—H 键的键角为 107°18′，远大于 90°，因此杂化轨道理论认为，当 N 与 H 成键时，N 原子的 2s 轨道和 2p 轨道发生杂化，形成 4 个 sp^3 杂化轨道，由于 N 原子价层有 5 个电子，因此杂化后的 4 个轨道中有 1 对孤对电子，含有孤对电子的轨道有更多的 2s 轨道的成分，不参与形成正常的共价键，3 个含有单电子的 sp^3 杂化轨道各与 1 个 H 原子的 1s 轨道重叠，就形成 3 个 sp^3-s 的 σ 键。因此 NH_3 分子的构型为三角锥形。由于形成的杂化轨道组成和能量不完全相同，这种类型的杂化称为不等性杂化。正四面体的夹角应该为 109° 28′，由于孤对电子电子云密度较大，对其他杂化轨道产生更大的斥力，因此，NH_3 分子的键角为 107° 18′（图 6-11），小于正四面体的键角。

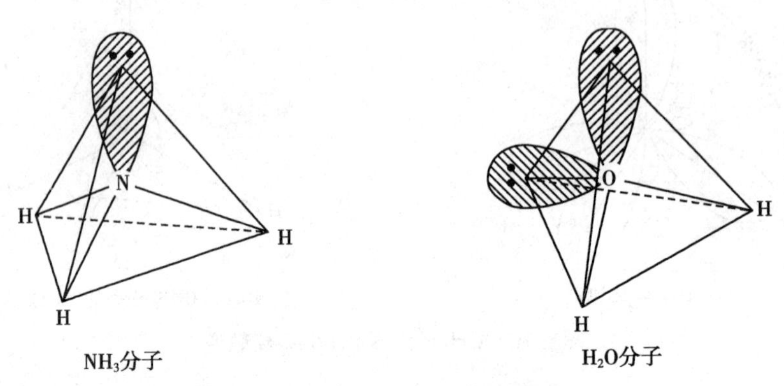

图 6-11　氨分子和水分子的结构

由于 NH_3 分子中含有孤对电子，当遇到有空轨道的 H^+ 时，两者可以形成配位键，NH_4^+ 具有正四面体的空间构型。

同样，H_2O 分子的空间构型是 V 形，且键角为 104° 45′（图 6-11），O 原子价层电子构型为 $2s^22p^4$，按照杂化轨道理论，当 O 原子与 H 原子成键时，O 原子价层的 2s 轨道和 3 个 2p 轨道发生杂化，形成 4 个 sp^3 杂化轨道，杂化轨道中有两对孤对电子，因此也是不等性杂化，杂化后 O 原子和 H 原子形成 2 个 sp^3-s 的 σ 键。由于两对孤对电子对成键电子斥力更大，因此 H_2O 的键角小于 NH_3 分子，为 104° 45′，水分子为 V 形结构。

问题与思考

C_2H_2 和 C_2H_4 分子中 C 各采用何种杂化方式？分子的空间构型如何？

需要注意的是，等性杂化 sp^3 形成的分子不一定是正四面体，如 $CHCl_3$ 分子，C 虽然是等性 sp^3 杂化，但是 C—H 共价键和 C—Cl 共价键键长不同，分子的构型并不是正四面体。

杂化轨道理论和价键理论的共同之处都是认为共价键是原子轨道重叠形成的，不同的是，杂化轨道理论认为，多电子原子在形成过程中，为了提高原子成键能力，中心原子的原子轨道首先发生杂化，然后以杂化轨道和配位原子成键。中心原子形成的共价键数目等于轨道杂化后的未成对电子数。同时，由于杂化轨道电子云更加集中，成键时可以更有利于满足最大重叠，形成的共价键更加稳定。从本质上来看，杂化轨道理论和价键理论相同，所以可以把杂化轨道理论看成是对价键理论的补充。

现代价键理论和杂化轨道理论成功地解释了共价键的形成和一些分子的空间构型，优点是模型直观，不足之处是把成键电子局限于两原子间运动未考虑分子的整体。因此对多原子分子特别是有机分子结构无法说明，同时也无法解释 H_2^+ 中的单电子键，O_2 的磁性等问题。

1932年，F. Hund等人提出了分子轨道理论（简称MO法）来解释这些事实。

二、分子轨道理论简介

（一）分子轨道理论的基本要点

1. 原子形成分子后，分子中所有电子都不隶属于原来的原子，而是在整个分子中运动，运动状态可用相应的波函数（ψ）来描述，ψ称分子轨道。常用σ、π来表示分子轨道。

2. 分子轨道是由原子轨道的线性组合而成，有几个原子轨道就能组合成几个分子轨道，其中有一半分子轨道为成键分子轨道ψ，能量低于原来的原子轨道，另一半分子轨道为反键分子轨道ψ^*，能量高于原来的原子轨道。

例如，H_2的两个分子轨道是由两个原子轨道1s轨道线性组合而成（图6-12）。

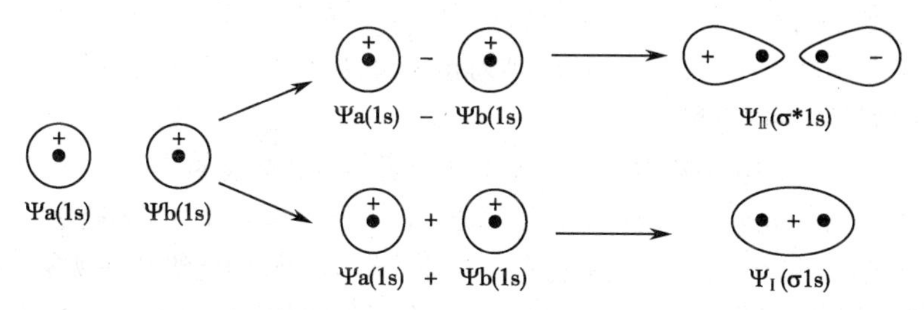

图6-12　σ_{1s}、σ^*_{1s}分子轨道的形成

由两原子轨道重叠相加组成的分子轨道称成键轨道。两原子轨道相减组成的分子轨道称反键轨道。成键轨道的能量低于原子轨道能量，反键轨道的能量高于原子轨道能量。用轨道能级表示如图6-13所示。

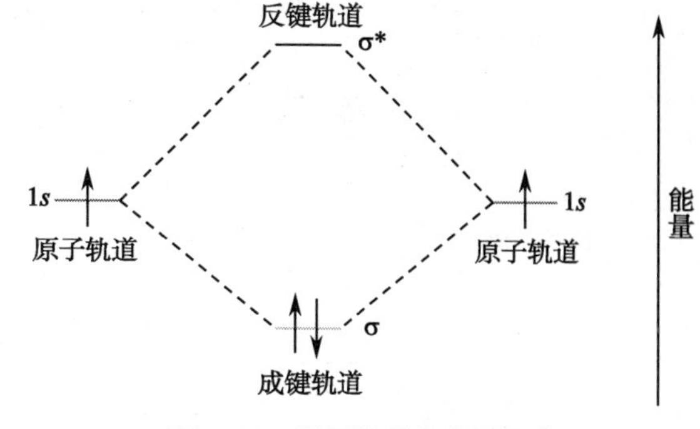

图6-13　原子轨道和分子轨道

3. 原子轨道组合成分子轨道，必须符合下述三条原则：

（1）对称性匹配原则：组成分子轨道的两个原子轨道对键轴（两核连线）要有相同对称性。

例如，图6-14中的s轨道和p_x轨道，p_x和p_x，p_y和p_y是对称性匹配的，而s和p_y，p_x和p_y是对称性不匹配的。

（2）能量近似原则：只有能量相近的原子轨道才能有效地组合成分子轨道，如同核双原子分子中1s-1s，2s-2s，$2p_x$-$2p_x$，$2p_y$-$2p_y$等，均可以组成分子轨道。

（3）轨道最大重叠原则：对称性匹配的两个原子轨道进行线性组合时，其重叠程度愈大，则组合成的分子轨道的能量愈低，所形成的化学键愈牢固。

4. 电子在分子轨道中的排布也遵守泡利不相容原理、能量最低原理和洪德规则。

5. 在分子轨道理论中，用键级（bond order）表示键的牢固程度。键级的定义是：

$$键级 \overset{def}{=\!=} \frac{1}{2}（成键轨道上的电子数 - 反键轨道上的电子数）$$

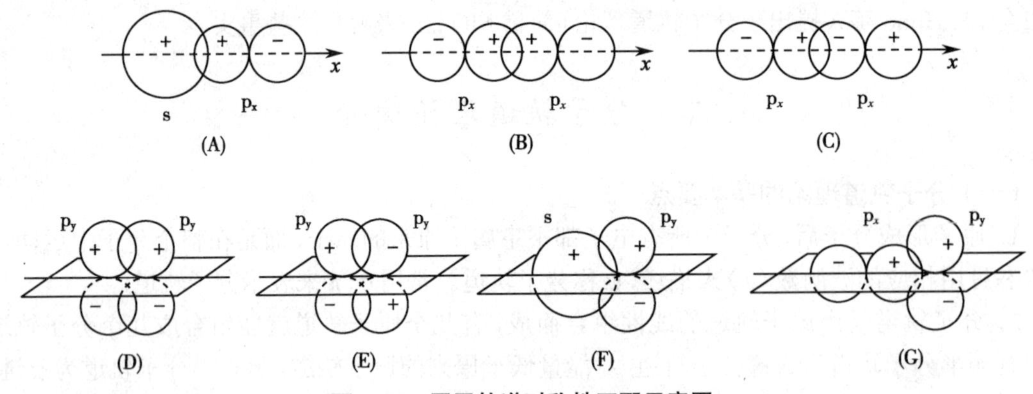

图 6-14　原子轨道对称性匹配示意图

一般说来，键级愈高，键能愈大，键愈稳定；键级为零，则表明原子不可能结合成分子。

每个分子轨道都有相应的能量，分子轨道中的能级顺序目前主要通过光谱实验数据来测定。把分子中各分子轨道按能级高低顺序排列起来，可得到分子轨道能级图。

（二）分子轨道理论的应用

1．同核双原子分子的轨道能级图　根据原子轨道组合成分子轨道时，原子轨道的重叠方式不同，可将分子轨道分为σ分子轨道和π分子轨道。由于原子轨道有不同的能量，组合成的分子轨道也有能级高低的顺序。在分子轨道中也存在和原子轨道一样的能级交错现象。图 6-15（A）和（B）分别表示第二周期元素形成的同核双原子分子分子轨道的能级高低，O_2、F_2 分子的分子轨道能级排列符合图 6-17（A），Li_2、Be_2、B_2、C_2、N_2 等的分子轨道能级排列均符合 6-15（B）顺序。

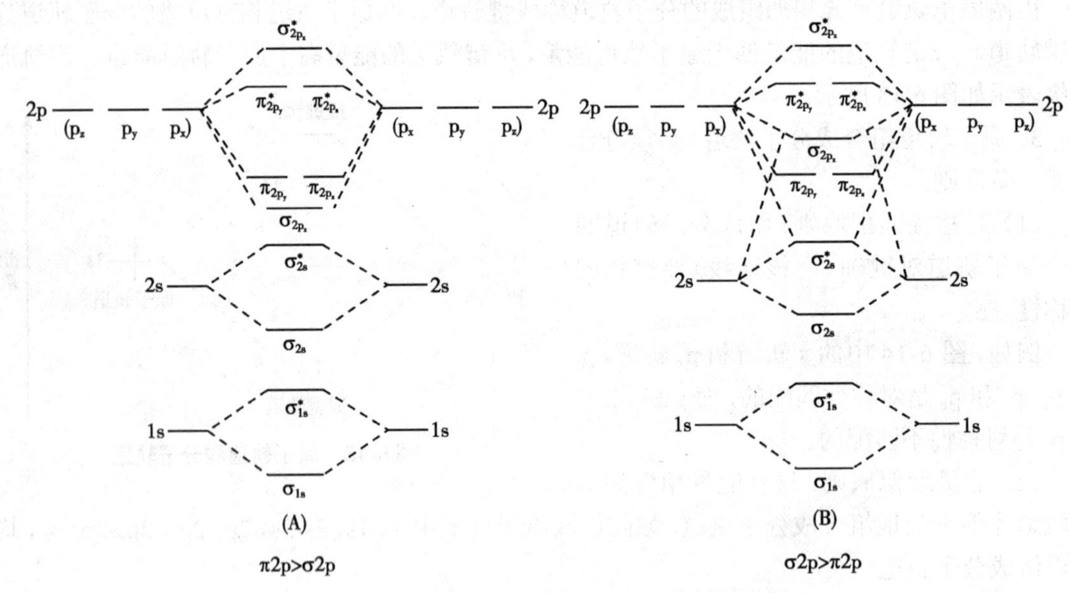

图 6-15　同核双原子分子的分子轨道的两种能级顺序

2．分子轨道理论的应用　用 MO 法处理简单的双原子分子的结构，首先根据分子轨道的能级顺序，按照电子排布的能量最低原理，泡利不相容原理和洪德规则将分子中所有电子依次填入分子轨道，分子结构可用分子轨道式表示，计算出键级，判断分子能否稳定存在。

如 N_2 分子的结构：N 原子的电子排布为 $1s^22s^22p^3$。N_2 分子中的 14 个电子按图 6-15（B）的能级顺序依次填入相应的分子轨道，所以 N_2 分子的分子轨道式为

$$N_2 [(\sigma_{1s})^2(\sigma^*_{1s})^2(\sigma_{2s})^2(\sigma^*_{2s})^2(\pi_{2p_y})^2(\pi_{2p_z})^2(\sigma_{2p_x})^2]$$

或写成

$$N_2 [KK(\sigma_{2s})^2(\sigma^*_{2s})^2(\pi_{2p_y})^2(\pi_{2p_z})^2(\sigma_{2p_x})^2]$$

其键级=(8−2)/2=3。相当于三键

物质的磁性实验发现，凡有未成对电子的分子，在外加磁场中会顺着磁场方向排列。分子的这种性质叫顺磁性。具有这种性质的物质叫顺磁性物质。反之，电子完全配对的分子则具有反磁性。若按价键理论，O_2 分子的结构应为：

$:\ddot{O}:\ :\ddot{O}:$　　　　O=O

电子式　　分子结构式

即 O_2 分子是以双键结合的，分子中无未成对电子，应具有反磁性。实验说明 O_2 分子具有顺磁性，而且光谱实验还指出 O_2 分子中确实含有两个自旋平行的未成对电子。

按照分子轨道理论，O_2 分子中有 16 个电子。按图 6-17（A）所示的能级顺序 16 个电子依次填入相应的分子轨道，O_2 分子的分子轨道式为

$$O_2 [KK(\sigma_{2s})^2(\sigma^*_{2s})^2(\sigma_{2p_x})^2(\pi_{2p_y})^2(\pi_{2p_z})^2(\pi^*_{2p_y})^1(\pi^*_{2p_z})^1]$$

其中 $(\sigma_{2s})^2$ 和 $(\sigma^*_{2s})^2$ 对成键没有贡献；$(\sigma_{2p_x})^2$ 构成 1 个 σ 键；$(\pi_{2p_y})^2$ 的成键作用与 $(\pi^*_{2p_y})^1$ 的反键作用不能完全抵消，且因其空间方位一致，构成 1 个三电子 π 键；$(\pi_{2p_z})^2$ 与 $(\pi^*_{2p_z})^1$ 构成另 1 个三电子 π 键。所以 O_2 分子中有 1 个 σ 键和 2 个三电子 π 键。因 2 个三电子 π 键中各有 1 个单电子，故 O_2 有顺磁性。在每个三电子 π 键中，2 个电子在成键轨道，1 个电子在反键轨道，三电子 π 键的键能只有单键的一半，因而三电子 π 键要比双电子 π 键弱得多。

O_2 分子的键级为 (8−4)/2=2。

同样，分子轨道理论可以解释 H_2^+ 的存在。

H_2^+ 的分子轨道式为 $(\sigma_{1s})^1$，键级=(1−0)/2=1/2。相当于正常共价键能的一半。

由此可见，分子轨道理论能预言分子的顺磁性与反磁性，这是价键理论所不能及的。

综上所述，分子轨道理论既能够说明分子成键情况，又能够解释分子的键的强弱及磁性等。缺点是不如价键理论直观，对复杂分子的分子轨道难以计算。因此一般情况仍然用价键理论处理共价化合物。

第三节　分子间作用力

当物质从固态变成液态时需要吸收能量，但化学键并不断裂，说明物质分子之间还存在着结合力，被称为分子间作用力。分子间力是分子与分子之间或分子内部存在的一种相互作用力，其强度较弱，只有化学键键能的 1/100～1/10。分子间力最早由荷兰物理学家 van der Waals 提出，故称 van der Waals 力。分子间力主要影响物质的物理性质，如化合物的熔点、沸点、溶解度、表面张力等。

分子间力的大小不仅与分子的结构有关，也与分子的极性有关。

一、分子的极性

按照化学键中共用电子对是否偏移，可以把共价键分为极性共价键和非极性共价键。当

成键原子的电负性相同时，成键的两个原子对共用电子对的吸引力相同，共用电子对不偏向任何一方，这样的共价键称为非极性共价键。如 H—H、O—O 是非极性共价键。当成键原子的电负性不相等时，成键电子对偏向电负性较大的原子，使之带部分负电荷，而电负性较小的原子一方则带部分正电荷，这样的共价键称为极性共价键，如 HCl 分子中的 H—Cl 键。

分子是由带正电的原子核和带负电的电子组成，分子也可以找到一个正电荷重心和负电荷重心。根据分子中原子正、负电荷重心是否重合，可将分子分为极性分子和非极性分子（图 6-16）。其中正、负电荷重心相重合的分子为非极性分子，如 H_2、O_2 分子；而正、负电荷重心不重合的分子为极性分子，如 HCl 分子。

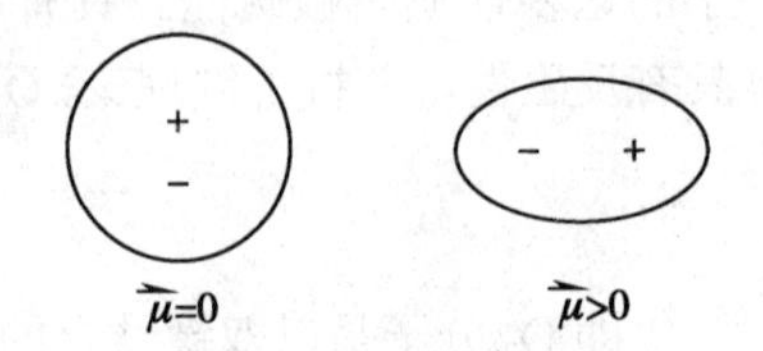

图 6-16　非极性分子和极性分子

分子的极性和键的极性密切相关。对于双原子分子，其极性与键的极性一致，即由非极性共价键构成的分子是非极性分子，如 H_2、Cl_2、O_2 等分子；而由极性共价键构成的分子是极性分子，如 HF 等分子。

对于多原子分子，分子的极性不仅和化学键的极性有关，还取决于分子的空间构型。一般非极性键组成的多原子分子也是非极性分子（O_3 例外），极性键组成的分子是否有极性，还要考虑分子的空间构型。例如 CO_2、CH_4 分子，虽然都是由极性键构成，但前者是直线构型，后者是正四面体构型，分子完全对称，键的极性可相互抵消，因此它们是非极性分子。而在 V 形构型的 H_2O 分子和三角锥形构型的 NH_3 分子中，键的极性不能抵消，它们是极性分子。

分子极性的大小用偶极矩来衡量。分子的偶极矩用 $\vec{\mu}$ 表示，它等于正、负电荷重心距离（d）和正电荷重心或负电荷重心上的电量（q）的乘积：

$$\vec{\mu}=q\cdot d$$

其单位为 10^{-30}C·m。偶极矩是一个矢量，规定其方向是从正电荷重心指向负电荷重心。偶极矩越大，说明正负电荷的重心距离越远，分子极性越大。偶极矩可以通过实验测定。表 6-4 是一些常见分子的偶极矩。$\vec{\mu}=0$ 分子是非极性分子，$\vec{\mu}>0$ 为极性分子。

表 6-4　一些分子的电偶极矩 $\vec{\mu}$ /10^{-30}C·m 和分子空间构型

分子	$\vec{\mu}$	空间构型	分子	$\vec{\mu}$	空间构型
H_2	0	直线形	CO	0.33	直线形
Cl_2	0	直线形	HCl	3.43	直线形
CO_2	0	直线形	HBr	2.63	直线形
CH_4	0	正四面体	HI	1.27	直线形
BF_3	0	平面三角形	$CHCl_3$	3.63	四面体
SO_2	5.33	V 形	O_3	1.67	V 形
H_2O	6.16	V 形	H_2S	3.63	V 形

问题与思考

O_3 分子为什么是极性分子？它的中心原子 O 应采用何种杂化方式？

二、分子间作用力

分子间力是将分子聚在一起的弱的作用力。包括 van der Waals 力和氢键。

（一）van der Waals 力

van der Waals 力包括取向力、诱导力和色散力。

1. 取向力　极性分子由于正、负电荷重心不重合，分子中存在偶极矩，称为固有偶极。

当两个极性分子接近时，极性分子的固有偶极同极相斥，异极相吸，分子将发生相对转动，力图使分子间按异极相邻的状态排列（图 6-17）。这种由于极性分子的偶极定向排列而产生的静电作用力称为取向力。取向力存在于极性分子之间，是一种静电吸引力。

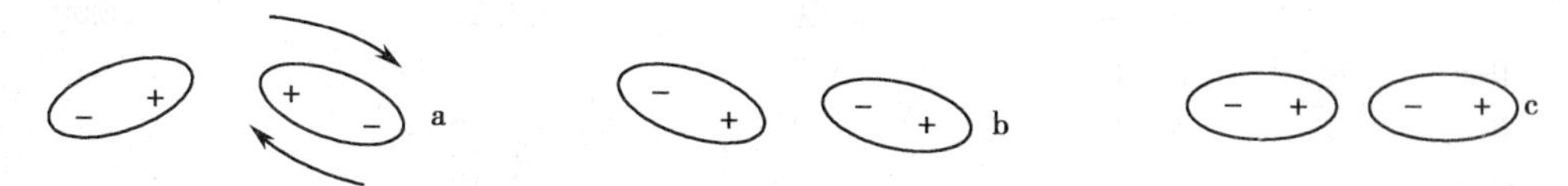

图 6-17　极性分子与极性分子示意图

取向力的大小取决于分子的极性的大小，分子极性越大，分子所带的部分电荷越大，分子间取向力越大。

2. 诱导力　当极性分子与非极性分子靠近时，极性分子的固有偶极会诱导非极性分子的电子云发生变形，从而使正负电荷重心不重合而产生偶极矩，称为诱导偶极。非极性分子的诱导偶极与极性分子的永久偶极相吸引，所产生的相互作用力称为诱导力（图 6-18）。

诱导力的大小取决于极性分子的极性与非极性分子的变形性。极性分子极性越大，外电场强度越大，非极性分子产生的诱导偶极就越大。非极性分子越容易变形，产生的诱导偶极也越大。两者之间作用力越强。

当两个极性分子互相靠近时，在有固有偶极的相互作用下，极性分子也会变形产生诱导偶极，使分子的偶极矩增大，增大了极性分子之间的吸引力。因此诱导力不仅存在于极性分子和非极性分子之间，也存在于极性分子和极性分子之间，是一种附加的作用力。

3. 色散力　I_2 升华需要加热，说明非极性分子间也有作用力。对于非极性分子，分子正、负电荷重心重合，$\vec{\mu}=0$，但由于非极性分子内部的电子在不断地运动，原子核在不断地振动，使分子的正、负电荷重心不断发生瞬间相对位移而产生极性，称瞬间偶极。瞬间偶极又可诱导邻近的分子变形，产生瞬间偶极，因此非极性分子之间可借助瞬间偶极相互吸引（图 6-19）而产生分子间作用力。这种非极性分子之间由于瞬间偶极产生的力称为色散力。虽然瞬间偶极存在的时间很短，但是不断地重复发生，又不断地相互诱导和吸引，因此色散力始终存在。在任何分子都有不断运动的电子和不停振动的原子核，都会不断产生瞬间偶极，所以色散力存在于所有分子之间，是一种最重要的分子间作用力。

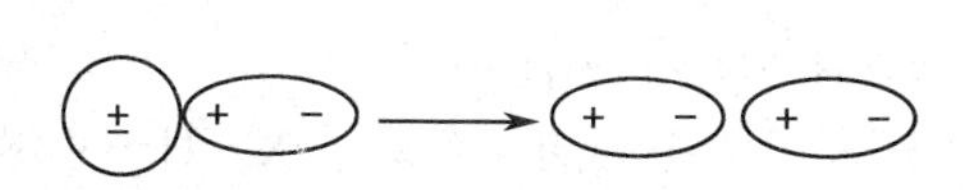

图 6-18　极性分子和非极性分子相互作用示意图

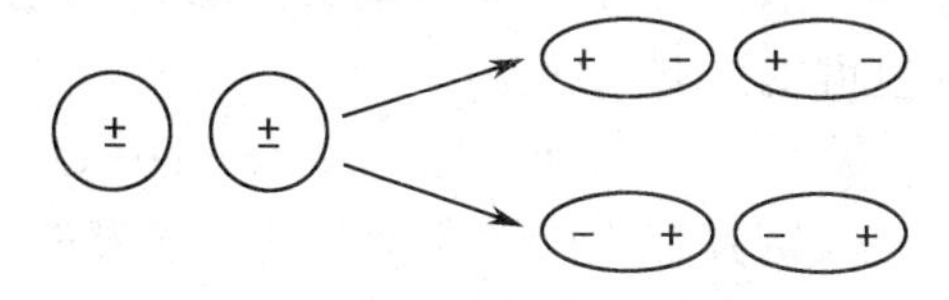

图 6-19　色散力产生示意图

色散力是由于分子瞬间变形产生的，因此，色散力的大小主要决定于分子变形性的大小，分子量越大的分子通常越容易变形，因此，物质的熔沸点通常随着分子量的增大而增大。卤素单质常温下聚集状态随着分子量的增大由气体变成液体再变成固体，就是色散力随分子量增大而增大的强有力的证明。综上所述，在非极性分子之间只有色散力；在极性分子和非极性分子之间，既有诱导力也有色散力；而在极性分子之间，取向力、诱导力和色散力都存在。表6-5列出了上述三种作用力在一些分子间的分配情况。

表6-5　常见分子分子间力的分配情况（单位：$kJ \cdot mol^{-1}$）

分子	取向力	诱导力	色散力	总能量
Ar	0.000	0.000	8.49	8.49
CO	0.003	0.008	8.74	8.75
HI	0.025	0.113	25.86	26.00
HBr	0.686	0.502	21.92	23.11
HCl	3.305	1.004	16.82	21.13
NH_3	13.31	1.548	14.94	29.80
H_2O	36.38	1.929	8.996	47.31

上述讨论可以看出：van der Waals 力有以下特点：①它是一种静电引力，其作用能只有几到几十千焦每摩尔，约比化学键小1～2个数量级；②它的作用范围只有几十到几百pm；③它不具有方向性和饱和性；④对于大多数分子，色散力是主要的。只有极性大的分子，取向力才比较显著，诱导力通常都很小。

分子间作用力主要影响物质的物理性质，如物质的沸点、熔点，溶解性等性质，一般说来分子间力小的物质，其沸点和熔点都较低。从表6-5可见，HCl、HBr、HI的van der Waals力依次增大，故其沸点和熔点依次递增。

（二）氢键

通过以上讨论可以看出，物质熔沸点大小随着分子量的增大而增大，但研究同族元素的氢化物的沸点和熔点时，发现第五、六、七主族元素的氢化物，HF、H_2O和NH_3分子熔沸点高于其同系物，出现反常。说明在HF、H_2O和NH_3分子之间除了存在van der Waals力外，还存在另一种作用力，称为氢键。

1. 氢键的形成　H原子是最简单的原子，原子核外只有一个电子，当H原子与电负性很大、半径很小的原子X（如F、O、N）以共价键结合成分子时，两核间的电子云强烈地偏向于X原子，由于H原子没有内层电子，使H原子几乎变成裸露的质子，此时，H有很强的正电性，这个H原子还能与另一个电负性大、半径小并在外层有孤对电子的Y原子（如F、O、N）产生定向的吸引作用，形成X—H…Y结构，其中H原子与Y原子间的静电吸引作用（虚线所示）称为氢键。X、Y可以是同种元素的原子，如O—H…O，F—H…F，也可以是不同元素的原子，如N—H…O。

氢键的强弱与X、Y原子的电负性及半径大小有关。X、Y原子的电负性愈大、半径愈小，形成的氢键愈强。Cl的电负性比N的电负性略大，但半径比N大，只能形成较弱的氢键。常见氢键的强弱顺序是：

$$F—H\cdots F > O—H\cdots O > O—H\cdots N > N—H\cdots N > O—H\cdots Cl$$

氢键具有方向性和饱和性。氢键的方向性是指以H原子为中心的3个原子X—H…Y尽可能在一条直线上（图6-20），这样电负性较大的X原子与Y原子间的距离较远，斥力较小，形成的氢键稳定。氢键的饱和性是指H原子与Y原子形成1个氢键后，若再有第二个Y原子靠近H原子时，将会受到已形成氢键的Y原子电子云的强烈排斥。因为H原子比X、Y原子小得多，通常只能形成1个氢键。氢键的键能一般在42kJ•mol^{-1}以下，它比化学键弱得多，但比分子间力强。

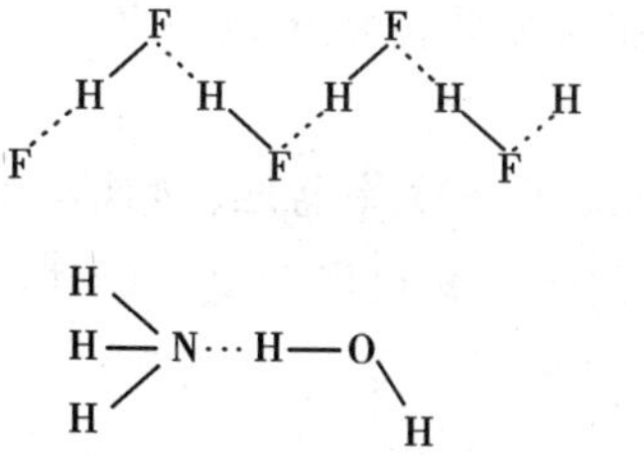

图6-20　氟化氢、氨水中的分子间氢键

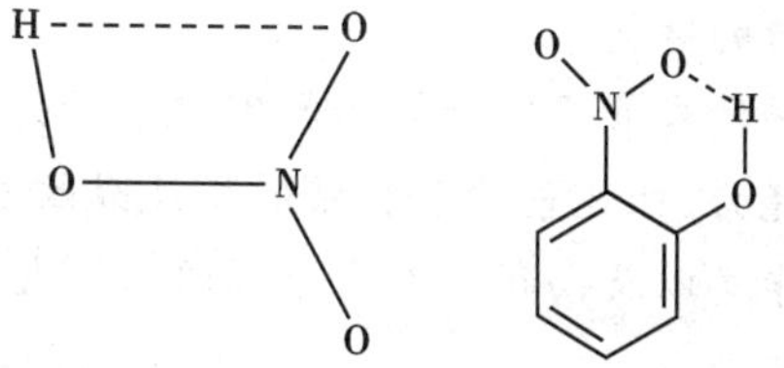

图6-21　硝酸、邻硝基苯酚中的分子内氢键

2. 分子内氢键和分子间氢键　氢键可分为分子内氢键和分子间氢键。如HF和HF、NH_3和H_2O之间形成的称为分子间氢键（图6-20），在同一分子内形成的氢键称为分子内氢键（图6-21），硝酸、邻硝基苯酚同一分子内的H和O形成氢键。分子内氢键不在一条直线上，但形成了较稳定的环状结构，使分子的极性减小。

3. 氢键对物质性质的影响　氢键存在于许多化合物中，它的存在对物质的性质产生一定的影响。由于氢键的作用强于一般的分子间力，使存在分子间氢键的物质熔沸点升高，因为破坏氢键需要能量。如上述的ⅤA～ⅦA元素的氢化物中，NH_3、H_2O和HF的沸点比同族其他相对原子质量较大元素的氢化物的沸点高，这种反常行为是因为在它们各自的分子间形成了氢键。氢键的形成使水具有许多特殊的性质，对生命的存在有很重要的意义。比如，水在常温下是液体，是因为氢键的存在，冰的密度小于水，也是因为分子间氢键的作用。此外，氨容易液化，在水中溶解度大等性质都与分子间氢键相关。如果分子内形成氢键，由于分子极性变小，一般使化合物的沸点和熔点降低。如邻羟基苯甲酸分子可形成分子内氢键，对羟基苯甲酸分子因硝基与羟基相距较远不能形成分子内氢键，但可以形成分子间氢键，使对羟基苯甲酸熔沸点高于邻羟基苯甲酸，而且因为它能与水分子形成分子间氢键，所以对羟基苯甲酸比邻羟基苯甲酸易溶于水，根据这两种异构体沸点的差异可以分离两种物质。

相关链接

碳原子簇

原子团簇是人类新发现和认识的一个特殊的物质层次，对原子团簇科学的研究，已经成为当今最为活跃的前沿学科之一。碳是人类最早认识的化学元素，1985年R. E.Smalley发现C_{60}等富勒烯以来，人们对碳又有了新的认识，并因此开辟了一个全新的研究领域。

C_{60}分子是一个直径为1000pm的空心圆球，60个碳原子组成12个五元环面，20个六元环面，90条棱。C_{60}中每个碳原子与周围3个碳原子相连，形成了3个σ键，参与组成2个六元环，1个五元环。剩余的轨道和电子共同组成离域π键，结构分析的实验结果证明：由C_{60}分子组成的晶体是面心立方和六方密堆积，C_{60}球之间的作用力是van der Waals力，而不是化学键力，C—C之间的距离为一般C—C键长的两倍。

从 C_{60} 被发现以来，现已经广泛地影响到物理学、化学、材料学、电子学、生物学、医药科学各个领域，显示了极为重要的理论研究和广阔的应用前景。

纳米碳管研究是富勒烯继续，1991 年日本科学家发现了一种针状的管形碳单质——碳纳米管。碳纳米管是由石墨卷曲而成的封闭管，其直径一般为 1～100nm 而得名，其长度可达数十微米。由于碳纳米管具有较大的长径比，所以可以把其看成为准一维纳米材料，有其独特的结构。

碳纳米管具有奇异的物理化学性能，如独特的金属或半导体导电性、极高的机械强度、储氢能力、吸附能力和较强的微波吸收能力等，90 年代初一经发现即刻受到物理、化学和材料科学界以及高新技术产业部门的极大重视。

学习小结

正负电荷靠静电引力吸引形成的化学键称为离子键。离子键特点没有饱和性和方向性。

影响离子键大小的因素有离子的电荷数，离子半径和离子的电子层构型。

成键双方靠共用电子对形成的化学键称为共价键。共价键的特点有饱和性和方向性。

共价键按原子轨道重叠方式不同可以分为 σ 键和 π 键，按照极性可以分为极性键和非极性键。按照共用电子对的来源可以分为正常共价键和配位键。

价键理论认为共价键的本质是成键原子自旋相反的未成对电子的原子轨道的相互重叠，重叠区域越大，共价键越稳定。

杂化轨道理论认为，多原子分子形成时，中心原子价层能量相近的原子轨道首先发生杂化，以杂化轨道和其他原子的轨道重叠成键，分子的空间构型和中心原子的杂化类型有关。

分子轨道理论认为：分子中的电子的运动状态用分子的波函数 ψ（称为分子轨道）来描述。

原子轨道线性组合成分子轨道必须符合对称性匹配原则、能量相近原则和最大重叠原则。电子在分子轨道中的排布也遵守泡利不相容原理、能量最低原理和洪德规则。在分子轨道理论中，用键级表示键的牢固程度。

描述共价键性质的参数有键能、键长、键角、键的极性等。

分子间的作用力有 van der Waals 力和氢键。

van der Waals 力包括取向力、诱导力、色散力；比化学键弱。大多数分子间的 van der Waals 力以色散力为主。

氢键是一种特殊的具有饱和性和方向性分子间作用力。van der Waals 力及氢键的形成主要影响物质的物理性质。

（乔秀文）

复习题

1. 解释下列名词

(1) 离子键和共价键　　(2) σ键和π键

(3) 非极性键和极性键　　(4) 等性杂化和不等性杂化

(5) 键的极性和分子的极性

2. 实验测得某些离子型二元化合物的熔点为：

化合物	NaF	NaCl	NaBr	NaI	KCl
熔点(℃)	992	801	747	662	768
核间距/pm	231	279	294	318	314
化合物	MgO	CaO	SrO	BaO	
熔点(℃)	2852	2614	2430	1918	
核间距/pm	210	240	257	277	

试解释化合物熔点随离子半径、电荷等变化的规律。

3. 指出下列分子(离子)的中心原子采用的杂化轨道类型，并判断它们的几何类型。

(1) BeH_2　　(2) SiH_4　　(3) BBr_3　　(4) ClO_4^-

4. 用杂化轨道理论说明乙烷 C_2H_6、乙烯 C_2H_4、乙炔 C_2H_2 分子的成键过程和各个键的类型。

5. BF_3 的空间构型为正三角形而 NF_3 却是三角锥形，试用杂化轨道理论予以说明。

6. 写出下列双原子分子或离子的分子轨道式，指出所含的化学键，计算键级并判断哪个最稳定？哪个最不稳定？哪个具顺磁性？哪个具抗磁性？

(1) B_2　　(2) F_2　　(3) F_2^+　　(4) He_2^+

7. 用VB法和MO法分别说明为什么 H_2 能稳定存在而 He_2 不能稳定存在？

8. 指出下列分子中哪些是极性分子，哪些是非极性分子，并说明理由：

(1) SO_2　　(2) NF_3　　(3) SF_6　　(4) CH_3Cl　　(5) Br_2

(6) HBr　　(7) CS_2　　(8) CH_4　　(9) PCl_3　　(10) $AlCl_3$

9. 下列每对分子中，哪个分子的极性较强？试简单说明原因。

(1) HCl和HI　　(2) H_2O 和 H_2S　　(3) NH_3 和 PH_3

(4) CH_4 和 SiH_4　　(5) CH_4 和 $CHCl_3$　　(6) BF_3 和 NF_3

10. 为什么常温下 F_2 和 Cl_2 为气体，Br_2 为液体，而 I_2 为固体？

11. 指出下列各分子间存在哪几种分子间作用力(包括氢键)。

(1) 液态HF　　(2) 酒精和水　　(3) 水和氧气　　(4) 碘的 CCl_4 溶液

(5) 碘的水溶液　　(6) 冰　　(7) HI晶体

12. 下列化合物中是否存在氢键？若存在属何种类型？

(1) NH_3　　(2) HO— —COOH　　(3) OH OH O

13. 为什么乙醇(C_2H_5OH)和二甲醚(CH_3OCH_3)组成相同，但乙醇的沸点比二甲醚的沸点高？

第七章

配位化合物

学习目标

1. 掌握配位化合物的基本概念、组成及命名；配合物的稳定常数及相关计算。
2. 熟悉配合物的价键理论；影响配位平衡的因素。
3. 了解配合物的几何异构现象；配合物与医学的关系。

配位化合物简称配合物，是一类组成较为复杂、发展迅速、在理论上和应用上都十分重要的化合物。由于组成比普通化合物复杂而曾称之为络合物。

关于配合物的研究不仅是现代无机化学的重要课题之一，而且对分析化学、生物化学、催化动力学、电化学、量子化学都有实际意义和理论意义。20世纪60年代，随着科学的发展，在生物学和无机化学的基础上已形成了一门新兴的边缘学科——生物无机化学。新学科的发展表明，配位化合物在生命过程中起着重要的作用。如植物进行光合作用所依赖的叶绿素是含镁的配合物；过渡金属元素在人体内的主要存在形式是配合物；体内许多生物催化剂——酶，也是配合物；一些药物本身就是配合物或者在体内形成配合物才能发挥药效。此外，在生化检验、环境监测、药物分析等方面，配合物的应用也相当广泛。

第一节　配合物的基本概念

一、配合物及其组成

在蓝色的硫酸铜溶液中，加入过量的浓氨水，再加入酒精，便能析出深蓝色的结晶。将该晶体溶于水后，加入少量NaOH溶液，既无浅蓝色的$Cu(OH)_2$沉淀生成，也无明显的氨臭味，但加入$BaCl_2$溶液却立即产生$BaSO_4$白色沉淀。对该溶液进行依数性实验测得的校正因子(i)接近于2。以上实验事实说明，其溶液中有大量SO_4^{2-}离子存在，而游离的Cu^{2+}离子和NH_3的浓度较低，即该溶液主要是由$[Cu(NH_3)_4]^{2+}$和SO_4^{2-}两种离子组成的。对晶体进行X射线衍射实验的结果也证实了晶体中这两种离子的存在。

由此可知，$[Cu(NH_3)_4]SO_4$的晶体或溶液中存在着复杂离子$[Cu(NH_3)_4]^{2+}$。与此类似的复杂离子还有$[Ag(NH_3)_2]^+$、$[Fe(CN)_6]^{4-}$、$[Fe(SCN)_6]^{3-}$、$[Co(NH_3)_6]^{3+}$、$[HgI_4]^{2-}$等。这些

复杂离子中的 NH_3、CN^-、SCN^-、I^- 等基团都含有提供孤对电子的原子，而 Cu^{2+}、Ag^+、Fe^{2+}、Fe^{3+}、Co^{3+} 及 Hg^{2+} 等简单阳离子都具有可以接受孤对电子的价层空轨道，两者之间以配位键结合。这类由简单阳离子（或原子）和一定数目的中性分子或阴离子通过配位键结合，并按一定的组成和空间构型所形成的复杂离子称为配位离子，简称配离子。若形成的不是复杂离子而是复杂分子，这类分子称为配位分子，如 $[Co(NH_3)_3F_3]$、$[Pt(NH_3)_2Cl_2]$ 等。配位分子也可以由中性的金属原子与中性分子形成，如 $[Ni(CO)_4]$、$[Fe(CO)_5]$ 等。含有配离子的化合物或配位分子称为配位化合物，如 $[Ag(NH_3)_2]NO_3$、$K_3[Fe(CN)_6]$、$[Co(NH_3)_3Cl_3]$ 等。

配合物和配离子在概念上虽有不同，但配合物的性质主要取决于配离子，因此，习惯上把配离子也称为配合物。

配离子是配合物的核心部分，而配位键则是其结构的基本特征。配合物一般可分为内界和外界两个组成部分。内界由配离子组成，写在方括号内，与配离子带相反电荷的其他离子为外界。如 $[Cu(NH_3)_4]SO_4$ 中，$[Cu(NH_3)_4]^{2+}$ 配离子组成内界，SO_4^{2-} 离子为外界。内界和外界通过离子键结合而形成配合物。由于配合物是电中性的，因此，内、外界的电荷总数相等，符号相反。以配合物 $[Cu(NH_3)_4]SO_4$ 与 $H_2[Pt(Cl)_6]$ 为例，其组成可表示为

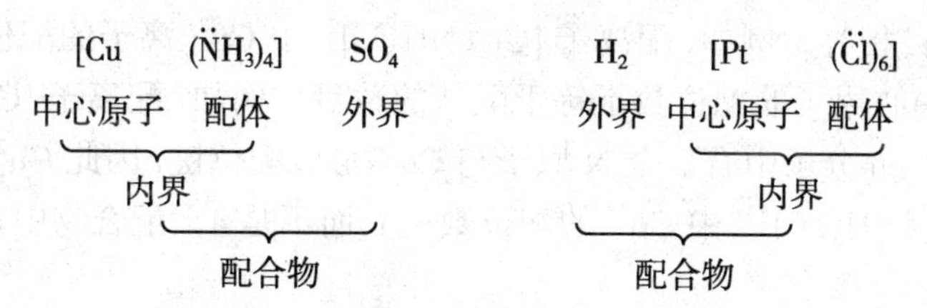

也有一些配合物只有内界，没有外界，如配位分子 $[Co(NH_3)_3Cl_3]$、$[Fe(CO)_5]$ 等。

（一）中心原子

中心原子是能够接受孤对电子的原子或离子，也称为配合物形成体，一般是金属离子，特别是过渡金属离子，如 $[Fe(SCN)_6]^{3-}$、$[Co(NH_3)_6]^{3+}$ 等中的 Fe^{3+}、Co^{3+} 离子。也有一些是具有高氧化数的非金属元素，如 $[SiF_6]^{2-}$、$[BF_4]^-$ 等中的 Si（Ⅳ）、B（Ⅲ）。另有一些是金属原子作中心原子的，如 $[Ni(CO)_4]$、$[Fe(CO)_5]$ 等中的 Ni、Fe。

（二）配体和配位原子

配体是指以一定的空间排布方式分布在中心原子周围的阴离子或分子，以配位键与中心原子结合，故称为配体。如 $[Cu(NH_3)_4]^{2+}$ 中 NH_3，$[Fe(CN)_6]^{3-}$ 中 CN^-，$[SiF_6]^{2-}$ 中 F^- 均为配体。

配体中提供孤对电子并直接与中心原子以配位键形式相结合的原子，称为配位原子。只含一个配位原子的配体，称为单齿配体，如 NH_3、CN^- 等。含两个或两个以上配位原子的配体，称为多齿配体，如乙二胺，为二齿配体。常见配体见表 7-1。

表 7-1 常见配体

配体名称	化学式	配位原子
卤素离子	$:F^-$，$:Cl^-$，$:Br^-$，$:I^-$	F，Cl，Br，I
氨	$:NH_3$	N
水	$H_2O:$	O
羰基	:CO	C
氰根	$:CN^-$	C

续表

配体名称	化学式	配位原子
硝基	$:NO_2^-$	N
亚硝酸根	$:ONO^-$	O
硫氰根	$:SCN^-$	S
异硫氰根	$:NCS^-$	N
乙二胺	$H_2\ddot{N}CHCH_2\ddot{N}H_2$	N
氨三乙酸根	$:N(CH_2CO\ddot{O}^-)_3$	N, O
乙二胺四乙酸根	$(^-\ddot{O}OCH_2C)_2\ddot{N}\text{-}CH_2\text{-}CH_2\text{-}\ddot{N}(CH_2CO\ddot{O}^-)_2$	N, O

有些配体虽含有两个配原子，但是由于两个配原子距离太近，不能同时与同一个中心原子配位成键，只能选择其中一个配原子与中心原子形成一个配位键，故仍属单齿配体，如硫氰酸根离子 SCN^-、异硫氰酸根离子 NCS^- 和硫代硫酸根离子$S_2O_3^{2-}$等。

（三）配位数

配位数是指中心原子与配体形成配位键的数目。如果配体均为单齿配体，则中心原子的配位数与配体的数目相等。例如，配离子 $[Cu(NH_3)_4]^{2+}$ 中 Cu^{2+} 离子的配位数是 4。如果配体中有多齿配体，则中心原子的配位数不等于配体的数目。例如，配离子 $[Cu(en)_2]^{2+}$中的配体 en 是双齿配体，1 个 en 分子中有 2 个 N 原子与 Cu^{2+} 形成配位键，因此 Cu^{2+}离子的配位数是 4 而不是 2，$[Co(en)_2(NH_3)Cl]^{2+}$ 中 Co^{3+} 的配位数是 6 而不是 4。配合物中，中心原子的常见配位数是 2、4 和 6。

（四）配离子的电荷数

配离子所带的电荷数等于中心原子的氧化数和配体总电荷数的代数和。如 $[PtCl_6]^{2-}$ 的电荷数是：$1\times(+4)+6\times(-1)=-2$；$[Co(NH_3)_3(H_2O)Cl_2]^+$ 的电荷数是 $1\times(+3)+3\times0+1\times0+2\times(-1)=+1$。因此，知道了中心原子的氧化数和配体的电荷数，就能够推算出配离子的电荷数或配合物的化学式。反之，若知道了配离子的电荷数和配体的电荷数也就能够推算出中心原子的氧化数。

二、配合物的命名

命名原则

1. 内界和外界之间的命名服从一般无机化合物的命名原则 *。即阴离子名称在前，阳离子名称在后，分别称为：某化某、某某酸、某酸某或氢氧化某等。

2. 命名内界时，配体名称列在中心原子之前，不同配体之间以中圆点（·）分开。配体的个数用数字二、三、四等表示。在最后一个配体名称之后缀以“合”字。中心原子后括号内的罗马数字表示其氧化数。即

配体数 - 配体名称 -“合”- 中心原子名称（氧化数）

3. 当有多种配体时，一般按先无机配体，后有机配体（复杂配体写在括号内）；先阴离子，后中性分子；同类配体时，按配原子元素符号的英文字母顺序排列；同类配体且配原子又相同

* 中国化学会 . 化学命名原则 . 北京：科学出版社，1984.

时，含较少原子数的配体在前，较多原子数的配体在后。

命名实例

$[Cu(NH_3)_4]^{2+}$　四氨合铜（Ⅱ）离子

$[CoCl_2(NH_3)_4]^{+}$　二氯•四氨合钴（Ⅲ）离子

$[Fe(en)_3]Cl_3$　三氯化三（乙二胺）合铁（Ⅲ）

$[Ag(NH_3)_2]OH$　氢氧化二氨合银（I）

$H_2[PtCl_6]$　六氯合铂（Ⅳ）酸

$[Co(ONO)(NH_3)_5]SO_4$　硫酸亚硝酸根•五氨合钴（Ⅲ）

$[Co(NH_3)_5(H_2O)]_2(SO_4)_3$　硫酸五氨•水合钴（Ⅲ）

$[Co(NH_3)_2(en)_2]Cl_3$　氯化二氨•二（乙二胺）合钴（Ⅲ）

$NH_4[Co(NO_2)_4(NH_3)_2]$　四硝基•二氨合钴（Ⅲ）酸铵

$NH_4[Cr(NCS)_4(NH_3)_2]$　四（异硫氰酸根）•二氨合铬（Ⅲ）酸铵

三、配合物的类型

通常将配合物分成三类：①简单配合物：由一个中心原子和一定数目的单齿配体形成，如 $[Ag(NH_3)_2]NO_3$、$K_2[HgI_4]$ 等；②螯合物：由一个中心原子和一定数目的多齿配体形成的具有环状结构的配合物，如 $[Fe(en)_3]Cl_3$、$Na_3[Co(C_2O_4)_3]$ 等；③多核配合物：配合物中存在两个或两个以上的中心原子。按其中心原子连接情况的不同，可分为桥基配合物和簇状配合物两类。

桥基配合物是由两对或两对以上孤对电子的原子或原子团（如 O^{2-}、Cl^-、OH^- 等），将中心原子连接而成。这些连接中心原子的原子或原子团称为桥基，如氧桥基、氯桥基和羟桥基等。二羟基八水合二铁（Ⅲ）配离子就是一例，它是由两个羟桥基连接两个中心原子（Fe^{3+}）而形成的多核配合物。其结构式如下：

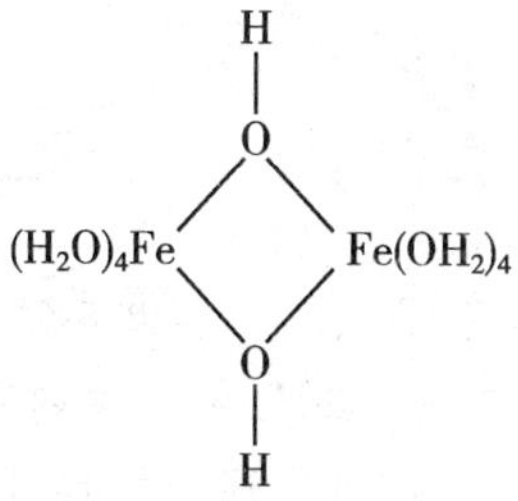

H
O
$(H_2O)_4Fe$　$Fe(OH_2)_4$
O
H

簇状配合物由两个或两个以上中心原子直接连接，一般是金属中心原子借金属 - 金属键结合，而称为金属簇合物。金属簇合物中重要的是羰基簇合物，如 $[Fe_2(CO)_9]$（九羰基合二铁）的结构式如下：

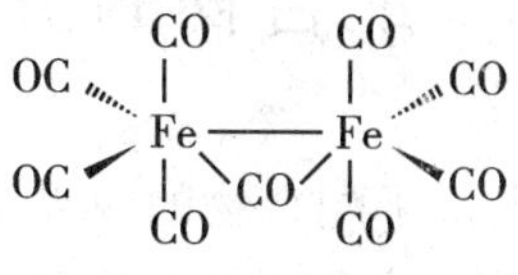

CO　CO
OC　Fe—Fe　CO
OC　CO　CO
CO　CO

此外，还有非羰基簇合物，常见的配体是卤素离子、硫离子等，如八氯合二钼（Ⅱ）配离子 $[Mo_2Cl_8]^{4-}$，其结构式如下：

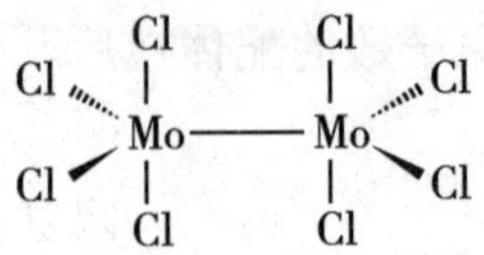

对簇状化合物的研究近几十年来进展很快，目前，已合成的簇合物达1000种以上。许多簇合物具有催化活性。

四、配合物的异构现象

每一个配合物都有一定的空间构型。如果配合物中只有一种配体，它在中心原子周围也只能有一种排列方式。但有多种配体时，就可能出现不同的空间排列方式，这种组成相同、空间排列方式不同的物质称为几何异构体，这种现象称为几何异构现象。几何异构体中最常见的是顺反异构体。如具有平面四方形空间构型的 $[Pt(NH_3)_2Cl_2]$，就有两种不同的排列方式。同种配体在同一侧的为顺式，在对角位置的为反式，它们的结构式如下：

顺式　　反式

顺式 $[Pt(NH_3)_2Cl_2]$ 的偶极矩不等于零，反式 $[Pt(NH_3)_2Cl_2]$ 的偶极矩为零，因此，通过测定偶极矩就可区分它们。这两种异构体的性质有很大不同，如顺式 $[Pt(NH_3)_2Cl_2]$ 为橙黄色，溶解度较大，而反式 $[Pt(NH_3)_2Cl_2]$ 为亮黄色，溶解度较小。

异构体的数目与配位数和配体的种类有关，还与配离子的空间构型有密切关系。当具有平面四方形构型的 $[Pt(NH_3)_2Cl_2]$ 转变成 $[Pt(NH_3)pyBrCl]$ 时，由于配体种类增多，异构体也随之由两种增加到三种。对于具有四面体构型的配位化合物，则不论其中配体是否相同，均不存在顺反异构现象。几何异构现象在配位数为6的配合物中，是很常见的。配合物的异构现象比较复杂，这里不做详细讨论。

问题与思考

1. $[Pt(NH_3)pyBrCl]$ 的异构体有哪三种？画出其结构式。

2. 顺反异构体不但理化性质不同，甚至在人体内所表现的生理、药理作用也往往不同。在顺式和反式结构的 $[Pt(NH_3)_2Cl_2]$ 中，哪一种具有抗癌作用？

第二节　配合物的价键理论

配合物的一些物理、化学性质取决于配合物的内界结构，特别是内界中配体与中心原子间的结合力。为了解释中心原子与配体之间的结合力和配合物的性质，科学家们曾提出了许多化学键理论，本节主要介绍价键理论。

一、价键理论的基本要点

1931 年，美国化学家鲍林（Pauling L）将杂化轨道理论应用于配合物的研究中，提出了配合物的价键理论。其基本要点如下：

1. 配合物的中心原子与配体之间的化学键是配位键。成键时，中心原子以价电子层空轨道接受配原子所提供的孤对电子而形成配位键。配体为电子对给予体，中心原子为电子对接受体，二者结合生成配离子或配位分子。

2. 在成键过程中，中心原子所提供的空轨道首先进行杂化，形成数目相等、能量相同、具有一定空间伸展方向的杂化轨道，中心原子空的杂化轨道与配原子的孤对电子轨道沿键轴方向重叠成键。

3. 配合物的空间构型，取决于中心原子价层空轨道的杂化类型。由于杂化的类型不同，杂化轨道的空间构型也不同，因而所形成的配合物具有不同的空间构型。表 7-2 列出了一些常见配合物的配位数、空间构型和杂化类型之间的关系。

表 7-2 常见配合物的空间构型和中心原子的轨道杂化类型

配位数	空间构型	轨道杂化类型	实例
2	直线	sp	$[Ag(NH_3)_2]^+$、$[Cu(CN)_2]^-$、$[Au(CN)_2]^-$
4	正四面体	sp^3	$[Zn(NH_3)_4]^{2+}$、$[Cd(CN)_4]^{2-}$、$[HgCl_4]^{2-}$、$[Ni(NH_3)_4]^{2+}$
	平面四方形	dsp^2	$[Ni(CN)_4]^{2-}$、$[Cu(NH_3)_4]^{2+}$、$[Pt(NH_3)_2Cl_2]$、$[PtCl_4]^{2-}$
6	八面体	sp^3d^2	$[FeF_6]^{3-}$、$[Ni(NH_3)_6]^{2+}$、$[Fe(SCN)_6]^{3-}$、$[Co(NH_3)_6]^{2+}$
	八面体	d^2sp^3	$[Fe(CN)_6]^{3-}$、$[Fe(CN)_6]^{4-}$、$[PtCl_6]^{2-}$、$[Co(NH_3)_6]^{3+}$

二、外轨配合物和内轨配合物

根据中心原子杂化时所提供的空轨道所属电子层的不同，配合物可分为两种类型：外轨型配合物和内轨型配合物。中心原子全部用最外价电子层空轨道（ns，np，nd）参与杂化成键，所形成的配合物称为外轨配合物，如中心原子采取 sp、sp^3、sp^3d^2 杂化轨道成键，分别形成配位数为 2、4、6 的配合物都是外轨配合物；中心原子用次外层 d 轨道，即 $(n-1)$d 轨道和最外层 ns、np 轨道参与杂化成键，所形成的配合物称为内轨配合物。如中心原子采取 dsp^2 或 d^2sp^3 杂化轨道成键，分别形成配位数为 4 或 6 的配合物都是内轨配合物。

形成内轨配合物还是外轨配合物，主要取决于中心原子的价电子构型和配体的性质，例如：$[Fe(H_2O)_6]^{3+}$ 与 $[Fe(CN)_6]^{3-}$ 的形成过程。

（1）$[Fe(H_2O)_6]^{3+}$ 的形成：若配体中的配原子的电负性较大（如卤素原子或氧原子等），不易给出孤对电子，对中心原子 $(n-1)$d 电子影响较小，所提供的孤对电子占据中心原子的外层轨道，一般形成外轨配合物。如 $[FeF_6]^{3-}$、$[Fe(H_2O)_6]^{3+}$ 和 $[Ni(H_2O)_4]^{2+}$ 等都是外轨配合物。

Fe^{3+} 的价电子构型为 $3d^5$：

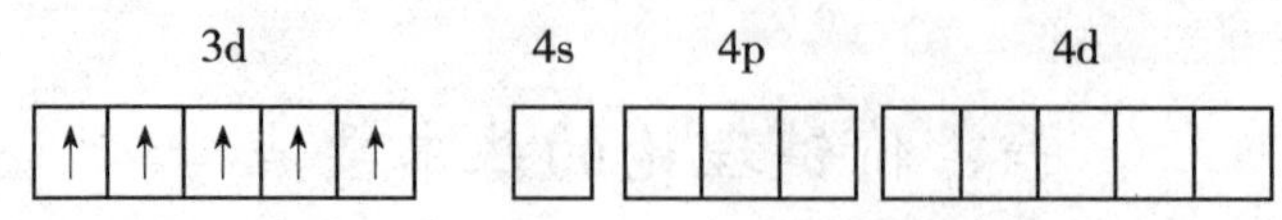

$[Fe(H_2O)_6]^{3+}$的价层电子构型：

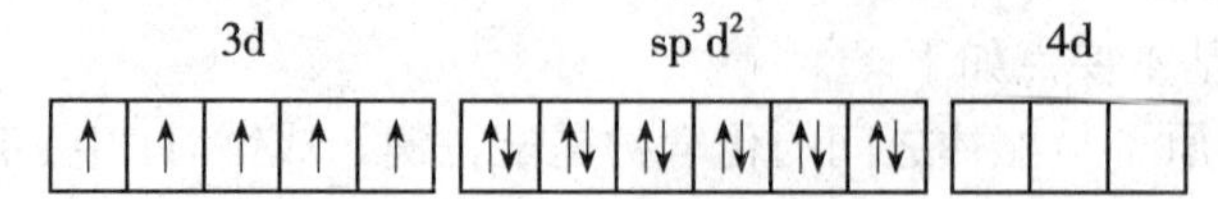

由此可见，Fe^{3+}采取sp^3d^2杂化，形成空间构型为八面体的外轨配合物。

(2) $[Fe(CN)_6]^{3-}$的形成：若配体中的配原子的电负性较小（如CN^-中的C原子，NO_2^-中的N原子等），容易给出孤对电子，对中心原子$(n-1)$d电子影响较大，使中心原子d电子重排，空出$(n-1)$d轨道，一般形成内轨配合物。如$[Ni(CN)_4]^{2-}$、$[Fe(CN)_6]^{3-}$、$[Co(NO_2)_6]^{3-}$等都是内轨配合物。

$[Fe(CN)_6]^{3-}$的价层电子构型：

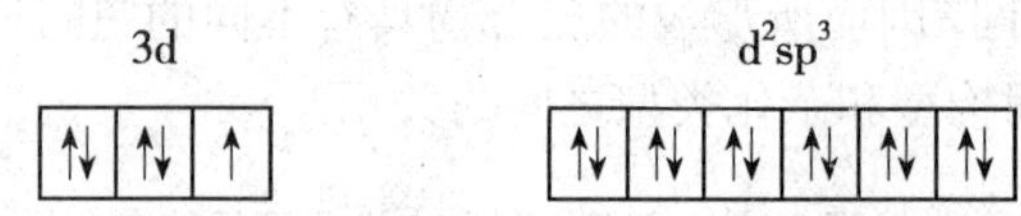

由此可见，在配体CN^-离子的作用下，Fe^{3+}的2个3d电子被挤压成对，未成对电子数由5个减少为1个。空出2个3d空轨道与1个4s轨道、3个4p轨道进行d^2sp^3杂化，形成空间构型为八面体的内轨配合物。

问题与思考

同一中心原子的内轨配合物与外轨配合物相比，哪一种更稳定？为什么？

三、配合物的磁矩

配合物是内轨还是外轨，往往可以通过测定配合物的磁矩(μ)来确定。物质的磁矩是由未成对电子产生，磁矩的理论值与未成对电子数之间的关系式如下：

$$\mu \approx \sqrt{n(n+2)}\mu_B$$

式中：n为配合物的未成对电子数；μ_B为玻尔磁子(Bohr magnetion)，$\mu_B = 9.27\times10^{-24}A\cdot m^2$。据此，可得出配合物的磁矩和未成对电子数之间的关系，见表7-3。

表7-3 配合物的未成对电子数和磁矩的理论值

n	0	1	2	3	4	5
μ/μ_B	0.00	1.73	2.83	3.87	4.90	5.92

将实验测得的配合物的磁矩与理论值比较，便可确定中心原子的未成对电子数，由此可判断中心原子的轨道杂化类型，进一步确定是内轨配合物还是外轨配合物以及配合物的空间构型（表7-4）。

表 7-4　几种配合物的未成对电子数和磁矩实验值

配合物	中心原子的d电子	μ/μ_B	未成对电子数	中心原子的轨道杂化类型	空间构型	配合物类型
$Na_4[Mn(CN)_6]$	5	1.57	1	d^2sp^3	八面体	内轨配合物
$[Mn(SCN)_6]^{4-}$	5	6.1	5	sp^3d^2	八面体	外轨配合物
$[Fe(H_2O)_6]SO_4$	6	4.91	4	sp^3d^2	八面体	外轨配合物
$K_3[FeF_6]$	5	5.45	5	sp^3d^2	八面体	外轨配合物
$[Co(SCN)_4]^{2-}$	7	4.3	3	sp^3	正四面体	外轨配合物
$K_2[PtCl_4]$	8	0	0	dsp^2	平面四方形	内轨配合物

价键理论能够成功地解释许多配合物的空间构型和磁性，并能定性说明配合物的稳定性。但是，价键理论却不能说明配合物的颜色和吸收光谱，无法定量说明一些配合物的稳定性。关于价键理论的不足，可用配合物的晶体场理论和其他配合物理论做出比较满意的解释，在此不作介绍。

第三节　配 位 平 衡

在前面相关章节已经讨论过质子转移平衡、沉淀溶解平衡、氧化还原平衡，本节将讨论与配位平衡有关的问题。

一、配离子的稳定常数

向含有 Ag^+ 离子的溶液中加入过量的氨水，则有 $[Ag(NH_3)_2]^+$ 配离子生成：

$$Ag^+ + 2NH_3 \longrightarrow [Ag(NH_3)_2]^+$$

这类反应称为配位反应。当在此溶液中加入 NaCl 时，不能产生 AgCl 白色沉淀，但若加入 KI 时，则有 AgI 黄色沉淀析出，这是由于 AgI 的溶度积小于 AgCl 的溶度积的缘故，这说明溶液中存在少量游离的 Ag^+ 离子。也就是说，$[Ag(NH_3)_2]^+$ 在水溶液中还可以发生少量解离。即溶液中存在下列配位平衡：

$$Ag^+ + 2NH_3 \underset{\text{解离}}{\overset{\text{配位}}{\rightleftharpoons}} [Ag(NH_3)_2]^+$$

配位平衡的平衡常数称为配离子的稳定常数，用 K_s 表示。即

$$K_s = \frac{[Ag(NH_3)_2^+]}{[Ag^+][NH_3]^2}$$

通常用 K_s 的大小来衡量配离子的稳定性。对于配位比相同的配合物，K_s 愈大，则配离子愈稳定，即愈不易解离。如 $[Ag(NH_3)_2]^+$ 和 $[Ag(CN)_2]^-$ 的配位比均为 2∶1，它们的 K_s 分别为 1.1×10^7 和 1.3×10^{21}，故 $[Ag(CN)_2]^-$ 比 $[Ag(NH_3)_2]^+$ 更稳定；对于配位比不同的配合物，需通过计算比较它们的稳定性（参照例 7-1）。

实际上，配离子的形成或解离是分步进行的，因此，溶液中存在着一系列的配位平衡，对

应于这些平衡也有一系列稳定常数。例如，$[Cu(NH_3)_4]^{2+}$配离子的形成与解离分四步进行

$$Cu^{2+} + NH_3 \rightleftharpoons [Cu(NH_3)]^{2+} \qquad K_1=\frac{[Cu(NH_3)^{2+}]}{[Cu^{2+}][NH_3]}$$

$$[Cu(NH_3)]^{2+} + NH_3 \rightleftharpoons [Cu(NH_3)_2]^{2+} \qquad K_2=\frac{[Cu(NH_3)_2{}^{2+}]}{[Cu(NH_3)^{2+}][NH_3]}$$

$$[Cu(NH_3)_2]^{2+} + NH_3 \rightleftharpoons [Cu(NH_3)_3]^{2+} \qquad K_3=\frac{[Cu(NH_3)_3{}^{2+}]}{[Cu(NH_3)_2{}^{2+}][NH_3]}$$

$$[Cu(NH_3)_3]^{2+} + NH_3 \rightleftharpoons [Cu(NH_3)_4]^{2+} \qquad K_4=\frac{[Cu(NH_3)_4{}^{2+}]}{[Cu(NH_3)_3{}^{2+}][NH_3]}$$

若将第一、二两步平衡式相加，得

$$Cu^{2+}+2NH_3 \rightleftharpoons [Cu(NH_3)_2]^{2+}$$

其平衡常数的表达式为

$$\beta_2=\frac{[Cu(NH_3)_2{}^{2+}]}{[Cu^{2+}][NH_3]^2}=\frac{[Cu(NH_3)^{2+}]}{[Cu^{2+}][NH_3]}\times\frac{[Cu(NH_3)_2{}^{2+}]}{[Cu(NH_3)^{2+}][NH_3]}=K_1\cdot K_2$$

平衡常数β_2称为配离子$[Cu(NH_3)_2]^{2+}$的累积稳定常数。同理可得

$$\beta_1=K_1$$

$$\beta_2=K_1 K_2$$

$$\beta_3= K_1 K_2 K_3$$

$$\cdots\cdots$$

$$\beta_n= K_1 K_2\cdots\cdots K_n$$

β_n称为配离子的累积稳定常数，各分步稳定常数之积就是配离子的总稳定常数K_s，$K_s=\beta_n$。由于K_s（或β_n）的数值很大，故又常用$\lg K_s$（或$\lg\beta_n$）表示。一些常见配离子的稳定常数见附录8。

例7-1 分别计算$0.10mol\cdot L^{-1}$ $[Cu(en)_2]^{2+}$溶液和$0.10mol\cdot L^{-1}$ CuY^{2-}溶液中Cu^{2+}离子的浓度？并比较二者的稳定性。已知：$K_s([Cu(en)_2]^{2+})=1.0\times10^{20}$，$K_s(CuY^{2-})=5.0\times10^{18}$。

解 设$[Cu(en)_2]^{2+}$溶液中$[Cu^{2+}]=x\ mol\cdot L^{-1}$，溶液中存在下列平衡

$$[Cu(en)_2]^{2+} \rightleftharpoons Cu^{2+} + 2en$$

平衡时 $0.10-x$ x $2x$

$$K_s=\frac{[Cu(en)_2{}^{2+}]}{[Cu^{2+}][en]^2}=\frac{0.10-x}{x\cdot(2x)^2}=1.0\times10^{20}$$

因K_s值很大，则x值很小，所以$0.10-x\approx0.10$

$$\frac{0.10-x}{x\cdot(2x)^2}\approx\frac{0.10}{x\cdot(2x)^2}\approx1.0\times10^{20}$$

解得 $[Cu^{2+}]=x=6.3\times10^{-8}(mol\cdot L^{-1})$

设CuY^{2-}溶液中$[Cu^{2+}]=y\ mol\cdot L^{-1}$，溶液中存在下列平衡

$$CuY^{2-} \rightleftharpoons Cu^{2+} + Y^{4-}$$

平衡时 $0.10-y$ y y

$$K_s=\frac{[CuY^{2-}]}{[Cu^{2+}][Y^{4-}]}=\frac{0.10-y}{y\cdot y}\approx\frac{0.10}{y^2}\approx 5.0\times10^{18}$$

解得　　　　　　　　　　$y=1.4\times10^{-10}(mol\cdot L^{-1})$

通过计算可以看出：虽然 $K_s([Cu(en)_2]^{2+})=1.0\times10^{20}$ 大于 $K_s(CuY^{2-})=5.0\times10^{18}$，但 $x>y$，说明 $[Cu(en)_2]^{2+}$ 的解离度比 CuY^{2-} 大，CuY^{2-} 的稳定性更好一些。这是由于它们的配位比不同造成的。

问题与思考

比较任意两个配合物稳定性大小时，能否直接根据其稳定常数 K_s 的大小判断？

二、配位平衡的移动

配位平衡如同其他化学平衡一样，也是有条件的动态平衡。如果改变平衡体系的条件，平衡将会定向移动。下面将分别讨论溶液的pH、沉淀溶解平衡、氧化还原平衡以及其他配位剂对配位平衡移动或转化的影响。

（一）溶液pH的影响

当溶液的pH发生改变时，在配位平衡中有可能发生下列两类反应：

1. 若溶液的酸度增大，在配位平衡中的一些碱性配体（质子碱）可与 H^+ 结合生成难解离的共轭弱酸，使溶液中配体的浓度减小，配位平衡向配离子解离的方向移动。如：

$$[FeF_6]^{3-}\rightleftharpoons Fe^{3+}+6F^- \qquad [Ag(NH_3)_2]^+\rightleftharpoons Ag^+ +2NH_3$$

$$+6H^+\rightleftharpoons 6HF \qquad\qquad +2H^+\rightleftharpoons 2NH_4^+$$

平衡移动→　　　　　　平衡移动→

当溶液酸度增加，F^- 或 NH_3 减少，平衡向右移动，配离子解离，配合物稳定性降低。这种从配体角度出发，由于酸度增大而导致配离子解离的现象称为配体的酸效应。溶液酸度越大，配离子越不稳定。溶液酸度一定时，配体碱性越强，酸效应越明显。配离子的稳定性也与 K_s 有关，K_s 越大，抗酸能力越强，如 $[Ag(CN)_2]^-$ 在酸性溶液中仍稳定存在。显然，为提高配离子稳定性，抑制酸效应，溶液的pH越高越好。

2. 由于配离子的中心原子多为过渡金属离子，当溶液的酸度降低时，这些过渡金属离子在水中大多能发生不同程度的水解作用，使中心原子浓度减少，配位反应向解离方向移动。如 $[FeF_6]^{3-}$ 配离子在碱性介质中便易被破坏而产生 $Fe(OH)_3$ 沉淀。

$$[FeF_6]^{3-}\rightleftharpoons Fe^{3+}+6F^-$$

$$+3OH^-\rightleftharpoons Fe(OH)_3\downarrow$$

平衡移动→

溶液的碱性越强，pH越高，越有利于中心原子的水解，最终可完全生成 $Fe(OH)_3$ 沉淀，而使配离子解离。

这种因金属离子与溶液中 OH^- 结合而导致配离子解离的现象称为金属离子的水解效应。显然，为提高配离子稳定性，抑制水解效应，溶液的 pH 越低越好。

因此，酸度对配位平衡影响是多方面的，既要考虑配位体的酸效应，又要考虑金属离子的水解效应，但通常以酸效应为主。

问题与思考

为保证配离子的稳定性，应如何调节溶液的 pH？

（二）配位平衡与沉淀溶解平衡

配位平衡与沉淀溶解平衡之间是可以相互转化的，其转化趋势取决于金属离子分别与沉淀剂和配位剂结合能力的大小，即与体系中沉淀溶解平衡的 K_{sp} 和配位平衡的 K_s 有关。例如，在 AgCl 沉淀中加入大量氨水，可以使 AgCl 白色沉淀溶解，生成无色透明的 $[Ag(NH_3)_2]^+$ 配离子。

$$\begin{array}{ccc} AgCl & \rightleftharpoons & Ag^+ + Cl^- \\ & & + \\ \text{平衡移动}\downarrow & & 2NH_3 \\ & & \updownarrow \\ & & [Ag(NH_3)_2]^+ \end{array}$$

沉淀溶解的程度取决于沉淀的溶度积 K_{sp} 和形成的配离子的稳定常数 K_s，沉淀溶度积 K_{sp} 越大，配离子的稳定常数 K_s 越大，越有利于沉淀的溶解，有利于沉淀平衡向配位平衡的转化。

同样，若在一个配位平衡体系中加入一种能与中心原子形成沉淀的沉淀剂，则随着沉淀的生成，平衡发生移动，配离子解离。例如，在 $[Ag(NH_3)_2]^+$ 溶液中加入 NaBr，立即有淡黄色的沉淀产生。

$$\begin{array}{ccc} [Ag(NH_3)_2]^+ & \rightleftharpoons & Ag^+ + 2NH_3 \\ & & + \\ \text{平衡移动}\downarrow & & Br^- \\ & & \updownarrow \\ & & AgBr\downarrow \end{array}$$

配离子向沉淀转化的程度，亦取决于配离子的稳定常数 K_s 和沉淀的溶度积 K_{sp}，配离子稳定常数 K_s 越小，沉淀溶度积 K_{sp} 越小，越有利于配离子解离，有利于配位平衡向沉淀平衡的转化。

事实上，在 AgCl 中加 $NH_3 \cdot H_2O$，则 AgCl 溶解，沉淀平衡转化为配位平衡；而在 $[Ag(NH_3)_2]^+$ 中加入 NaBr 则有 AgBr 沉淀生成，配位平衡向沉淀平衡转化。

例 7-2　298K 时，1.0L 6.0mol·L^{-1} NH_3 溶液中，最多能溶解 AgCl 多少克？向上述溶液中加入 KI 固体，使 $[I^-]=0.10$mol·L^{-1}（忽略体积变化），有无 AgI 沉淀生成？

解　AgCl 溶于 NH_3 溶液的反应为

$$AgCl(s) + 2NH_3(aq) \rightleftharpoons [Ag(NH_3)_2]^+(aq) + Cl^-(aq)$$

该反应的平衡常数为

$$K=\frac{[Ag(NH_3)_2^+][Cl^-]}{[NH_3]^2}=\frac{[Ag(NH_3)_2^+][Cl^-]}{[NH_3]^2}\cdot\frac{[Ag^+]}{[Ag^+]}$$

$$=K_s([Ag(NH_3)_2]^+)\cdot K_{sp}(AgCl)$$

$$=1.1\times10^7\times1.8\times10^{-10}=2.0\times10^{-3}$$

设 1.0L 溶液中溶解 AgCl(s) 为 x mol，则平衡时 $[Cl^-]=x\ mol\cdot L^{-1}$，$[Ag(NH_3)_2^+]=x\ mol\cdot L^{-1}$，$[NH_3]=6.0-2x\ mol\cdot L^{-1}$。将各物质的平衡浓度代入平衡常数表达式：

$$\frac{x^2}{(6.0-2x)^2}=2.0\times10^{-3}\qquad x=0.25(mol)$$

所以，298K 时，1.0L 6.0mol·L^{-1}NH_3 溶液中，最多能溶解 0.25 × 143.4 =36g AgCl。

上述溶液中，同时存在下列平衡

$$Ag^+ + 2NH_3 \rightleftharpoons [Ag(NH_3)_2]^+$$

平衡时 $[Ag^+]$ 　 $6.0-2\times0.25$ 　 0.25

$$K_s=\frac{[Ag(NH_3)_2^+]}{[Ag^+][NH_3]^2}=\frac{0.25}{[Ag^+](6.0-2\times0.25)^2}=1.1\times10^7$$

$$[Ag^+]=7.5\times10^{-10}(mol\cdot L^{-1})$$

而 $Q(AgI)=c(Ag^+)c(I^-)=7.5\times10^{-10}\times0.10>K_{sp}(AgI)=8.5\times10^{-17}$

所以，有 AgI 沉淀生成。

（三）配位平衡与氧化还原平衡

在配位平衡体系中，加入适当的氧化剂或还原剂，则可能会使中心原子发生氧化还原反应，中心原子浓度减少，平衡发生移动。例如在 $[Fe(SCN)_6]^{3-}$ 溶液中加入还原剂 $SnCl_2$，由于 Fe^{3+} 被还原成 Fe^{2+}，使 $[Fe(SCN)_6]^{3-}$ 配离子解离，血红色消失，配位平衡转化为氧化还原平衡。

$$2[Fe(SCN)_6]^{3-} \rightleftharpoons 2Fe^{3+} + 12SCN^-$$

平衡移动↓ 　 $+\ Sn^{2+}$

$$\rightleftharpoons\ 2Fe^{2+} + Sn^{4+}$$

反之，在氧化还原平衡体系中，加入某种配位剂，若能与其中的氧化剂或还原剂配位形成配离子，则必然减少了氧化剂或还原剂的浓度，使氧化还原反应的方向发生改变。例如 Fe^{3+} 可以氧化 I^- 成为单质 I_2。若在溶液中加入 F^-，由于生成了稳定的 $[FeF_6]^{3-}$ 配离子，使溶液中 Fe^{3+} 浓度减少，电对 Fe^{3+}/Fe^{2+} 的电极电势降低，导致氧化还原反应逆向进行。

$$2Fe^{3+} + 2I^- \rightleftharpoons 2Fe^{2+} + I_2$$

$+\ 12F^-$ 　 ↓平衡移动

$$\rightleftharpoons\ 2[FeF_6]^{3-}$$

例 7-3 计算 298K 时，$[Hg(CN)_4]^{2-}+2e^- \rightleftharpoons Hg+4CN^-$ 的标准电极电势。已知 $\varphi^{\ominus}(Hg^{2+}/Hg)=0.851V$，$K_s([Hg(CN)_4]^{2-})=2.51\times10^{41}$

解法 1 首先计算 $[Hg(CN)_4]^{2-}$ 在平衡时，解离出 Hg^{2+} 离子的浓度

$$K_s = \frac{[Hg(CN)_4^{2-}]}{[Hg^{2+}][CN^-]^4} = 2.51\times10^{41}$$

由题意可知：在标准状态下 $[Hg(CN)_4^{2-}]$ 和 $[CN^-]$ 的浓度均为 $1mol\cdot L^{-1}$

$$K_s = \frac{1}{[Hg^{2+}]} = 2.51\times10^{41} \qquad [Hg^{2+}] = 3.98\times10^{-42}(mol\cdot L^{-1})$$

此时，$[Hg(CN)_4]^{2-}+2e^- \rightleftharpoons Hg+4CN^-$ 的标准电极电势为

$$\varphi^{\ominus}([Hg(CN)_4]^{2-}/Hg) = \varphi(Hg^{2+}/Hg) = \varphi^{\ominus}(Hg^{2+}/Hg) + \frac{0.0592}{2}\lg[Hg^{2+}]$$

$$= 0.851 + \frac{0.0592}{2}\lg 3.98\times10^{-42} = -0.374(V)$$

解法2 先设计一个原电池

正极反应为 $Hg^{2+} + 2e^- \rightleftharpoons Hg$ $\varphi_1^{\ominus}$

负极反应为 $[Hg(CN)_4]^{2-} + 2e^- \rightleftharpoons Hg + 4CN^-$ $\varphi_2^{\ominus}$

电池反应为 $Hg^{2+} + 4CN^- \rightleftharpoons [Hg(CN)_4]^{2-}$

298K 达到平衡时，该电池反应的平衡常数 K 即为 $[Hg(CN)_4]^{2-}$ 的 K_s

$$\lg K = \lg K_s = \frac{n(\varphi_1^{\ominus} - \varphi_2^{\ominus})}{0.0592} = \frac{2(0.851 - \varphi_2^{\ominus})}{0.0592} = 41.4$$

所以 $\varphi_2^{\ominus} = -0.374(V)$

从计算结果可以看出，当金属离子配位以后，其标准电极电势变小。因而使金属离子得电子的能力减弱，不易被还原为金属，增加了金属离子的稳定性。

（四）配位平衡之间的相互转化

在一种配位平衡体系中，加入能与该中心原子形成另一种配离子的配位剂时，则体系中涉及两个配位平衡，如在 $[Ag(NH_3)_2]^+$ 溶液中加 KCN。

$$[Ag(NH_3)_2]^+ \rightleftharpoons Ag^+ + 2NH_3$$

$$+ \; 2CN^- \rightleftharpoons [Ag(CN)_2]^-$$

平衡移动↓

这实际上是两种配体争夺中心原子的反应，此争夺反应又可以表示为：

$$[Ag(NH_3)_2]^+ + 2CN^- \rightleftharpoons [Ag(CN)_2]^- + 2NH_3$$

根据化学平衡原理，平衡时

$$K = \frac{[Ag(CN)_2^-][NH_3]^2}{[Ag(NH_3)_2^+][CN^-]^2}$$

分式上下同乘以 $[Ag^+]$，得：

$$K = \frac{[Ag(CN)_2^-][NH_3]^2}{[Ag(NH_3)_2^+][CN^-]^2}\cdot\frac{[Ag^+]}{[Ag^+]} = \frac{K_{s,[Ag(CN)_2]^-}}{K_{s,[Ag(NH_3)_2]^+}} = \frac{1.2\times10^{21}}{1.1\times10^7} = 1.1\times10^{14}$$

平衡常数很大，反应正向进行趋势大，加入 CN^- 后，$[Ag(NH_3)_2]^+$ 几乎全部转化为 $[Ag(CN)_2]^-$。

由 K_s 亦可看出，$[Ag(CN)_2]^-$ 比 $[Ag(NH_3)_2]^+$ 稳定得多。所以，当向 $[Ag(NH_3)_2]^+$ 溶液中加入配位剂（CN^-）时，$[Ag(CN)_2]^-$ 的 K_s 大于 $[Ag(NH_3)_2]^+$ 的 K_s，则配位平衡由 $[Ag(NH_3)_2]^+$ 向着生成 $[Ag(CN)_2]^-$ 的方向转化。反之，若在 $[Ag(CN)_2]^-$ 中加 NH_3，则不会发生明显的配离子的转化。所以配合物平衡的转化一般是由较不稳定的配合物转化为更稳定的配合物。

第四节 螯合物

一、螯合物的结构特点

螯合物是由中心原子和多齿配体形成的一类具有环状结构的配合物。如由乙二胺（$NH_2CH_2CH_2NH_2$，en）和 Cu^{2+} 离子形成的螯合物，其结构如下：

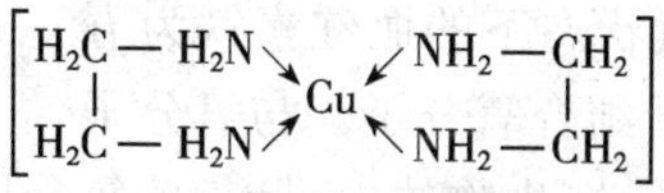

$$\left[\begin{array}{ccccc} H_2C - H_2N & \searrow & & \swarrow & NH_2 - CH_2 \\ | & & Cu & & | \\ H_2C - H_2N & \nearrow & & \nwarrow & NH_2 - CH_2 \end{array}\right]^{2+}$$

螯合物与组成相似但未螯合的类似配合物相比有较高的稳定性，如对于 $[Cu(NH_3)_4]^{2+}$ 和 $[Cu(en)_2]^{2+}$，它们的中心原子、配位原子相同，配位数相等，但由于在 $[Cu(en)_2]^{2+}$ 中形成两个螯合环，其 K_s 为 1.0×10^{20}，远大于 $[Cu(NH_3)_4]^{2+}$ 的 K_s（2.1×10^{13}）。这种由于螯合环的形成，使螯合物具有特殊稳定性的作用称为螯合效应。

通常把能够形成螯合物的配体称为螯合剂。常见的螯合剂是含有 N、O、S、P 等配原子的有机化合物，如乙二胺、α-氨基酸、丁二肟、8-羟基喹啉、乙二胺四乙酸或其二钠盐（二者统称为 EDTA）等。其中以乙二胺四乙酸或其二钠盐最为重要，是最常用的螯合剂，其结构如下

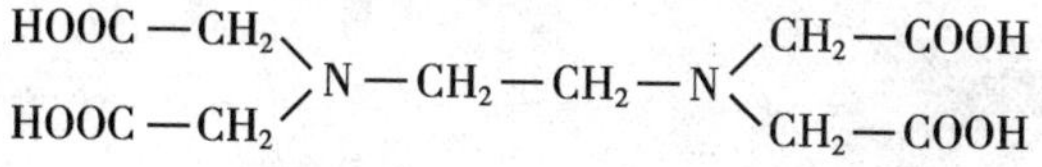

$$\begin{array}{l} HOOC - CH_2 \\ \qquad\qquad\quad \searrow \\ \qquad\qquad\quad\nearrow \\ HOOC - CH_2 \end{array} N - CH_2 - CH_2 - N \begin{array}{l} CH_2 - COOH \\ \swarrow \\ \nwarrow \\ CH_2 - COOH \end{array}$$

EDTA 的酸根离子（Y^{4-}）是六齿配体，它与绝大多数金属离子能形成稳定的螯合物，其中大多含有 5 个螯合环（图 7-1）。

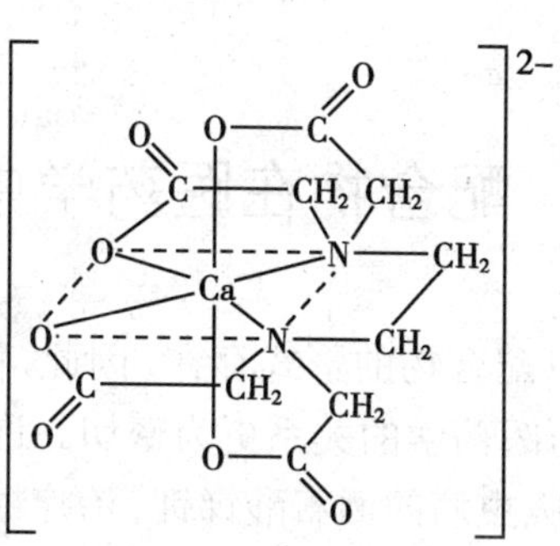

图 7-1 CaY^{2-} 的结构

二、螯合物的稳定性

螯合物的稳定性与螯合环的大小和数目有关，一般为五元环或六元环，因为形成五元环

时的键角 108°，与 C 原子的 sp^3 杂化轨道夹角 109°28′ 比较接近；形成六元环时的键角 120°，与含有双键的 C 原子的 sp^2 杂化轨道夹角 120° 相等，因此，五元环或六元环的张力较小，故较为稳定。由此可见，为了能够形成稳定的五元或六元螯合环，螯合剂中相邻两个配原子之间一般应间隔 2～3 个其他原子。

一般地说，螯合物中五元环或六元环（即螯合环）的数目愈多，其稳定性也就愈大。这是因为螯合环愈多，形成的配位键愈多，螯合物愈难解离，稳定性愈高。

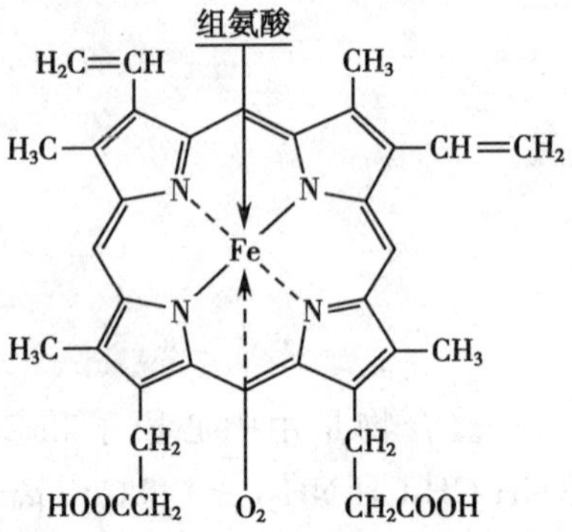

自然界里也存在许多螯合剂，例如大豆能合成并分泌出一种螯合剂，可从土壤中吸取铁；再如，血红素（图 7-2）的中心原子为 Fe^{2+} 离子，位于原卟啉的大环配体空腔平面上方。Fe^{2+} 配位数为 6，它与卟啉环中 4 个 N 原子及蛋白肽链中组氨酸咪唑基的 N 原子形成四方锥，此时没有结合氧分子，称为脱氧血红蛋白，脱氧状态下的血红素铁为五配位的二价铁，留有一个空位用于结合氧分子。与氧分子结合（配位）后称为氧合血红蛋白。在生物体内，肺部的氧分压高，有利于血红蛋白与氧结合，形成氧合血红蛋白。当血液输送到机体组织中，氧的分压下降，氧合血红蛋白就释放氧分子起到输送氧气的作用。

图 7-2　血红素的结构

血红蛋白中的第六个配位位置也可被其他配体（如 CO 等）所占有。血红蛋白和 CO 的结合能力比和 O_2 的结合能力大 200～250 倍，因此，当人体吸入 CO 之后，将发生下列反应：

$$HHbO_2 + CO \rightleftharpoons HHbCO + O_2$$

HHbCO 生成后，使氧气的输送受到抑制。

问题与思考

煤气中毒的原因是什么？

第五节　配合物在医药学中的应用

自然界中大多数化合物是以配合物的形式存在，因此，配位化学涉及的范围以及配合物的应用是非常广泛的。配合物与医药学的关系更为密切。许多药物本身就是配合物，如补给患者铁质的枸橼酸铁铵、治疗血吸虫病的酒石酸锑钾、治疗糖尿病的胰岛素（锌的配合物）、对人体有重要作用的维生素 B_{12}（钴的配合物）等，都是含有金属元素的复杂配合物。又如，钙与 EDTA 能形成稳定的螯合物，故治疗血钙过高可注射 EDTA 三钠（Na_3HY），它与 Ca^{2+} 离子形成稳定的 CaY^{2-} 后，可从肾脏排出。二巯基丙醇（BAL）可和砷、汞等重金属形成螯合物，所以是一种很好的解毒剂。顺式二氯二氨合铂（顺铂）、卡铂、奈达铂和奥沙利铂等配合物是用于治疗癌症常用的化疗药物。其结构式如下：

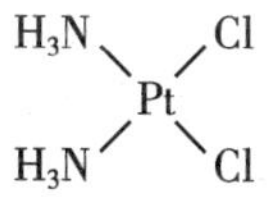

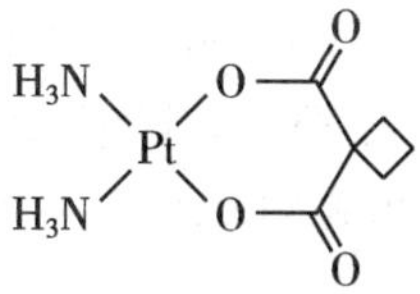

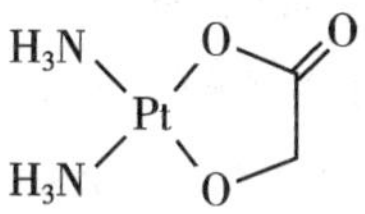

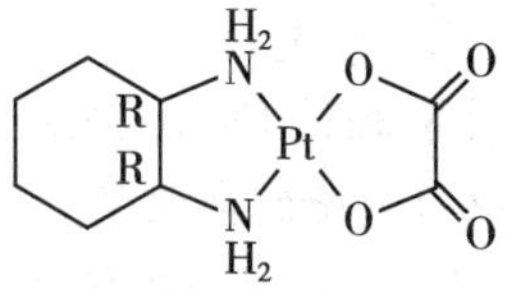

顺铂(cisplatin)　卡铂(carboplatin)　奈达铂(nedaplatin)　奥沙利铂(oxaliplatin)

人体所必需的微量元素 Fe、Zn、Cu、I、Co、Se、Mn、Mo 等也都是以配合物的形式存在于人体内，其中金属离子为中心原子，生物大分子（蛋白质、核酸等）为配体。有些微量元素是酶的关键成分。大约有三分之一的酶是金属酶，如催化二氧化碳的可逆水合作用的碳酸酐酶（CA，主要包括碳酸酐酶 B 和碳酸酐酶 C 等）是含 Zn 的酶、消除体内自由基的超氧化物歧化酶（SOD）是含 Zn 和 Cu 的酶，清除体内 H_2O_2 以及类脂过氧化物的谷胱甘肽过氧化物酶（GSH-px）是含 Se 的酶；有些微量元素参与激素的作用；有些则影响核苷酸和核酸的生物功能等。

学习小结

本章讨论了配合物和螯合物的基本概念、配合物的化学键理论、配位平衡常数及影响配位平衡移动的因素。

由中心原子与一定数目的配体以配位键结合形成的复杂离子或分子称为配离子或配位分子。含有配离子的化合物或配位分子称为配合物。中心原子与多齿配体形成的具有环状结构的配合物称为螯合物。

配合物的价键理论认为，中心原子与配体中的配位原子之间以配位键结合。为增强成键能力和形成结构对称的配合物，中心原子提供的空轨道首先进行杂化，形成数目相等，能量相同，具有一定空间伸展方向的杂化轨道。中心原子的杂化轨道与配位原子的孤对电子轨道在一定方向彼此接近，产生最大重叠形成配位键。常见配位数为 2、4、6，形成的配合物有内轨型和外轨型之分。

溶液中配离子的形成与解离存在配位平衡。配合物的稳定性可以用稳定常数 K_s 来表示。K_s 越大配合物越稳定。溶液 pH 的改变、沉淀剂、配位剂、氧化剂或还原剂的加入都可以使配位平衡发生移动。

（杨金香）

复习题

1. 指出下列配合物中的中心原子、配体、配原子、配位数，并加以命名。

(1) $Na_3[AlF_6]$　(2) $[Fe(CN)_4(NO_2)_2]^{3-}$　(3) $[Co(en)(NH_3)_2(H_2O)Cl]Cl_2$

(4) $K_3[Ag(S_2O_3)_2]$　(5) $[Fe(H_2O)_4(OH)(SCN)]NO_3$　(6) $[Ni(CO)_2(CN)_2]$

2. 根据价键理论，指出下列配合物的中心原子的杂化类型和配合物的空间构型、内外轨型以及磁性：

(1) $[Fe(CN)_6]^{3-}$　(2) $[FeF_6]^{3-}$　(3) $[Co(NH_3)_6]^{3+}$

（4）$[Co(NH_3)_6]^{2+}$　　（5）$[Ni(H_2O)_4]^{2+}$　　（6）$[Ni(CN)_4]^{2-}$

3．实验测得 $[Mn(CN)_6]^{4-}$ 配离子的磁矩为 $2.00\mu_B$，而 $[Pt(CN)_4]^{2-}$ 的磁矩为 $0\mu_B$。试推断它们的中心原子的杂化类型和配合物的空间构型，指出是内轨型还是外轨型。

4．判断下列反应进行的方向

（1）$[Zn(NH_3)_4]^{2+} + Cu^{2+} \rightleftharpoons [Cu(NH_3)_4]^{2+} + Zn^{2+}$

（2）$[Fe(C_2O_4)_3]^{3+} + 6CN^- \rightleftharpoons [Fe(CN)_6]^{3-} + 3C_2O_4^{2-}$

（3）$AgI + 2NH_3 \rightleftharpoons [Ag(NH_3)_2]^+ + I^-$

（4）$[Co(NH_3)_6]^{3+} + Co^{2+} \rightleftharpoons [Co(NH_3)_6]^{2+} + Co^{3+}$

5．已知 $[Co(CN)_6]^{4-}$ 和 $[Co(CN)_6]^{3-}$ 配离子均属内轨配合物，试根据 VB 法解释 $[Co(CN)_6]^{4-}$ 易被氧化成 $[Co(CN)_6]^{3-}$ 的原因。

6．已知 $[CoCl_4]^{2-}$ 为四面体配合物，试用价键理论讨论它的成键情况。

7．在含有 $1.3mol \cdot L^{-1}$ $AgNO_3$ 和 $0.054mol \cdot L^{-1}$ NaBr 溶液中，如果不使 AgBr 沉淀生成，溶液中游离的 CN^- 离子的最低浓度应是多少？

8．在 $0.10mol \cdot L^{-1}$ $K[Ag(CN)_2]$ 溶液中，加入 KCN 固体，使 CN^- 离子的浓度为 $0.10mol \cdot L^{-1}$，然后再分别加入（1）KI 固体，使 I^- 离子的浓度为 $0.10mol \cdot L^{-1}$（2）Na_2S 固体，使 S^{2-} 离子浓度为 $0.10mol \cdot L^{-1}$。能否产生沉淀？

9．已知 298K 时

$$Au^+ + e^- \rightleftharpoons Au \qquad \varphi^{\ominus} = 1.692V$$

$$[Au(CN)_2]^- + e^- \rightleftharpoons Au + 2CN^- \qquad \varphi^{\ominus} = -0.574V$$

试求 $[Au(CN)_2]^-$ 的稳定常数。

第八章

s 区元素

学习目标

1. 掌握 s 区元素的价电子层结构的特点及通性；碱金属和碱土金属重要氧化物和氢氧化物的性质、碱金属和碱土金属盐类的溶解性及热稳定性的变化规律。

2. 熟悉 s 区部分元素的物理性质与化学性质。

3. 了解几种常见的盐及其作用；必需元素在人体中的重要作用；氢气的用途和制备方法。

物质是由分子组成的，分子是由原子组成的，元素的原子组成了宇宙万物，自然界中生物的生长过程实质上是不断地从大自然中获得物质和能量的过程。在人体中发现的元素种类占地球上所发现一百多种元素的 80% 左右，人体内所含的 80 多种元素主要分成两大类——必需元素（大约 29 种）和非必需元素。必需元素是在健康组织中有生物活性并能发挥正常生理功能的元素，在人体内有着相对恒定的含量范围，含量过高或过低将在人体内发生生理变化，调整后生理功能可以恢复。非必需元素是那些存在于身体内而含量不恒定，并且其生理作用还未被人类认识的元素，有的有毒，有的无毒。

蛋白质、水、核酸、糖类、维生素等是构成人类生命活动的主要物质，这些物质主要是由碳、氢、氧、氮等元素按照不同的方式组合而成，是生命活动的基础。钠、钾、钙、镁在人体内均以水合离子的形式存在，对于维持体液的渗透压力，保持神经与肌肉的正常生理机能起着重要的作用。

必需元素的质量分数占人体质量 99.95% 以上，其中有 11 种常量元素 C、H、O、N、Ca、P、S、K、Na、Cl、Mg（质量分数约为 99.9%），以及 18 种生命必需微量元素 Si、F、V、Cr、Mn、Co、Fe、Ni、Cu、Zn、Sn、Se、Mo、I、B、Ge、As、Br（质量分数约为 0.05%）。

随着人类对自然生命过程认识的逐步提高以及对生命质量的关注，研究元素在生命活动中功能的生物无机化学在近二十几年来迅速发展起来，生物无机化学主要研究生命活动与化学元素之间的关系。本章介绍 s 区元素。

s 区元素包括第ⅠA 和第ⅡA 族元素。第ⅠA 族包括氢、锂、钠、钾、铷、铯、钫 7 种元素，称为碱金属，其价层电子组态为 ns^1。第ⅡA 族包括铍、镁、钙、锶、钡、镭 6 种元素，称为碱土金属，其价层电子组态为 ns^2。虽然氢气为非金属气体，但由于氢元素的价层电子组态为 $1s^1$，它的一些性质呈现与碱金属相似的变化趋势，因而将氢元素归属于第ⅠA 族讨论。

第一节　氢

一、物理性质

氢元素在自然界中主要以化合物的形式存在。氢有三种同位素，分别为氕（${}^{1}_{1}H$或 H）、氘（${}^{2}_{1}H$或 D）和氚（${}^{3}_{1}H$或 T）。${}^{3}_{1}H$是一种不稳定的放射性同位素。氢气（H_2）在 273.15K，101.325kPa 下，其密度为 $0.090g \cdot L^{-1}$，仅为空气的 1/14，常用来充气球。氢气在水中的溶解度很小，273K 时 1L 水只能溶解 20ml 氢气。

氢气的沸点为 20.38K，凝固点为 13.92K，无论在何种物态下都是绝缘体。

氢气容易被 Ni、Pd、Pt 等金属吸附，其中 Pd 吸附氢气的能力最强，室温下 1 体积的 Pd 吸附 900 体积的氢气。

氢的同位素因核外均含有 1 个电子，因此它们的化学性质基本相同，但由于质量相差较大，其单质和化合物的物理性质存在一定差异（表 8-1）。

表 8-1　氢同位素的单质和化合物的性质

	H_2	D_2	H_2O	D_2O
沸点 /K	20.30	23.67	373.0	374.4
平均键能 /（$kJ \cdot mol^{-1}$）	436.0	443.3	463.5	470.9

氘的氧化物 D_2O 比 H_2O 重，称为重水。在核工业中其作用主要是作为核反应堆的减速剂和冷却剂，也可以用于制造氢弹的装料——氘或者氘化锂。重水还可以用于合成氘的各种标记化合物。在${}^{1}_{1}H$的核磁共振谱测定中常用氘代氯仿（CD_4）作溶剂，避免其他溶剂中${}^{1}_{1}H$的干扰。

二、化学性质

氢失去一个电子形成氢离子（H^+）。H^+ 与其他原子失去电子后的结构不同，核外没有电子，这是氢的独特性之一。

氢气可与卤素单质反应，反应活性由氟到碘逐渐减弱。氢气与氟在黑暗处能迅速反应，而与碘必须在持续加热 500℃的条件下才能化合生成 HI。

氢气在氧气中燃烧，火焰温度可以达到 3000℃，因此，氢气可以作为动力燃料。

在某些特定条件下，氢也可以得到一个电子形成 H^-，H^- 与氟离子很相似，与碱金属可以形成 MH 形式的化合物，但其性质与金属卤化物有很大的差异。例如：NaH 溶于水后释放出 H_2，而卤化钠却没有这样的性质。

在高温下，氢气还可以还原许多金属氧化物或金属卤化物，例如：

$$Fe_3O_4 + 4H_2 = 3Fe + 4H_2O$$

$$TiCl_4 + 2H_2 = Ti + 4HCl$$

氢元素可以与 O、F 和 N 元素形成氢键，导致化合物沸点升高，例如：H_2O 分子之间形成氢键，而 H_2S 之间无氢键，所以 H_2O 的沸点比 H_2S 高。形成的氢键也可以维持某些化合物的空间构型，DNA 的双螺旋空间结构主要是氢键起作用。

三、氢气的制备

1. 实验室制备方法　实验室常用稀盐酸或稀硫酸与锌、铁等活泼金属反应制取少量氢气。

$$Fe + 2HCl = FeCl_2 + H_2\uparrow$$

$$Fe + H_2SO_4 = FeSO_4 + H_2\uparrow$$

制取的氢气中常含有 PH_3 和 H_2S 等气体，纯化后可得到纯净的氢气。

2. 工业制备方法　氢气是一种重要的工业气体。工业上依据原料、纯度等要求，可采取多种方法制取氢气。

(1) 电解法：将直流电通过铂电极通入水中，在阴极可以得到氢气，纯度高达 99.5%～99.8%，气相色谱法常用的氢气发生器就是利用电解水的方法得到高纯度的氢气作为流动相。

$$2H_2O \xlongequal{\text{通电}} 2H_2\uparrow + O_2\uparrow$$

(2) 水煤气转化法：利用在高温下焦炭还原水蒸气制取氢气。

$$C + H_2O \xlongequal{1000℃} CO + H_2$$

制得的 CO 和 H_2 的混合物称为水煤气。将水煤气低温冷却至约 −200℃，可以使 CO 液化而分离出氢气。

四、氢气的用途

氢分子（H_2）是由两个氢原子以共价单键结合而成的双原子分子，H—H 键能为 436kJ·mol^{-1}，比一般的共价单键的键能高得多。氢气在燃烧的时候可以放出大量的热：

$$H_2(g) + \frac{1}{2}O_2 \xlongequal{\text{点燃}} H_2O(g) \quad \Delta_r H_m^{\ominus} = -241.8\text{kJ}\cdot\text{mol}^{-1}$$

因此氢气是一种高能燃料。氢气也可用作制盐酸、合成氨等化工生产的原料。

在冶金工业中常利用氢气还原金属氧化物，制备金属。

$$CuO + H_2 \xlongequal{\triangle} Cu + H_2O$$

氢气的另一个主要工业用途是加氢反应，石油的催化加氢，食用油的加氢以及合成氨和甲醇都需要氢气的参与。

五、氢　化　物

除了稀有气体之外，氢元素几乎可以与所有元素化合生成二元化合物，称为氢化物。氢元素不仅可以与电负性大的非金属元素生成共价性氢化物（如 HF），且还可以与活泼金属元素生成离子型氢化物（如 NaH）。

（一）分子型氢化物

氢元素与 p 区元素（稀有气体及铟、铊除外）形成的氢化物是分子型氢化物。例如 HX（X = F、Cl、Br、I）、NH_3 和 H_2O 等。氢与卤素、硫和氮单质在一定的条件下直接作用制得分子型氢化物；有些非金属元素的氢化物也可以用这些元素的金属化合物与水或酸作用制备，例如：

$$Ca_3P_2+6H_2O = 3Ca(OH)_2+2PH_3\uparrow$$

分子型氢化物的熔沸点较低，在常温下以气态为主。但其热稳定性相差较大，有些氢化物在室温下就发生分解（如 SnH_4，PbH_4 等），而有些在高温下也不分解（如 HF）。元素的电负性越大，所形成的氢化物的热稳定性就越高。

除氟化氢外，其他分子型氢化物都具有还原性。同一周期的元素，从左到右形成的分子型氢化物的还原性依次减弱，同一族从上而下形成的分子型氢化物的还原性逐渐增强。

（二）离子型氢化物

H_2 与碱金属和碱土金属中的 Mg、Ca、Sr、Ba 在高温下反应，生成离子型的氢化物。其中以氢化钠、氢化锂最为常见。氢化钠（NaH）是一种强还原剂，可用于有机合成中。金属钠在高温下与氢气直接反应制备氢化钠。

$$2Na + H_2 \xlongequal{\text{高温}} 2NaH$$

LiH 非常活泼，是强还原剂。遇水发生激烈反应并放出大量的氢气。

$$LiH + H_2O = LiOH + H_2\uparrow$$

1kg 氢化锂与水反应后可放出 2800L 氢气，因此氢化锂有“制造氢气的工厂”之称。

常温下离子型氢化物是白色固体，熔点和沸点较高，熔融时能导电。在离子型氢化物中，H 是以 H^- 形式存在的，其氧化数为 −1。例如：在 360℃时电解 CaH_2 在 LiCl 和 KCl 中的熔融液时（LiCl-KCl 为低共熔物），产生氢气。氢负离子的稳定性较差，具有很强的还原性。例如：氢负离子与水剧烈反应放出氢气。

$$H^- + H_2O = H_2\uparrow + OH^-$$

以 H^- 离子为配体的配合物称为复合氢化物。氢与硼、铝、镓生成构型为 XH_4^- 的复合氢化物，典型的复合氢化物是 $LiAlH_4$，是 LiH 和 $AlCl_3$ 在干燥的乙醚条件下反应制得。

$$4\,LiH + AlCl_3 = LiAlH_4 + LiCl$$

$LiAlH_4$ 是一种较强的还原剂，在有机反应中常用于还原羰基等极性不饱和键。

第二节 碱金属和碱土金属的单质

一、概 述

碱金属和碱土金属元素是很活泼的金属元素。它们的基本性质见表 8-2 和表 8-3。在元素周期表中，每一个周期都是从碱金属开始的，碱金属原子最外层仅有一个电子，而次外层有 8 个电子（锂的次外层是 2 个电子），具有稀有气体稳定的价电子组态，因此对核电荷的屏蔽作用较大，容易失去最外层电子呈 +1 价氧化数，从而使碱金属元素的第一电离势在同一周期中最低。碱土金属最外层只有 2 个电子，次外层为 8 个电子（铍次外层 2 个电子）结构，容易失去最外层电子，形成 +2 价的氧化数。但其金属活泼性比同周期的碱金属元素弱，碱土金属的原子半径比同周期的碱金属小，所形成的金属键比碱金属强，故碱土金属单质的熔点、沸点和密度都要比碱金属高。

表 8-2 碱金属元素的一些性质

元素性质	锂(Li)	钠(Na)	钾(K)	铷(Rb)	铯(Cs)
相对原子质量	6.941	22.99	39.098	85.47	132.9
价层电子组态	$1s^1$	$2s^1$	$3s^1$	$4s^1$	$5s^1$
原子半径 /pm	123	154	203	216	235
电负性	0.98	0.93	0.82	0.82	0.79
熔点 /K	453.69	370.96	336.8	312.4	301.55
沸点 /K	1620	1156	1047	961	951.5
密度 /($g \cdot cm^{-3}$)	0.534	0.968	0.89	1.532	1.878
$\varphi^{\ominus}(M^+/M)/V$	−3.040	−2.714	−2.936	−2.943	−3.027
氧化数	+1	+1	+1	+1	+1
硬度(金刚石 = 10)	0.6	0.5	0.4	0.3	0.2

表 8-3 碱土金属的性质

元素性质	铍(Be)	镁(Mg)	钙(Ca)	锶(Sr)	钡(Ba)
相对原子质量	9.012	24.305	40.08	87.62	137.3
价层电子组态	$1s^2$	$2s^2$	$3s^2$	$4s^2$	$5s^2$
原子半径 /pm	89	136	174	191	198
电负性	1.57	1.31	1.00	0.95	0.89
熔点 /K	1551	922	1112	1042	998
沸点 /K	3243	1363	1757	1657	1913
密度 /($g \cdot cm^{-3}$)	1.847	1.738	1.55	2.64	3.51
$\varphi^{\ominus}(M^{2+}/M)/V$	−1.968	−2.357	−2.869	−2.899	−2.906
氧化数	+2	+2	+2	+2	+2
硬度(金刚石 = 10)	4	2.0	1.8	1.5	1.2

s 区元素中，同一族元素性质变化具有规律性。例如：从上到下，同族元素的原子半径和离子半径逐渐增大，电离能逐渐减小，电负性逐渐减小，金属性与还原性逐渐增强。

二、物理性质

碱金属和碱土金属都具有金属光泽。其物理性质主要表现为密度小、质地软、熔点低，导电和导热性好。碱金属中锂、钠和钾的密度小于 $1g \cdot cm^{-3}$，能浮在水面上。其余元素密度都小于 $5g \cdot cm^{-3}$，属于轻金属。

除铍、镁外，碱金属和碱土金属的硬度都小于 2。碱金属原子半径较大，由于只有一个价电子，形成的金属键很弱，因此它们的熔点、沸点都很低。铯的熔点比人的体温还低。当两种或两种以上的金属元素混合后，其物理性质与混合前元素的性质都不同。例如：锂铅合金使铅的硬度增大；镁铝合金作为一种轻质工业材料，广泛地应用于各种领域。

在一定波长的光作用下，碱金属电子可获得能量从金属表面逸出产生光电效应。光电管主要是以铷和铯为原料制造而成。

三、化学性质

碱金属和碱土金属都是很活泼的金属，同族从 Li 到 Cs 和从 Be 到 Ba 活泼性依次增强。能直接或者间接地与电负性较高的非金属元素单质（如 Cl_2、S、P、N_2、O_2、H_2 等）形成相应的化合物。碱金属和碱土金属的主要化学反应见表 8-4 和表 8-5。

表 8-4 碱金属的化学反应

$4Li+O_2$（过量）$=2Li_2O$	其他金属形成 Na_2O_2, K_2O_2, KO_2, RbO_2, CsO_2
$2M+X_2=2MX$	X＝卤素
$6Li+N_2=2Li_3N$	室温，其他碱金属无此反应
$2M+H_2=2MH$	高温下反应，LiH 最为稳定
$2M+S=M_2S$	反应很剧烈，产生大量的硫化物
$2M+2H_2O=2MOH+H_2$	Li 反应缓慢，K 发生爆炸，与酸作用时都发生爆炸
$3M+E=M_3E$	E＝P, As, Sb, Bi，加热反应

表 8-5 碱土金属的化学反应

$2M+O_2$（过量）$=2MO$	加热能燃烧，钡能形成过氧化钡
$2M+X_2=2MX_2$	X＝卤素
$3M+N_2=M_3N_2$	水解生成 NH_3 和 $M(OH)_2$
$2M+H_2=2MH_2$	高温下反应，Mg 需要高
$M+2H_2O=2M(OH)_2+H_2$	Be, Mg 与冷水反应缓慢
$M+2H^+=M^{2+}+H_2$	Be 反应缓慢，其余反应较快
$Be+2OH^-+2H_2O=Be(OH)_4^{2-}+H_2$	只有铍有此反应

碱金属具有很高的反应活性，在常温下易与氧气、水等反应，因此需要将它们贮存在煤油（金属锂密度小于煤油，通常封存于石蜡中）中。久置于空气中的金属钠会变质为碳酸钠。锂、钠、钾可以在空气中处理，但暴露在空气中的时间不能过长。铷和铯在空气中迅速氧化，因此必须在惰性气体环境中操作。除 Li 之外，碱金属元素在空气中点燃，可以生成过氧化物或超氧化物。锂和碱土金属在空气中点燃时除了生成氧化物之外，还可以与氮气反应生成相应的叠氮化合物。例如：

$$3Mg+N_2 = Mg_3N_2$$

生成的叠氮化合物在水中可以水解为 $Mg(OH)_2$ 和氨气。

$$Mg_3N_2+6H_2O = 3Mg(OH)_2+2NH_3\uparrow$$

碱金属中 Li 与水反应较为缓慢，其他碱金属遇水反应剧烈，甚至爆炸。碱土金属的活泼性不如碱金属。其中铍和镁的表面能形成一层致密的保护膜，几乎不与冷水反应，而其他均能与水剧烈作用产生氢气并放出热：

$$2Na+2H_2O = 2NaOH+H_2\uparrow \quad \Delta_r H_m^\ominus=-281.8kJ\cdot mol^{-1}$$

$$Ca+2H_2O = Ca(OH)_2+H_2\uparrow \quad \Delta_r H_m^\ominus=-414.4kJ\cdot mol^{-1}$$

金属锂、钙、锶和钡与水反应相对钠和钾较缓慢，其原因是这几种金属的熔点较高，反应中放出的热不足以使它们熔化成液体，另外由于这几种金属元素的氢氧化物的溶解度较小，它们覆盖在金属固体表面，降低了金属与水的反应速率。

碱金属和碱土金属都能与酸反应，与酸反应时更为剧烈，甚至能发生爆炸。

钠、锂、镁和钙具有很强的还原性，在冶金、无机合成以及有机合成中起着重要的作用。例如：利用四氯化钛制备钛

$$TiCl_4(g) + 4\,Na(l) \xrightarrow{700\sim800℃} Ti(s) + 4NaCl(s)$$

四、焰色反应

碱金属和碱土金属中的钙、锶、钡及其挥发性化合物在无色的火焰中灼烧时，其火焰都具有特征的焰色，称为焰色反应。由于它们的原子或离子受热时，电子容易被激发，当电子从较高能级跃迁到较低能级时，相应的能量以光的形式释放出来，产生线状光谱，所以火焰具有特征颜色。火焰的颜色与较强的光谱区域相对应。光谱颜色及主要波长见表 8-6。

表 8-6　部分碱金属和碱土金属的火焰颜色

元素	Li	Na	K	Rb	Cs	Ca	Sr	Ba
颜色	深红	黄	紫	红紫	蓝	橙红	深红	绿
波长 /nm	670.8	589.2	766.5	780.0	455.5	714.9	687.8	553.5

锶、钡和钾的硝酸盐、硫粉、松香等按一定的比例混合，可以制成能发出各种颜色光的信号弹和烟花。利用焰色反应，可以鉴别 K^+、Na^+、Ca^{2+}等金属离子。

五、自然界中碱金属和碱土金属的存在形式及单质的制备

碱金属和碱土金属是活泼的金属元素，在自然界中以离子型化合物的形式存在。只有锂、铍、镁形成的化合物具有明显的共价性质。碱金属中的钠、钾和碱土金属（除镭外）在自然界分布很广，其中 Na、K、Ca 和 Ba 的丰度较大（表 8-7）。

表 8-7　s 区元素主要存在的矿物质

元素	矿物质的名称和组成
Li	锂辉石 $LiAl(SiO_3)_2$，锂云母 $K_2Li_3Al_4Si_7O_{21}(OH_2F)_3$，透锂长石 $LiAlSi_4O_{10}$
Na	盐湖和海水中的氯化钠，天然碱（$Na_2CO_3 \cdot xH_2O$），硝石（$NaNO_3$），芒硝（$Na_2SO_4 \cdot 10H_2O$）
K	光卤石 $KCl \cdot MgCl_2 \cdot 6H_2O$，盐湖和海水中的氯化钾，钾长石 $K[AlSi_3O_8]$
Be	绿柱石 $Be_3Al_2(SiO_3)_6$，硅铍石 Be_2SiO_4，铝铍石 $BeO \cdot Al_2O_3$
Ca	大理石，方解石，白垩，石灰石，石膏，萤石 CaF_2
Mg	菱镁矿 $MgCO_3$，光卤石，白云石（$CaCO_3$，$MgCO_3$）
Ba	重晶石 $BaSO_4$，毒重石 $BaCO_3$
Sr	天青石 $SrSO_4$，碳酸锶矿 $SrCO_3$

有多种制备碱金属、碱土金属的方法，本章简介三种方法。

1. 电解熔融盐法　钠和锂通常采用电解熔融的氯化物或低熔混合物来制备。例如制取金属钠：通常以 40%NaCl 和 60%$CaCl_2$ 的混合盐为原料制备金属钠。而锂通常在 723K 下，电解 55%LiCl 和 45%KCl 的熔融混合物制得。

2. 金属置换法 由于K的熔点低，挥发迅速，不能用电解法制取，而是用Na蒸气处理熔融KCl来制备，并利用Na、K的沸点不同而分离。

$$KCl + Na \xlongequal{} NaCl + K$$

铷常用Na、Ca、Mg、Ba等在高温低压下还原它的氯化物方法制取。

$$2RbCl + Ca \xlongequal{} CaCl_2 + 2Rb$$

金属置换法的反应是用较不活泼的金属把活泼金属从其盐类中置换出来，这些反应是在高温下进行的，所以不能应用电极电位来判断反应进行的方向。

3. 热还原法 一般采用焦炭或碳化物为还原剂，例如：

$$K_2CO_3 + 2C \xlongequal{\text{真空}} 2K + 3CO$$

$$2KF + CaC_2 \xlongequal{1273\sim1423℃} CaF_2 + 2K + 2C$$

六、几种人体必需元素的生物学效应

钾和钠是人体必需元素，是维持生命不可或缺的必需物质。人体内的钾主要是以K^+的形式分布在细胞内液，浓度约为0.16mol·L^{-1}，K^+约占细胞内液正离子总数的98%，其主要的生物学功能是：维持细胞内液和外液的渗透压，稳定细胞的内部结构，参与神经信息的传递过程，维持心血管系统的正常功能，以及作为某些酶的激活剂参与许多重要的生理生化反应等。钠主要是以Na^+的形式分布在细胞外液体中，浓度约为0.13～0.15mol·L^{-1}。Na^+约占细胞外液体正离子总数的90%。钾和钠共同作用，调节体内水分的平衡并使心跳规律化。在细胞膜两边Na^+和K^+的浓度差是形成膜电势的主要因素，膜电势对神经细胞和肌肉细胞的脉冲传导及维持神经和肌肉的应激性具有重要的作用。

钙和镁是人体必需的组成元素。在正常人体内，钙约占体重的1.5%～2.0%，是牙齿和骨骼的主要成分。钙主要以羟基磷灰石[$Ca_5(OH)(PO_4)_3$]的形式存在，占人体钙的99%。还有1%的钙分布于细胞外液、血浆及软组织中。在血液中钙的浓度约为9～11.5mg/100ml。其中一部分是以Ca^{2+}形式存在，而另一部分则与有机物或蛋白质结合。钙能降低毛细血管和细胞膜的通透性，具有稳定蛋白质结构的作用；Ca^{2+}、Mg^{2+}、K^+、Na^+等离子保持一定的浓度比，对维持神经肌肉细胞的应激性和促进肌纤维收缩具有重要作用；钙对心血管系统有直接的影响，钙和钾相互拮抗维持正常的心跳节律；钙还参与凝血过程等。

成人如果缺钙可患骨质软化症和骨质疏松症，易抽搐及凝血功能不全等症状。儿童缺钙可引起生长迟缓、佝偻病、骨骼变形等。钙缺乏将导致高血压、异位钙化、老年痴呆症及某些神经系统疾病发病率升高。因此，通过合理的膳食及钙药物补充每日所需的钙非常重要。但是人体摄取钙及草酸过量时，也会引起某些异常生物矿化（如结石）等疾病。

在植物中，镁主要存在于叶绿素中，谷类的光合作用的活性与Mg^{2+}、Ca^{2+}的浓度有关。镁在人体重量的0.05%，镁主要以磷酸盐形式存在牙齿和骨骼中，其余分布在软组织和体液中。在细胞内，除钾离子外，镁离子起着重要。缺镁会导致心肌坏死、冠状动脉硬化等。成年人每天需要镁的量为200～300mg。

第三节　碱金属和碱土金属的化合物

一、氧　化　物

碱金属和碱土金属单质与氧能形成多种形式的氧化物。例如，正常氧化物、过氧化物、超氧化物和臭氧化合物（表 8-8）。

表 8-8　碱金属和碱土金属元素形成的含氧化合物

氧化物	阴离子	直接形成	间接形成
正常氧化物	O^{2-}	Li，Be，Mg，Ca，Sr，Ba	第ⅠA，和ⅡA 所有元素
过氧化物	O_2^{2-}	Na，Ba	除 Be 外所有元素
超氧化物	O_2^-	Na，K，Rb，Cs	除 Be，Mg，Li 外的所有元素
臭氧化物	O_3^-		Na，K，Rb，Cs

（一）正常氧化物

碱金属在空气中燃烧时，除锂生成氧化锂（Li_2O）外，其他元素只有在缺氧的条件下制得相应的氧化物。但缺氧条件不易控制，所以其他碱金属的氧化物 M_2O 通常采用间接的方法来制备。例如，用金属钠还原过氧化钠，用金属钾还原硝酸钾，可以制得氧化钠和氧化钾。

$$Na_2O_2 + 2Na = 2Na_2O$$

$$2KNO_3 + 10K = 6K_2O + N_2\uparrow$$

碱土金属的碳酸盐、硝酸盐等热分解也能得到氧化物。不同的碱金属氧化物的颜色和熔点见表 8-9。

表 8-9　碱金属氧化物的颜色及熔点

氧化物	Li_2O	Na_2O	K_2O	Rb_2O	Cs_2O
颜色	白色	白色	淡黄色	亮黄色	橙红色
熔点 /K	1943	1173	623（分解）	673（分解）	763

碱金属的氧化物与水反应可以生成氢氧化物 MOH：

$$M_2O + H_2O = 2MOH$$

该反应的剧烈程度，从氧化锂到氧化铯依次增强。氧化锂与水反应较为缓慢，而 Rb_2O 和 Cs_2O 与水反应时，会发生燃烧甚至爆炸。

碱土金属在室温或加热的条件下，能与氧气直接化合生成氧化物 MO，例如，

$$2Mg + O_2 = 2MgO$$

也可以从它们的碳酸盐或硝酸盐加热分解制得 MO，例如：

$$CaCO_3 \xlongequal{\triangle} CaO + CO_2\uparrow$$

$$2Sr(NO_3)_2 \xlongequal{高温} 2SrO + 4NO_2\uparrow + O_2\uparrow$$

与 M^+ 相比，由于 M^{2+} 的电荷多，离子半径较小，所以碱土金属氧化物具有较大的晶格能，熔点都很高，硬度也较大。

BeO和MgO常用于制造耐火材料。经过煅烧的BeO和MgO难溶于水但能溶于酸和铵盐溶液。BeO、CaO、SrO和BaO与水反应活性逐渐增强，生成相应的氢氧化物。

$$CaO + H_2O = Ca(OH)_2$$

CaO与水反应生成的氢氧化钙又称熟石灰，广泛应用在建筑工业上。此外常利用氧化钙的这种水合能力来吸收酒精等有机溶剂中的水分。

碱土金属的氧化物的性质见表8-10。

表8-10 碱土金属氧化物的性质

氧化物	BeO	MgO	CaO	SrO	BaO
颜色	白色	白色	白色	白色	白色
熔点/K	2851	3073	3173	2703	2246
密度/$(g \cdot cm^{-3})$	3.025	3.65～3.75	3.34	4.7	5.72

（二）过氧化物

除铍和镁外，所有碱金属和碱土金属都能形成相应的过氧化物$\overset{+1}{M}_2O_2$和$\overset{+2}{M}O_2$，其中只有钠和钡的过氧化物可由金属在空气中燃烧直接得到。过氧化钠是最常见的碱金属过氧化物。将金属钠在铝制容器中加热到573～673K，并通入不含CO_2的干空气，得到淡黄色颗粒状的Na_2O_2粉末。

$$4Na + 2O_2 \xlongequal{573\text{~}673K} Na_2O_2$$

过氧化钠在空气中容易和水蒸气、二氧化碳或者稀酸反应：

$$2Na_2O_2 + 2CO_2 = O_2 + 2Na_2CO_3$$

$$Na_2O_2 + 2H_2O = 2NaOH + H_2O_2$$

$$Na_2O_2 + H_2SO_4(稀) = Na_2SO_4 + H_2O_2$$

$$2H_2O_2 = 2H_2 + O_2\uparrow$$

生成的过氧化氢不稳定，易分解放出氧气，同时放出大量的热。因此过氧化钠可以用作高空飞行或潜水时的供氧剂和二氧化碳的吸收剂，同时也可作为防毒面具的填充材料。

过氧化钠是一种强氧化剂，工业上可以作为漂白剂。过氧化钠在熔融时几乎不分解，但遇到棉花、木炭或铝粉等还原性物质时，就会发生爆炸，使用Na_2O_2时应当注意安全。

碱土金属的过氧化物以BaO_2较为重要，在773～793K时，将氧气通过氧化钡即可制得BaO_2。

$$2BaO + O_2 \xlongequal{773\text{~}793K} 2BaO_2$$

在实验室常用过氧化钡与稀硫酸反应制取H_2O_2。

$$BaO_2 + H_2SO_4 = BaSO_4\downarrow + H_2O_2$$

（三）超氧化物

除锂、铍、镁元素外，其他碱金属和碱土金属都能形成超氧化物$\overset{+1}{M}O_2$和$\overset{+2}{M}(O_2)_2$。钾、铷、铯在空气中燃烧直接生成橙黄色的KO_2，而RbO_2为深棕色，CsO_2为深黄色。

超氧化物都是很强的氧化剂，与水反应剧烈，生成氧气和过氧化氢。

$$2KO_2 + 2H_2O = O_2\uparrow + H_2O_2 + 2KOH$$

超氧化物也可以与二氧化碳反应，放出氧气。

$$4KO_2 + 2CO_2 = 2K_2CO_3 + 3O_2$$

因此，碱金属和碱土金属的超氧化物可用于吸收 CO_2 和再生 O_2。常用作供氧剂和二氧化碳的吸收剂。

（四）臭氧化物

臭氧化物可用干燥的 Na、K、Rb、Cs 等氢氧化物固体与 O_3 反应生成。

$$3KOH(s)+2O_3(g) = 2KO_3(s)+KOH\cdot H_2O(s)+\frac{1}{2}O_2(g)$$

$$6CsOH(s)+4O_3(g) = 4CsO_3(g)+2CsOH\cdot H_2O(s)+O_2$$

用液氨将 KO_3 重结晶，可以得到橘红色的 KO_3 晶体。臭氧化物在室温下缓慢分解为超氧化合物和氧气。

$$2KO_3 = 2KO_2+O_2$$

二、氢 氧 化 物

碱金属和碱土金属的氢氧化物都是白色晶体，在空气中易吸收水分而潮解，也能和空气中的二氧化碳反应，生成碳酸盐。碱金属的氢氧化物易溶于水，而碱土金属的氢氧化物在水中的溶解度较小，碱土金属氢氧化物的溶解度从 $Be(OH)_2$ 到 $Ba(OH)_2$ 逐渐递增，$Be(OH)_2$ 和 $Mg(OH)_2$ 难溶于水。碱金属的氢氧化物对纤维和皮肤具有强烈的腐蚀作用，因此在使用时需要注意安全。

碱金属与碱土金属氢氧化物的性质见表 8-11、表 8-12。

表 8-11 碱金属氢氧化物的性质（293K）

性质	LiOH	NaOH	KOH	RbOH	CsOH
熔点 /K	723	591	633	574	545
溶解度 /($mol\cdot L^{-1}$)	5.3	26.4	19.1	17.9	25.8
酸碱性		——→碱性依次增强			

表 8-12 碱土金属氢氧化物的性质（293K）

性质	$Be(OH)_2$	$Mg(OH)_2$	$Ca(OH)_2$	$Sr(OH)_2$	$Ba(OH)_2$
溶解度 /($mol\cdot L^{-1}$)	8×10^{-6}	5×10^{-4}	1.8×10^{-2}	6.7×10^{-2}	2×10^{-1}
酸碱性	两性	中强碱	中强碱	中强碱	强碱

碱金属氢氧化物和碱土金属氢氧化物中，除 $Be(OH)_2$ 为两性氢氧化物，其他都为强碱或中强碱。

碱金属氢氧化物中比较重要的是 NaOH，俗名烧碱，是十分重要的无机化工原料。NaOH 溶液和熔融的 NaOH 既可溶解某些两性金属（铝、锌等）及其氧化物，也能溶解许多非金属单质及其氧化物。

$$2Al+NaOH+6H_2O = 2Na[Al(OH)_4]+3H_2\uparrow$$

$$Al_2O_3+2NaOH = 2NaAlO_2+H_2O$$

$$Si+2NaOH+2H_2O = Na_2SiO_3+2H_2\uparrow$$

$$SiO_2+NaOH = Na_2SiO_3+H_2\uparrow$$

由于氢氧化钠溶液能腐蚀玻璃，所以盛放氢氧化钠的试剂瓶要用橡胶塞而不能用玻璃塞，长期存放时，氢氧化钠与玻璃塞的主要成分 SiO_2 反应生成黏性的硅酸钠，把玻璃塞粘住而无法打开。

工业上通常用电解氯化钠来制备氢氧化钠。

$$2NaCl+2H_2O \xlongequal{电解} 2NaOH+Cl_2\uparrow+H_2\uparrow$$

三、碱金属和碱土金属盐的性质

碱金属和碱土金属可以形成很多种盐，常见的有卤化物、硝酸盐、硫酸盐、碳酸盐和硫化物等。这里主要讨论它们的共性和一些特性。

（一）碱金属和碱土金属盐的溶解性

碱金属盐大多数易溶于水，并且在水中可以完全电离。只有少数半径较大的阴离子的碱金属盐是难溶的（表8-13）。

表8-13　钠与钾的难溶盐

名称	结构	颜色
醋酸铀酰锌钠	$NaAc\cdot Zn(Ac)_2\cdot 3UO_2(Ac)_2\cdot 9H_2O$	淡黄色
六氯铂酸钾	$K_4[PtCl_6]$	淡黄色
四苯硼钾	$K[B(C_6H_5)_4]$	白色
高氯酸钾	$KClO_4$	白色
酒石酸钾	$KHC_4H_4O_6$	白色
四苯硼酸钾	$K[B(C_6H_5)_4]$	白色

可以利用部分碱金属盐难溶的性质进行离子的鉴定，例如可用 Na^+ 与醋酸铀酰锌作用，生成淡黄色的醋酸铀酰锌钠沉淀来鉴定钠离子。

$$Na^++Zn^{2+}+3UO_2^{2+}+9Ac^-+9H_2O \longrightarrow \underset{醋酸铀酰锌钠}{NaAc\cdot Zn(Ac)_2\cdot 3UO_2(Ac)_2\cdot 9H_2O}\downarrow$$

该反应是检验钠离子的特效反应。

K^+ 与亚硝酸钴钠反应，可生成黄色沉淀。

$$2K^++Na^++[Co(NO_2)_6]^{3-} \longrightarrow K_2Na[Co(NO_2)_6]\downarrow$$

利用此反应可以鉴别钾离子。

碱土金属的盐类比相应的碱金属盐溶解度小。除了硝酸盐、氯化盐、硫酸镁、铬酸镁易溶于水外，其他的碳酸盐、硫酸盐、草酸盐、铬酸盐等都是难溶于水的。

难溶的碳酸盐中通入过量二氧化碳，碳酸盐可生成碳酸氢盐而溶解。

$$CaCO_3+CO_2+H_2O = Ca(HCO_3)_2$$

加热碳酸氢盐，又会得到碳酸盐沉淀，同时放出二氧化碳。难溶的碱土金属碳酸盐、草酸盐、铬酸盐、磷酸盐等，都可以溶解于强酸溶液中，例如：

$$CaCO_3+2H^+ = Ca^{2+}+CO_2\uparrow+H_2O$$

$$2BaCrO_4+2H^+ = 2Ba^{2+}+Cr_2O_7^{2-}+H_2O$$

$$Ca_3(PO_4)_2+4H^+ = 3Ca^{2+}+2H_2PO_4^-$$

常利用生成沉淀的方法鉴别Ca^{2+}，Mg^{2+}等离子。

Ca^{2+}和Mg^{2+}离子含量较多的水，称为硬水。如果不经常饮用硬水的人偶尔饮用硬水，常会造成肠胃功能紊乱，即所谓“水土不服”。

（二）形成结晶水合物

金属离子所带的电荷越多，半径越小，水合作用越强。碱金属离子从Li^+到Cs^+其水合能逐渐降低的，其盐类结晶水合物也具有类似的递变规律。常见的碱金属盐中，卤化物大多数是无水的，硝酸盐中只有锂可形成水合物，如$LiNO_3·H_2O$和$LiNO_3·3H_2O$，硫酸盐中只有$Li_2SO_4·3H_2O$和$Na_2SO_4·3H_2O$，碳酸盐中除Li_2CO_3无水合物外，其余皆有不同形式的水合物。

由于碱土金属离子的半径比碱金属离子小，正电荷多，水合作用更强。因此，碱土金属的盐更易带结晶水，其无水盐具有较强的吸湿性。

（三）热稳定性

碱金属盐具有较高的热稳定性。卤化物在高温时挥发而难分解。硫酸盐在高温下既难挥发又难分解。碳酸盐除碳酸锂在1543K以上分解为Li_2O和CO_2外，其余更难分解。硝酸盐热稳定性比较低，加热到一定温度就分解。

$$4LiNO_3 \xlongequal{973K} 2Li_2O+4NO_2\uparrow+O_2\uparrow$$

$$4NaNO_3 \xlongequal{1003K} 2NaNO_2+O_2\uparrow$$

$$2KNO_3 \xlongequal{943K} 2KNO_2+O_2\uparrow$$

碱土金属的卤化物、硫酸盐、碳酸盐具有较高的热稳定性，但它们的碳酸盐热稳定性较碱金属碳酸盐要低。

碱金属盐和碱土金属盐热稳定性的基本规律是：含有结晶水的盐受热容易失去结晶水，变成无水盐；对于含氧酸盐来说其热稳定顺序是：硅酸盐 > 磷酸盐 > 硫酸盐 > 碳酸盐 > 硝酸盐；正盐 > 酸式盐；碱金属盐 > 碱土金属盐。

四、几种常见的盐及其作用

1．氯化钠（NaCl） 氯化钠作为电解质补充药，是维持体液渗透压的重要成分，用于调节体内水分和电解质的平衡。生理盐水（$9g·L^{-1}$的氯化钠溶液）是氯化钠的重要制剂，用于临床治疗和生理实验，对失钠、失水、失血等患者可以用于补充水分。

2．氯化钾（KCl） 氯化钾和氯化钠一样为电解质补充药，可以维持细胞内渗透压、神经冲动传导和心肌收缩的功能，用于低血症和洋地黄中毒引起的心律失常的治疗。氯化钾制剂有氯化钾片、注射液和缓释片等。

3．碳酸氢钠（$NaHCO_3$） 碳酸氢钠俗称小苏打，为白色结晶性粉末，无臭，味咸，溶于水，不溶于乙醇。碳酸氢钠为治酸制剂，由于是水溶液药物，因此作用快，服后能暂时解除胃溃疡患者的痛感。碳酸氢钠无腐蚀性，既能中和酸，也能维持血液中酸碱平衡，因此被广泛地用于医疗上。

4．碳酸锂（Li_2CO_3） 碳酸锂为白色结晶性粉末，无臭、无味。碳酸锂作为抗躁狂药，对躁狂症疗效最好，对情绪高，语言多，兴奋激动，夸大妄想等症状的精神分裂症的疗效也很好。碳酸锂制剂有碳酸锂片和碳酸锂缓释片。

5. 氯化钙（$CaCl_2$） 氯化钙为补钙药，可用于治疗钙缺乏症，如抽搐、佝偻病、骨骼和牙齿的发育不良等，也用作抗过敏性药盒消炎药。本品刺激性大，不宜口服常用于静脉注射，不可肌肉或皮下注射，以免引起组织坏死。

6. 硫酸钡（$BaSO_4$） 白色疏松的细粉，无臭、无味，不溶于水和有机溶剂，也不溶于稀酸和稀碱溶液。硫酸钡在肠胃道内无吸收，能阻止X射线通过，所以用作胃肠道的X射线照影剂。

第四节 锂和铍的特殊性

一、锂和铍的特殊性

碱金属和碱土金属元素的性质递变是具有规律性的，但是锂和铍却表现出很多反常性。其单质和化合物在性质上与其他元素有明显的差异。

锂和铍的熔点、沸点比同族元素高很多。锂的化学性质与其他碱金属变化规律不同。锂在空气中可以与氧气反应生成 Li_2O，与氮气反应生成 Li_3N。碱金属和碱土金属的化合物大多数为离子型化合物，而 Li^+，Be^{2+}的半径特别小（分别为 60pm 和 31pm），极化能力强，形成共价键的倾向比较显著；由于 Li^+ 的水合能很大，以至于$\varphi^{\ominus}(Li^+/Li)$比$\varphi^{\ominus}(Cs^+/Cs)$还要小。

二、锂与镁的相似性

锂和镁在过量的氧气中燃烧并不生成过氧化物，而是生成正常的氧化物。锂和镁能与氮气直接反应生成对应的氮化物；锂和镁与水反应都很缓慢。锂和镁的氢氧化物均为中强碱，溶解度较小，加热时分解生成正常的氧化物。锂和镁的氯化物均能溶解于有机溶剂，表现出共价特征。

三、铍和铝的相似性

铍和铝都是两性金属，其氧化物、氢氧化物均为两性，氧化物熔点高、硬度大，氢氧化物难溶于水。$BeCl_2$、$AlCl_3$ 为共价化合物，易升华，易聚合，可溶于有机溶剂；铍和铝的单质均能被浓 HNO_3 钝化。

相应的两元素及其化合物有许多相似之处。这种相似称为对角线规则。

学习小结

s 区元素包括第ⅠA 和第ⅡA 族元素。第ⅠA 族包括氢、锂、钠、钾、铷、铯、钫 7 种元素，称为碱金属，其价层电子组态为 ns^1。第ⅡA 族包括铍、镁、钙、锶、钡、镭 6 种元素，称为碱土金属，其价层电子组态为 ns^2。虽然氢气为非金属气体，但它的一些性质呈现与碱金属相似的变化趋势，因而氢元素归属于第ⅠA 族。

氢元素几乎可以与除惰性气体外所有元素化合生成化合物，因而主要以化合物的形式存在于自然界中。

碱金属和碱土金属都具有金属光泽。其物理性质主要表现为密度小、质地软、熔点低，导电和导热性好。

碱金属和碱土金属元素是很活泼的金属元素。在周期表中自上而下，碱金属和碱土金属同族元素的原子半径和离子半径逐渐增大，电离能逐渐减小，电负性逐渐减小，金属性与还原性逐渐增强。都是很活泼的金属，同族从 Li 到 Cs 和从 Be 到 Ba 活泼性依次增强。能直接或者间接地与电负性较高的非金属元素单质形成相应的化合物。

碱金属和碱土金属都能与酸反应，与酸反应时更为剧烈，甚至能发生爆炸。

碱金属和碱土金属单质与氧能形成正常氧化物、过氧化物、超氧化物和臭氧化合物等多种形式的氧化物。

碱金属和碱土金属的氢氧化物都是白色晶体。碱金属的氢氧化物易溶于水，而碱土金属的氢氧化物在水中的溶解度较小。碱金属氢氧化物和碱土金属氢氧化物中，除 $Be(OH)_2$ 为两性氢氧化物，其他都为强碱或中强碱。

碱金属盐大多数易溶于水，并且在水中可以完全电离。只有少数大阴离子的碱金属盐是难溶的，碱土金属的盐类比相应的碱金属盐溶解度小。

碱金属盐和碱土金属盐热稳定性的基本规律：含有结晶水的盐受热容易失去结晶水，变成无水盐；含氧酸盐其热稳定性为硅酸盐 > 磷酸盐 > 硫酸盐 > 碳酸盐 > 硝酸盐；正盐 > 酸式盐；碱金属盐 > 碱土金属盐。

（刘有训）

复习题

1. 写出金属钠与 H_2O，Na_2O_2，NH_3，C_2H_5OH，$TiCl_4$，KCl，MgO 和 $NaNO_2$ 的反应。

2. 写出 Na_2O_2 与 H_2O、CO_2 和 H_2SO_4（稀）的反应。

3. 往 $BaCl_2$ 和 $CaCl_2$ 的水溶液中分别依次加入：(1) 碳酸铵；(2) 醋酸；(3) 铬酸钾，各有何现象发生？写出反应方程式。

4. 实验室装氢氧化钠等强碱的瓶子为什么不能用玻璃塞？

解：氢氧化钠与玻璃塞的主要成分 SiO_2 反应生成黏性的硅酸钠，把玻璃塞粘住而无法打开。

5. 钡离子（Ba^{2+}）对人体有毒，为什么 $BaSO_4$ 可用于人体消化道 X 射线检查疾病时的造影剂？

6. 写出下列物质的化学式：

光卤石　明矾　重晶石　天青石　白云石　方解石　苏打　石膏　萤石　元明粉　泻盐

7. 含有 Ca^{2+}、Mg^{2+} 和 SO_4^{2-} 离子的粗食盐如何精制成纯的食盐，并写出相应的化学反应式。

第九章

p区元素

学习目标

1. 掌握卤素、硫、硼、碳、硅、氮和磷的单质及其化合物的性质。
2. 熟悉p区元素的特点、存在及用途。
3. 了解一些无机化合物的制备和用途及其在医药学中的应用。

p区元素包括了除氢以外的所有非金属元素和部分金属元素。p区元素的原子半径在同一族中与s区元素相似，自上而下逐渐增大，它们获得电子的能力逐渐减弱，元素的非金属性也逐渐减弱，金属性逐渐增强。除第ⅦA族和稀有气体外，p区各族元素都由典型的非金属元素开始，逐渐过渡到金属元素。p区元素的价层电子构型为 ns^2np^{1-6}。

第一节　卤　　素

一、卤素元素的通性

周期系第ⅦA族元素包括氟、氯、溴、碘和砹5种元素，总称为卤素。卤素是非金属元素，其中氟是所有元素中非金属性最强的，碘具有微弱的金属性，砹是放射性元素。卤素的一般性质列于表9-1中。

表9-1　卤素的一般性质

	氟	氯	溴	碘
元素符号	F_2	Cl_2	Br_2	I_2
原子序数	9	17	35	53
价层电子构型	$2s^22p^5$	$3s^23p^5$	$4s^24p^5$	$5s^25p^5$
共价半径 /pm	64	99	114	133
沸点 /℃	−188.13	−34.04	58.8	185.24
熔点 /℃	−219.61	−101.5	−7.25	113.60
电负性	3.98	3.16	2.96	2.66
电离能 /($kJ \cdot mol^{-1}$)	1687	1257	1146	1015

续表

	氟	氯	溴	碘
电子亲和能 /（$kJ \cdot mol^{-1}$）	−328	−349	−325	−295
$\varphi^{\ominus}(X_2/X^-)$/V	2.866	1.3583	1.0873	0.5355
氧化数	−1	−1，+1，+3，+5，+7	−1，+1，+3，+5，+7	−1，+1，+3，+5，+7
配位数	1	1，2，3，4	1，2，3，5	1，2，3，4，5，6，7，
X—X 键能 /（$kJ \cdot mol^{-1}$）	159	243	193	151
晶体结构	分子晶体	分子晶体	分子晶体	分子晶体

卤素是相应各周期中原子半径最小、电负性最大的元素，它们的非金属性是同周期元素中最强的。从表 9-1 中可以看出，卤素有许多性质随着原子序数的增加较有规则地变化，但非金属性的递减和金属性的递增不像 p 区其他各族元素那样明显。

卤素原子的价层电子构型为 ns^2np^5，再得到一个电子便可达到稳定的八电子构型。因此卤素单质具有强的得电子能力，是强氧化剂。单质的氧化性按 F_2，Cl_2，Br_2，I_2 的次序减弱。相应的氢卤酸的酸性和氢化物的还原性从氟到碘依次增强。在每一周期元素中，除稀有气体外，卤素的第一电离能最大，因而卤素原子不易失去一个电子成为 X^+。除氟外，其他卤素原子的价电子层都有空的 nd 轨道可以容纳电子，从而形成配位数大于 4 的高氧化数的卤素化合物。氯、溴、碘的氧化数多为奇数，即 +1，+3，+5，+7。

在氟与其他元素化合生成氟化物时，由于 F_2 的氧化性强，氟原子的半径小，F_2 可以将其他元素氧化到稳定的高氧化态，如 AsF_5，IF_7，SF_6 等，而 Cl_2，Br_2，I_2 则较困难。元素高氧化数卤化物的稳定性按 F、Cl、Br、I 的顺序降低。

卤素各氧化态的氧化能力总的趋势是自上而下逐渐降低，但属于第四周期元素的溴却仍有些反常。例如，氧化数为 +7 的高卤酸中，高溴酸根 BrO_4^- 是最强的氧化剂。

卤离子 X^- 作为配体能与许多金属离子形成稳定的配合物。由于 F^- 半径小，晶体场较强，可与 Fe^{3+}、Al^{3+} 等形成配位数为 6 的稳定配合物，随着卤素离子半径的增大，Cl^-，Br^-，I^- 与某些金属离子多形成 4 配位的化合物。

二、卤 素 单 质

（一）物理性质

卤素单质均为非极性双原子分子，常温下，氟和氯是气体，溴是液体，碘是固体。卤素单质都是有颜色的，F_2 呈浅黄色，Cl_2 呈黄绿色，Br_2 呈红棕色。固态碘呈紫黑色，并带有金属光泽。

卤素单质在水中的溶解度不大。其中，氟使水剧烈地分解而放出氧气。常温下，$1m^3$ 水可溶解约 $2.5m^3$ 的氯气。氯、溴和碘的水溶液分别称为氯水、溴水和碘水。卤素单质在有机溶剂中的溶解度比在水中的溶解度大得多。根据这一差别，可以用四氯化碳等有机溶剂将卤素单质从水溶液中萃取出来。

卤素单质都具有毒性，毒性从氟到碘而减弱。卤素单质强烈的刺激眼、鼻、气管等器官的黏膜，吸入较多的卤素蒸气会导致严重中毒，甚至死亡。液溴会使皮肤严重灼伤而难以治愈，在使用溴时要特别小心。

（二）化学性质

卤素是很活泼的非金属元素。卤素单质具有强氧化性，能与大多数元素直接化合。氟是最活泼的非金属元素，除氮、氧和某些稀有气体外，氟能与所有金属和非金属直接化合，而且反应通常非常剧烈，有时伴着燃烧和爆炸。在室温或不太高的温度下，氟可以使铜、铁、镁、镍等金属钝化，生成金属氟化物保护膜。氯也能与所有金属和大多数非金属元素（除氮、氧、碳和稀有气体外）直接化合，但反应不如氟剧烈。溴、碘的活泼性与氯相比则更差。

卤素单质化学活泼性的变化在卤素与氢的化合反应中表现得十分明显。氟与氢化合即使在低温、暗处也会发生爆炸。氯与氢在暗处反应极为缓慢，只有在光照射下才瞬间完成。溴与氢的反应需要加热才能进行。碘与氢只有在加热或有催化剂存在的条件下才能反应，且反应是可逆的。

卤素与水发生两类重要的化学反应。第一类反应是卤素置换水中的氧的反应：

$$2X_2+2H_2O = 4X^-+4H^++O_2$$

第二类反应是卤素的歧化反应：

$$X_2+H_2O = H^++X^-+HXO$$

氟的氧化性最强，只能与水发生第一类反应，反应是自发的、激烈的放热反应：

$$2F_2+2H_2O = 4HF+O_2$$

氯只有在光照下缓慢地与水反应放出 O_2，溴与水作用放出 O_2 的反应极其缓慢。碘与水不发生第一类反应。卤素在碱性溶液中易发生如下的歧化反应：

$$X_2+2OH^- = X^-+OX^-+H_2O$$

$$3OX^- = 2X^-+XO_3^-$$

三、卤化物和氢卤酸

（一）卤化物

卤素和电负性比它小的元素生成的化合物叫做卤化物。卤化物可以分为金属卤化物和非金属卤化物两类。根据卤化物的键型，又可分为离子型卤化物和共价型卤化物。

1. 金属卤化物　所有金属都能形成卤化物。金属卤化物可以看作是氢卤酸的盐，具有一般盐类的特征，如熔点和沸点较高、在水溶液中或熔融状态下大都能导电等。碱金属、碱土金属以及镧系和锕系元素的卤化物大多属于离子型或接近于离子型，如 $NaCl$、$BaCl_2$、$LaCl_3$ 等。有些高氧化数的金属卤化物则为共价型卤化物，如 $AlCl_3$、$SnCl_4$、$FeCl_3$、$TiCl_4$ 等。金属卤化物的键型与金属和卤化物的电负性、离子半径以及金属离子的电荷数有关。

金属卤化物键型及熔点、沸点等性质有如下的递变规律：

（1）同一周期元素的卤化物，自左向右随阳离子电荷数依次升高，离子半径逐渐减小，键型从离子型过渡到共价型，熔点和沸点显著地降低，导电性下降。

（2）同一金属的不同卤化物，从 F 至 I 随着离子半径的依次增大，极化率逐渐变大，键的离子性依次减小，而共价性依次增大。例如，AlF_3 是离子型的，而 AlI_3 是共价型的。卤化物的熔点和沸点也依次降低。

（3）同一金属不同氧化数的卤化物中，高氧化数的卤化物一般共价性更显著，所以熔点、沸点比低氧化数卤化物低一些，较易挥发。

（4）大多数金属卤化物易溶于水，常见的金属氯化物中，AgCl、Hg_2Cl_2、$PbCl_2$ 和 CuCl 是难溶的。溴化物和碘化物的溶解性和相应的氯化物相似。氟化物的溶解度与其他卤化物有些不同。例如，CaF_2 难溶，而其他卤化钙则易溶；AgF 易溶，而其他卤化银则难溶。由于卤离子能和许多金属离子形成配合物，所以难溶金属卤化物常常可以与相应的 X^- 发生加合反应，生成配离子而溶解。例如：

$$HgI_2+2I^- = [HgI_4]^{2-}$$

2．非金属卤化物　非金属元素硼、碳、硅、氮、磷等都能与卤素形成各种相应的卤化物。这些卤化物都是以共价键结合起来，非金属卤化物的熔点和沸点都低，而且递变的顺序与典型金属卤化物不同。典型金属卤化物的熔点、沸点按 F、Cl、Br、I 顺序而降低，而非金属卤化物的熔点、沸点则按 F、Cl、Br、I 顺序而升高，如表 9-2 所示。

表 9-2　卤化硅的熔点和沸点

卤化硅	SiF_4	$SiCl_4$	$SiBr_4$	SiI_4
熔点 /℃	−90.3	−68.8	5.2	120.5
沸点 /℃	−86	57.6	154	287.3

（二）氢卤酸

卤化氢的性质如表 9-3 所示。

表 9-3　卤化氢的一些性质

	HF	HCl	HBr	HI
熔点 /℃	−83.57	−114.18	−86.87	−50.8
沸点 /℃	19.52	−85.05	−66.71	−35.1
核间距 /pm	92	127	141	161
熔化焓 /（$kJ\cdot mol^{-1}$）	19.6	2.0	2.4	2.9
气化焓 /（$kJ\cdot mol^{-1}$）	28.7	16.2	17.6	19.8
键能 /（$kJ\cdot mol^{-1}$）	570	432	366	298

氯化氢是无色气体，有刺激性气味，并能在空气里发烟。氯化氢易溶于水而形成盐酸，溶解时放出大量的热。

纯盐酸为无色溶液，有氯化氢的气味。一般浓盐酸的浓度约为 37%，相当于 $12mol\cdot L^{-1}$，密度为 $1.19g\cdot cm^{-3}$。工业用的盐酸浓度约为 30% 左右，由于含有杂质（主要是 $[FeCl_4]^-$）而带黄色。

盐酸是最重要的强酸之一。盐酸能与许多金属反应生成相应的金属氯化物并放出氢气，盐酸也能与许多金属氧化物反应生成盐和水。由于 HCl 具有还原性，所以许多强氧化剂（如 $KMnO_4$、$K_2Cr_2O_7$ 等）能与盐酸反应放出氯气。

盐酸是重要的化工生产原料，常用来制备金属氯化物、苯胺和染料等产品。盐酸在冶金工业、石油工业、印染工业、皮革工业、食品工业以及轧钢、焊接、电镀、搪瓷、医药等部门也有广泛的应用。

工业上生产盐酸的方法是使氢气在氯气中燃烧（两种气体只在相互作用的瞬间才混合），生成的氯化氢用水吸收之，便得到合成盐酸。

氟化钙与浓硫酸作用可以得到氟化氢：

$$CaF_2+H_2SO_4 = CaSO_4+2HF$$

虽然氟与氢能直接反应生成氟化氢，而且反应完全，但反应过于激烈，不易控制，并且氟的制备又很困难，所以不用直接合成法制取氟化氢。

氟化氢是无色、有刺激性气味并且有强腐蚀性的有毒气体。氟化氢溶于水后得到氢氟酸。氢氟酸是弱酸，其 $K_a=6.9\times10^{-4}$。

氟化氢和氢氟酸都能与二氧化硅作用，生成挥发性的四氟化硅和水：

$$SiO_2+4HF = SiF_4+2H_2O$$

二氧化硅是玻璃的主要成分，氢氟酸能腐蚀玻璃。因此通常用塑料容器来贮存氢氟酸。根据氢氟酸的这一特殊性质，可以用它来刻蚀玻璃或溶解各种硅酸盐。

氢氟酸的蒸气有毒，当皮肤接触 HF 时会引起不易痊愈的灼伤，因此，使用氢氟酸时应特别注意安全。

溴化氢和碘化氢也是无色气体，具有刺激性气味，易溶于水生成相应的酸，即氢溴酸和氢碘酸。这两种酸都是强酸，其酸性强于高氯酸。

通常采用非金属卤化物水解的方法制取 HBr 和 HI。PBr_3、PI_3 分别与水作用时，由于强烈水解而生成亚磷酸和相应的卤化氢：

$$PBr_3+3H_2O = H_3PO_3+3HBr$$

$$PI_3+3H_2O = H_3PO_3+3HI$$

（三）卤化氢性质的比较

由表 9-3 可见，卤化氢的许多性质表现出规律性的变化。卤化氢都是极性分子，随着卤素电负性的减小，卤化氢的极性按 HF>HCl>HBr>HI 的顺序递减。

氢卤酸的酸性按 HF<<HCl<HBr<HI 的顺序依次增强。其中，氢氟酸为弱酸，氢碘酸是极强的酸。

除氢氟酸没有还原性外，其他氢卤酸都具有还原性。卤化氢或氢卤酸还原性强弱的次序是 HF<HCl<HBr<HI。盐酸可以被强氧化剂如 $KMnO_4$、$K_2Cr_2O_7$、PbO_2、$NaBiO_3$ 等氧化为 Cl_2。空气中的氧气能氧化氢碘酸：

$$4I^-+4H^++O_2 = 2I_2+2H_2O$$

四、卤素的含氧酸及其盐

除了氟以外，其他卤素的电负性都比氧的电负性小。它们不仅可以和氧形成氧化物，还可以形成含氧酸及其盐。卤素氧化物一般不稳定。卤素的含氧化合物中以氯的含氧化合物最为重要。氯能形成四种含氧酸，即次氯酸、亚氯酸、氯酸、高氯酸。

（一）氯的含氧化合物

1. 氯的氧化物　已知氯的氧化物有 4 种，即一氧化二氯 Cl_2O，二氧化氯 ClO_2，三氧化氯 ClO_3（或 Cl_2O_6），七氧化二氯 Cl_2O_7。

氯的氧化物都是强氧化剂，其中 ClO_2 和 Cl_2O_6 的氧化性最强。当这些氧化物与还原剂接触、受热以及撞击时，立即发生爆炸，分解为氯气和氧气。Cl_2O 和 Cl_2O_7 分别是次氯酸和高氯酸的酸酐。ClO_2 的化学活性很强，可用于水的净化和纸张、纺织品的漂白。

2. 次氯酸及其盐　氯气和水反应生成次氯酸和盐酸：

$$Cl_2 + H_2O \longrightarrow HClO + HCl$$

次氯酸是很弱的酸，$K_a = 2.8 \times 10^{-8}$，其酸性比碳酸还弱。次氯酸很不稳定，只能存在于稀溶液中。即使在稀溶液中它也很容易分解，在光的作用下分解的更快：

$$2HClO \xrightarrow{光} O_2 + 2HCl$$

当加热时，次氯酸发生歧化反应：

$$3HClO \longrightarrow HClO_3 + 2HCl$$

次氯酸是很强的氧化剂。氯气具有漂白性就是由于它与水作用而生成次氯酸的缘故，所以完全干燥的氯气没有漂白能力。把氯气通入冷的碱溶液中，便生成次氯酸盐，例如：

$$Cl_2 + 2NaOH \longrightarrow NaClO + NaCl + H_2O$$

次氯酸盐有氧化性和漂白作用。漂白粉是用氯气与消石灰作用而制得的：

$$2Cl_2 + 3Ca(OH)_2 \longrightarrow Ca(ClO)_2 + CaCl_2 \cdot Ca(OH)_2 \cdot H_2O + H_2O$$

3. 亚氯酸及其盐　亚氯酸是二氧化氯与水反应的产物之一。

$$2ClO_2 + H_2O \longrightarrow HClO_2 + HClO_3$$

从亚氯酸盐可以制得比较纯净的亚氯酸溶液，例如：

$$Ba(ClO_2)_2 + H_2SO_4 \longrightarrow 2HClO_2 + BaSO_4$$

亚氯酸盐虽比亚氯酸稳定，但加热或敲击固体亚氯酸盐时，立即发生爆炸，分解成氯酸盐和氧化物。亚氯酸盐的水溶液较稳定，具有强氧化性，可作漂白剂。

4. 氯酸及其盐　次氯酸在加热时发生歧化反应而生成氯酸和盐酸。用氯酸钡和稀硫酸作用也可以制得氯酸

$$Ba(ClO_3)_2 + H_2SO_4 \longrightarrow BaSO_4 + 2HClO_3$$

氯酸是强酸。氯酸仅存在于水溶液中。氯酸比次氯酸稳定。将氯酸的水溶液蒸发，可以浓缩至40%。更浓的氯酸则不稳定，发生剧烈的爆炸性分解。

重要的氯酸盐有氯酸钾和氯酸钠。当氯气与热的苛性钾溶液作用时，生成氯酸钾和氯化钾：

$$3Cl_2 + 6KOH \longrightarrow KClO_3 + 5KCl + 3H_2O$$

工业上采用无隔膜电解 NaCl 水溶液，产生的 Cl_2 在槽中与热的 NaOH 溶液作用而生成 $NaClO_3$。然后将所得到的 $NaClO_3$ 溶液与等物质的量的 KCl 进行复分解而制得 $KClO_3$：

$$NaClO_3 + KCl \longrightarrow KClO_3 + NaCl$$

在有催化剂存在下加热 $KClO_3$ 时，它便分解为氯化钾和氧气：

$$2KClO_3 \xrightarrow{催化剂} 2KCl + 3O_2$$

氯酸钠比氯酸钾易吸潮，一般不用它制炸药、火焰等，多用做除草剂。

5. 高氯酸及其盐　高氯酸盐和浓硫酸反应，经减压蒸馏可以制得高氯酸：

$$KClO_4 + H_2SO_4 \longrightarrow KHSO_4 + HClO_4$$

$$Ba(ClO_4)_2 + H_2SO_4 \longrightarrow BaSO_4 + 2HClO_4$$

工业上生产高氯酸采用电解氧化法。电解盐酸时，在阳极区生成高氯酸：

$$Cl^- + 4H_2O \longrightarrow ClO_4^- + 8H^+ + 8e^-$$

减压蒸馏后可制得60%的高氯酸。电解氯酸盐，经酸化后也能制得高氯酸。

高氯酸是最强的无机含氧酸。无水的高氯酸是无色液体。$HClO_4$ 的稀溶液比较稳定，在冷的稀溶液中 $HClO_4$ 的氧化性弱，不及 $HClO_3$ 氧化性强。但浓的 $HClO_4$ 不稳定，受热分解为氯气、氧气和水：

$$4HClO_4 = 2Cl_2 + 7O_2 + 2H_2O$$

浓的 $HClO_4$ 是强氧化剂，与有机物质接触会引起爆炸。高氯酸是常用的分析试剂，在钢铁分析中常用来溶解矿样。高氯酸可用作制备醋酸纤维的催化剂。

高氯酸盐多易溶于水，但 K^+、NH_4^+、Cs^+、Rb^+ 的高氯酸盐溶解度都小。有些高氯酸盐易吸湿，如 $Mg(ClO_4)_2$ 和 $Ba(ClO_4)_2$ 可用作干燥剂。

高氯酸根离子的配位能力很弱，故高氯酸盐常在金属配合物的研究中用作惰性盐，以保持一定的离子强度。

现将氯的各种含氧酸及其盐的性质的一般规律性总结如下：

热稳定性增加　氧化性减弱　酸性增加（↓）	含氧酸	含氧酸盐	热稳定性增加　氧化性减弱（↓）
	HClO	MClO	
	$HClO_2$	$MClO_2$	
	$HClO_3$	$MClO_3$	
	$HClO_4$	$MClO_4$	

→ 热稳定性增加　氧化性减弱

（二）溴和碘的含氧酸及其盐

1. 次溴酸、次碘酸及其盐　溴和碘在水中歧化可以分别生成次溴酸和次碘酸。

次卤酸的酸性按 HClO，HBrO，HIO 的次序而减弱。次溴酸和次碘酸都不稳定，而且都具有强氧化性，但它们的氧化性比 HClO 弱。

溴和冷的碱溶液作用能生成次溴酸盐 MBrO。NaBrO 在分析化学上常用作氧化剂。次碘酸盐的稳定性极差，所以碘与碱溶液反应得不到次碘酸盐。

2. 溴酸、碘酸及其盐　将氯气通入溴水中可以得到溴酸：

$$Br_2 + 5Cl_2 + 6H_2O = 2HBrO_3 + 10HCl$$

溴酸同氯酸一样也只能存在于溶液中，其浓度可达50%。用类似的方法可制得碘酸：

$$I_2 + 5Cl_2 + 6H_2O = 2HIO_3 + 10HCl$$

碘酸 HIO_3 为无色晶体，$K_a = 0.16$。$HClO_3$，$HBrO_3$，HIO_3 的酸性依次减弱。

3. 高溴酸、高碘酸及其盐　在碱性溶液中用氟气来氧化溴酸钠可以得到高溴酸钠 $NaBrO_4$：

$$NaBrO_3 + F_2 + 2NaOH = NaBrO_4 + 2NaF + H_2O$$

高溴酸是强酸，呈艳黄色，在溶液中比较稳定，其浓度可达55%（约为 $6mol \cdot L^{-1}$）。蒸馏时可得到83%的 $HBrO_4$，高溴酸是强氧化剂。

高碘酸 H_5IO_6 是无色晶体，是一种弱酸，其 $K_{a1} = 4.4 \times 10^{-4}$，$K_{a2} = 2 \times 10^{-7}$，$K_{a3} = 6.3 \times 10^{-13}$。

HIO_4称为偏高碘酸。高碘酸具有强氧化性，可以Mn^{2+}氧化成MnO_4^-：

$$5H_5IO_6 + 2Mn^{2+} = 2MnO_4^- + 5IO_3^- + 7H_2O + 11H^+$$

电解碘酸盐溶液可以得到高碘酸盐。在碱性条件下用氯气氧化碘酸盐也可以得到高碘酸盐：

$$IO_3^- + Cl_2 + 6OH^- = IO_6^{5-} + 2Cl^- + 3H_2O$$

问题与思考

1. 从卤化物制取HF、HCl、HBr和HI时，各采用什么酸？为什么？
2. HF的特殊性质及其原因？

第二节　氧族元素

一、氧及其化合物

（一）氧

氧元素是地壳中分布最广的元素，其丰度居各种元素之首，其质量约占地壳的一半。氧元素广泛分布在大气和海洋中，在海洋中主要以水的形式存在。大气中，氧以单质状态存在，空气中氧气的体积分数约为21%，质量分数约为23%。海洋中氧的质量分数约为89%。此外，氧还以硅酸盐、氧化物及其他含氧阴离子的形式存在于岩石和土壤中，其质量分数约为岩石层的47%。

工业上通过液态空气的分馏制取氧气。用电解的方法也可以制得氧气。实验室利用氯酸钾的热分解制备氧气。

氧气是无色、无臭的气体，在90K时凝聚为淡蓝色液体，冷却到54K时，凝结为蓝色的固体。氧气在水中的溶解度很小，在293K时，1L水中只能溶解30ml氧气。尽管如此，这却是各种水生物、植物生存的重要条件。

在加热条件下，除卤素、少数贵金属（如Au，Pt等）以及稀有气体外，氧气几乎能与所有元素直接化合成相应的氧化物。

氧气的用途很广泛。富氧空气和纯氧用于医疗和高空飞行。大量的纯氧用于炼钢。氢氧焰和氧炔焰用于切割和焊接金属。液氧常用作火箭发动机的助燃剂。

（二）臭氧

臭氧O_3是氧气O_2的同素异形体。臭氧在地面附近的大气层中含量极少，仅占$1.0 \times 10^{-3}ml/m^3$，而在大气层的最上层，由于太阳对大气中氧气的强烈辐射作用，形成了一层臭氧层。臭氧层能吸收太阳光的紫外辐射，成为保护地球上的生命免受太阳强辐射的天然屏障。

臭氧是一种具有鱼腥味的不稳定淡蓝色气体。在161K时凝聚为深蓝色液体，80K时凝结为紫黑色固体。在常温下缓慢分解，在473K以上分解较快：

$$2O_3(g) \Longrightarrow 3O_2(g)$$

臭氧的氧化性比 O_2 强。臭氧能将 I^- 氧化而析出单质碘：

$$O_3+2I^-+2H^+ \Longrightarrow I_2+O_2+H_2O$$

（三）过氧化氢

过氧化氢 H_2O_2 的水溶液一般也称为双氧水。纯的过氧化氢的熔点为 272K，沸点为 423K。269K 时固体 H_2O_2 的密度为 $1.643g \cdot cm^{-3}$。H_2O_2 分子间通过氢键发生缔合，其缔合程度比水大。H_2O_2 能与水以任意比例相混合。

高纯度的 H_2O_2 在低温下是比较稳定的，其分解作用比较平稳。当加热到 426K 以上，便发生强烈的爆炸性分解：

$$2H_2O_2(l) \Longrightarrow 2H_2O(l)+O_2(g)$$

浓度高于 65% 的 H_2O_2 和某些有机物接触容易发生爆炸。H_2O_2 在碱性介质中的分解速率远比在酸性介质中大。少量 Fe^{3+}、Mn^{2+}、Cu^{2+}、Cr^{3+} 等金属离子的存在能大大加速 H_2O_2 分解。光照也可使 H_2O_2 的分解速率加大。因此，H_2O_2 应贮存在棕色瓶中，置于阴凉处。

过氧化氢的主要用途是作为氧化剂，其优点是产物为 H_2O，不引入其他杂质。工业上使用 H_2O_2 作漂白剂，医药上用稀 H_2O_2 作为消毒杀菌剂。纯 H_2O_2 可作为火箭燃料的氧化剂。实验室常用 30% 和 3% H_2O_2 作氧化剂。

二、硫及其化合物

硫在自然界以单质和化合物状态存在。单质硫矿床主要分布在火山附近。以化合物形式存在的硫分布较广，主要有硫化物（如 FeS_2、PbS、$CuFeS_2$、ZnS 等）和硫酸盐（如 $CaSO_4$、$BaSO_4$、$Na_2SO_4 \cdot 10H_2O$ 等）。其中黄铁矿 FeS_2 是最重要的硫化矿物，它大量用于制造硫酸，是一种基本的化工原料。煤和石油也含有硫。此外，硫元素是细胞组成元素之一，它以化合物形式存在于动物、植物有机体内。例如，各种蛋白质中化合态硫的含量为 0.8%～2.4%。

（一）硫

单质硫俗称硫磺，是分子晶体，不溶于水。硫的导电性、导热性很差。硫的化学性质比较活泼，能与许多金属直接化合生成相应的硫化合物，也能与氢、氧、卤素（碘除外）、碳、磷等直接作用生成相应的共价化合物。硫能与具有氧化性的酸（如硝酸、浓硫酸等）反应，也能溶于热的碱液生成硫化物和亚硫酸盐：

$$3S + 6NaOH \xlongequal{\triangle} 2Na_2S + Na_2SO_3 + 3H_2O$$

当硫过量时则生成硫代硫酸盐：

$$4S + 6NaOH \xlongequal{\triangle} 2Na_2S + Na_2S_2O_3 + 3H_2O$$

硫的最大用途是制造硫酸。硫在橡胶工业、火柴、焰火制造等方面也是不可缺少的。此外，硫还用于制造黑火药、合成药剂以及农药杀虫剂等。

（二）硫化氢和金属硫化物

1. 硫化氢（H_2S） 无色剧毒气体，空气中 H_2S 的含量达到 0.05% 时，即可闻到其腐蛋臭味。工业上允许空气中 H_2S 的含量不超过 $0.01mg \cdot L^{-1}$。

硫化氢的沸点是 213K，熔点为 187K，比同族的 H_2O、H_2Se、H_2Te 都低。硫化氢稍溶于水，在20℃时1体积的水能溶解2.5体积的硫化氢。

氢气和硫蒸气可直接生成硫化氢。通常用金属硫化物和非氧化性酸作用制取硫化氢：

$$FeS + 2HCl = H_2S + FeCl_2$$

硫化氢具有较强的还原性。硫化氢能被卤素氧化成游离的硫。例如：

$$H_2S + Br_2 = 2HBr + S$$

氯气还能把硫化氢氧化成硫酸：

$$H_2S + 4Cl_2 + 4H_2O = H_2SO_4 + 8HCl$$

硫化氢的水溶液称为氢硫酸，它是一种很弱的二元酸，其 $K_{a1} = 8.9 \times 10^{-8}$，$K_{a2} = 7.1 \times 10^{-19}$。硫氢酸能与金属离子形成正盐（硫化物），也能形成酸式盐即硫氢化物（如NaHS）。

2. 金属硫化物　金属硫化物大多数是有颜色的。碱金属硫化物和BaS易溶于水，其他碱土金属硫化物微溶于水（BeS难溶），大多数金属硫化物难溶于水，有些还难溶于酸。个别硫化物由于完全水解，在水溶液中不能生成，如 Al_2S_3 和 Cr_2S_3 必须采用干法制备。可以利用硫化物的上述性质来分离和鉴别各种金属离子。

硫化钠 Na_2S 俗称硫化碱，为白色晶状固体，在空气中易潮解。常用的硫化钠是其水合晶体 $Na_2S \cdot 9H_2O$。硫化钠广泛用于印染、涂料、制革、食品等工业，还用于制造荧光材料。

硫化铵 $(NH_4)_2S$ 是一种常用的可溶性硫化物试剂。在氨水中通入硫化氢可制得硫氢化铵和硫化铵，它们的溶液呈碱性。

硫化钠和硫化铵都具有还原性，容易被空气中的 O_2 氧化而形成多硫化物。

表9-4　常见金属硫化物的颜色和溶度积常数（25℃）

化合物	颜色	K_{sp}	化合物	颜色	K_{sp}
Na_2S	白色	—	PbS	黑色	8.0×10^{-28}
MnS	肉色	2.5×10^{-13}	CoS	黑色	4.0×10^{-21}
NiS	黑色	3.2×10^{-19}	Cu_2S	黑色	2.5×10^{-48}
FeS	黑色	6.3×10^{-18}	CuS	黑色	6.3×10^{-36}
CdS	黄色	8.2×10^{-27}	$Ag_2S(\alpha)$	黑色	6.3×10^{-50}
SnS	棕色	1.0×10^{-25}	Hg_2S	黑色	1.0×10^{-47}
HgS	黑色	1.6×10^{-52}	Bi_2S_3	黑色	1.0×10^{-97}

各种难溶金属硫化物在酸中的溶解情况差异很大，K_{sp} 大于 10^{-24} 的硫化物一般可溶于稀酸。例如，ZnS可溶于 $0.30mol \cdot L^{-1}$ 的盐酸，而溶度积更大的MnS在醋酸溶液中即可溶解。溶度积介于 10^{-25} 与 10^{-30} 之间的硫化物一般不溶于稀酸而溶于浓盐酸，如CdS可溶于 $6.0mol \cdot L^{-1}$ 的盐酸：

$$CdS + 4HCl = H_2[CdCl_4] + H_2S$$

溶度积更小的硫化物在浓盐酸中也不溶解，但用硝酸或用王水可以将其溶解。

（三）硫的重要含氧酸及其盐

1. 二氧化硫、亚硫酸及其盐　硫在空气中燃烧生成二氧化硫 SO_2。工业上利用焙烧硫化物矿制备 SO_2：

$$3FeS_2 + 8O_2 = Fe_3O_4 + 6SO_2$$

实验室中用亚硫酸盐与酸反应制取少量的 SO_2。

SO_2是无色，具有强烈刺激性气味的气体。其沸点为−10℃，熔点为−75.5℃，较易液化。

H_2SO_3是二元中强酸，其$K_{a1}=1.7\times10^{-2}$，$K_{a2}=6.0\times10^{-8}$。H_2SO_3只存在于水溶液中。亚硫酸是较强的还原剂，可以将Cl_2、MnO_4^-分别还原为Cl^-、Mn^{2+}，甚至可以将I_2还原为I^-：

$$2MnO_4^- + 5SO_3^{2-} + 6H^+ \rightleftharpoons 2Mn^{2+} + 5SO_4^{2-} + 3H_2O$$
$$H_2SO_3 + I_2 + H_2O \rightleftharpoons H_2SO_4 + 2HI$$

当与强还原剂反应时，H_2SO_3才表现出氧化性。例如：

$$H_2SO_3 + 2H_2S \rightleftharpoons 3S + 3H_2O$$

SO_2和H_2SO_3主要作为还原剂用于化工生产上。SO_2主要用于生产硫酸和亚硫酸盐，还大量用于生产合成洗涤剂、食品防腐剂、住所和用具消毒剂。某些有机物可以与SO_2或H_2SO_3发生加成反应，生成无色的加成物而使有机物褪色，所以SO_2可用作漂白剂。

亚硫酸钠和亚硫酸氢钠大量用于染料工业中作为还原剂。在纺织、印染工业上，亚硫酸盐用作织物的去氯剂：

$$SO_3^{2-} + Cl_2 + H_2O \rightleftharpoons SO_4^{2-} + 2Cl^- + 2H^+$$

2. 三氧化硫、硫酸及其盐

（1）三氧化硫：将SO_2氧化成SO_3则比氧化H_2SO_3或Na_2SO_3慢得多。当有催化剂存在时，能加速SO_2的氧化：

$$2SO_2 + O_2 \xrightleftharpoons{V_2O_5} 2SO_3$$

在实验室中可以用发烟硫酸或焦硫酸加热而得到SO_3。

纯三氧化硫是一种无色、易挥发的固体，其熔点为16.8℃，沸点为44.8℃。三氧化硫具有很强的氧化性。例如，当磷和它接触时会燃烧。高温时SO_3的氧化性会更为显著，它能氧化KI、HBr和Fe、Zn等金属。

三氧化硫极易与水化合生成硫酸，同时放出大量的热：

$$SO_3(g) + H_2O(l) \rightleftharpoons H_2SO_4(aq)$$

因此，SO_3在潮湿的空气中挥发成雾状。

（2）硫酸：硫酸是无色的油状液体，在10.38℃时凝固成晶体，市售的浓硫酸密度为1.84～1.86$g\cdot cm^{-3}$，浓度约为18$mol\cdot L^{-1}$。98%的硫酸沸点为330℃，是常用的高沸点酸。

浓硫酸有很强的吸水性。硫酸与水混合时产生大量的热，在稀释硫酸时必须非常小心。由于浓硫酸具有强吸水性，可以用浓硫酸干燥不与硫酸反应的各种气体，如氯气，氢气和二氧化碳等。浓硫酸不仅可以吸收气体中的水分，而且还能与纤维、糖等有机物作用，夺取这些物质里的氢原子和氧原子而留下游离的碳。

浓硫酸是一种氧化剂，在加热条件下，能氧化许多金属和某些非金属。例如：

$$Zn + 2H_2SO_4 \xrightleftharpoons{\triangle} ZnSO_4 + SO_2 + 2H_2O$$
$$S + 2H_2SO_4 \xrightleftharpoons{\triangle} 3SO_2 + 2H_2O$$

比较活泼的金属也可以将浓硫酸还原为硫或硫化氢，例如：

$$3Zn + 4H_2SO_4 \rightleftharpoons 3ZnSO_4 + S + 4H_2O$$
$$4Zn + 5H_2SO_4 \rightleftharpoons 4ZnSO_4 + H_2S + 4H_2O$$

稀硫酸与活泼的金属（如Mg、Zn、Fe等）作用时，能放出氢气。

冷的浓硫酸（70% 以上）能使铁的表面钝化，生成一层致密的保护膜，阻止硫酸与铁表面继续作用。因此可以用铁罐贮装和运输浓硫酸（80%～90%）。

近代工业中主要采取接触法制造硫酸。由黄铁矿（或硫磺）在空气中焙烧得到 SO_2 和空气的混合物，在 450℃左右的温度下通过催化剂 V_2O_5，SO_2 即被氧化成 SO_3。生成的 SO_3 用浓硫酸吸收。

硫酸是一种重要的基本化工原料。化肥工业中使用大量的硫酸以制造过磷酸钙和硫酸铵。在有机化学工业中用硫酸作磺化剂制取磺酸化合物。

（3）硫酸盐：硫酸能形成两种类型的盐，即正盐和酸式盐（硫酸氢盐）。大多数硫酸盐易溶于水，但硫酸铅 $PbSO_4$、硫酸钙 $CaSO_4$ 和硫酸锶 $SrSO_4$ 溶解度很小。硫酸钡 $BaSO_4$ 几乎不溶于水，而且也不溶于酸。根据 $BaSO_4$ 的这一特性，可以用 $BaCl_2$ 等可溶性钡盐鉴定 SO_4^{2-}。

钠、钾的固态酸式硫酸盐是稳定的。酸式硫酸盐都易溶于水，其溶解度稍大于相应的正盐，其水溶液呈酸性。

许多硫酸盐在净化水、造纸、印染、颜料、医药和化工等方面有着重要的用途。

（4）硫代硫酸及其盐：硫代硫酸极不稳定。亚硫酸盐与硫作用生成硫代硫酸盐。例如：

$$Na_2SO_3 + S \xlongequal{\triangle} Na_2S_2O_3$$

$Na_2S_2O_3 \cdot 5H_2O$ 是最重要的硫代硫酸盐，它俗称海波或大苏打，是无色透明的晶体，易溶于水，其水溶液呈弱碱性。

硫代硫酸钠在中性或碱性溶液中很稳定，当与酸作用时，形成的硫代硫酸即分解为硫和亚硫酸，后者又分解为二氧化硫和水。反应方程式如下：

$$S_2O_3^{2-} + 2H^+ \xlongequal{\quad} S + SO_2 + H_2O$$

在纺织工业上用 $Na_2S_2O_3$ 作脱氯剂。$Na_2S_2O_3$ 与碘的反应是定量的，在分析化学上用于碘量法的滴定。其反应方程式为：

$$2S_2O_3^{2-} + I_2 \xlongequal{\quad} S_4O_6^{2-} + 2I^-$$

硫代硫酸钠大量用作照相的定影剂。照相底片上未感光的溴化银在定影液中形成 $[Ag(S_2O_3)_2]^{3-}$ 而溶解：

$$AgBr + 2S_2O_3^{2-} \xlongequal{\quad} [Ag(S_2O_3)_2]^{3-} + Br^-$$

此外，硫代硫酸钠还用作化工生产的还原剂以及用于电镀、鞣革等。

（5）过硫酸及其盐：重要的过二硫酸盐有 $K_2S_2O_8$ 和 $(NH_4)_2S_2O_8$，它们都是强氧化剂。过硫酸盐能将 I^-、Fe^{2+} 氧化成 I_2、Fe^{3+}，甚至能将 Cr^{3+}、Mn^{2+} 等氧化成相应的高氧化数的 $Cr_2O_7^{2-}$、MnO_4^-，例如：

$$S_2O_8^{2-} + 2I^- \xlongequal{Cu^{2+}} 2SO_4^{2-} + I_2$$

$$2Mn^{2+} + 5S_2O_8^{2-} + 8H_2O \xlongequal{Ag^+} 2MnO_4^- + 10S_2O_4^{2-} + 16H^+$$

过硫酸及其盐的热稳定性较差，受热时容易分解：

$$2K_2S_2O_8 \xlongequal{\triangle} 2K_2SO_4 + 2SO_3 + O_2$$

（6）连二亚硫酸及其盐：连二亚硫酸 $H_2S_2O_4$ 是二元酸，很不稳定，遇水会立刻分解为硫和亚硫酸。

连二亚硫酸钠（$Na_2S_2O_4 \cdot 2H_2O$）俗称保险粉，比连二亚硫酸稳定，在无氧的条件下，用锌粉还原亚硫酸氢钠可以得到$Na_2S_2O_4$。$Na_2S_2O_4$是白色粉末状固体，受热时发生分解。

连二亚硫酸钠是强还原剂，$Na_2S_2O_4$能将I_2、Cu^{2+}、Ag^+等还原，能把硝基化合物还原为氨基化合物。空气中的氧能将$Na_2S_2O_4$氧化。

问题与思考

1. 试用最简单的方法区分硫化物、亚硫酸盐、硫代硫酸盐和硫酸盐溶液？

2. 用Na_2S溶液分别作用于Cr^{3+}和Al^{3+}的溶液，为什么得不到相应的硫化物Cr_2S_3和Al_2S_3？

第三节　氮族元素

一、氮及其化合物

（一）单质

氮主要以单质存在于大气中，约占空气体积的78%。天然存在的氮的无机化合物较少。氮气是无色、无臭、无味的气体，微溶于水，0℃时1ml水仅能溶解0.023ml的氮气。工业上以空气为原料大量生产氮气。

实验室需要的少量氮气可以用下述方法制得：

$$NH_4NO_2 \xlongequal{\triangle} N_2 + 2H_2O$$

氮气在常温下化学性质极不活泼，不与任何元素化合。当氮气与锂、钙、镁等活泼金属一起加热时，能生成离子型氮化物。在高温高压并有催化剂存在时，氮气与氢气化合生成氨。在很高的温度下氮气才与氧气化合生成一氧化氮。

由于N≡N键键能（946kJ·mol^{-1}）非常大，所以N_2是最稳定的双原子分子。在化学反应中破坏N≡N键是十分困难的，在通常情况下反应很难进行，致使氮气表现出高的化学惰性，常被用作保护气体。

（二）氨和铵盐

1．氨　氨是具有特殊刺激气味的无色气体。氨分子是极性分子。氨在水中溶解度极大。由于氨分子间形成氢键，所以氨的熔点、沸点高于同族元素的氢化物。氨容易被液化。液态氨的汽化热较大，故液氨可用作制冷剂。实验室一般用铵盐与强碱共热来制取氨。工业上目前是采用氮气与氢气合成的方法制氨。

氨的化学性质较活泼，能和许多物质发生反应。这些反应基本上可分为三种类型，即加合反应、取代反应和氧化还原反应。

氨能与一些物质发生配位反应。例如，NH_3与Ag^+和Cu^{2+}分别形成$[Ag(NH_3)_2]^+$和$[Cu(NH_3)_4]^{2+}$。

氨分子中氢原子可以被活泼金属取代形成氨基化合物。例如，当氨通入熔融的金属钠可以得到有机物合成中重要的缩合氨基化钠 $NaNH_2$：

$$2Na + 2NH_3 = 2NaNH_2 + H_2$$

氨在纯氧中可以燃烧生成水和氮气：

$$4NH_3 + 3O_2 = 6H_2O + 2N_2$$

氨在一定条件下进行催化氧化可以制得 NO，这是目前工业制造硝酸的重要步骤之一。

2．铵盐　氨与酸作用可以得到各种相应的铵盐。铵盐与碱金属的盐非常相似，特别是与钾盐相似，这是由于 NH_4^+ 的半径（143pm）和 K^+ 的半径（133pm）相近。

铵盐一般为无色晶体，皆溶于水，但酒石酸氢铵与高氯酸铵等少数铵盐的溶解度较小（相应的钾盐和铷盐溶解度也很小）。用 Nessler（奈斯勒）试剂（$K_2[HgI_4]$ 的 KOH 溶液）可以鉴定试液中的 NH_4^+：

$$NH_4^+ + 2[HgI_4]^{2-} + 4OH^- = [O\langle^{Hg}_{Hg}\rangle NH_2]I(s) + 7I^- + 3H_2O$$

固体铵盐受热易分解，分解的情况因组成铵盐的酸的性质不同而异。

易挥发无氧化性的酸，则酸与氨一起挥发。例如：

$$(NH_4)_2CO_3 \xlongequal{\triangle} 2NH_3 + H_2O + CO_2$$

难挥发无氧化性的酸，则只有氨挥发掉，而酸或酸式盐则留在容器中。例如：

$$(NH_4)_3PO_4 \xlongequal{\triangle} 3NH_3 + H_3PO_4$$

$$(NH_4)_2SO_4 \xlongequal{\triangle} NH_3 + NH_4HSO_4$$

有氧化性的酸，则分解出的氨被酸氧化生成 N_2 或 N_2O。例如

$$(NH_4)_2Cr_2O_7 \xlongequal{\triangle} N_2 + Cr_2O_3 + 4H_2O$$

$$NH_4NO_3 \xlongequal{\triangle} N_2O + 2H_2O$$

硝酸铵 NH_4NO_3 和硫酸铵 $(NH_4)_2SO_4$ 是最重要的铵盐。这两种铵盐大量地用作肥料。硝酸铵还用来制作炸药。

（三）氮的含氧酸及其盐

1．亚硝酸及其盐　将 NO_2 和 NO 的混合物溶解在冰冷的水中，可得到亚硝酸的水溶液：

$$NO_2 + NO + H_2O = 2HNO_2$$

将亚硝酸盐的冷溶液中加入强酸时，也可以生成亚硝酸溶液，例如：

$$NaNO_2 + H_2SO_4 = HNO_2 + NaHSO_4$$

亚硝酸极不稳定，只存在于很稀的冷溶液中，溶液浓缩或加热时，就分解为 H_2O 和 N_2O_3：

$$2HNO_2 = H_2O + N_2O_3\text{（淡蓝色）}$$

亚硝酸是一种弱酸，$K_a=6.0\times10^{-4}$，酸性稍强于醋酸。

亚硝酸盐大多是无色的，一般都易溶于水。碱金属、碱土金属的亚硝酸盐有很高的热稳定性。在水溶液中这些亚硝酸盐比较稳定。所有的亚硝酸盐都是剧毒的，是致癌物质。

亚硝酸盐在酸性介质中具有氧化性，其还原产物一般为 NO。例如：

$$2NaNO_2 + 2KI + 2H_2SO_4 = 2NO + I_2 + Na_2SO_4 + K_2SO_4 + 2H_2O$$

大量的亚硝酸钠用于生产各种有机染料。

2．硝酸及其盐　硝酸是工业上重要的无机酸之一。目前普遍采用氨催化氧化法制取硝酸。将氨和空气的混合物通过灼热（800℃）的铂铑丝网（催化剂），氨可以相当完全地被氧化

为 NO，NO 和 O_2 反应生成 NO_2，NO_2 被水吸收成为硝酸：

$$4NH_3(g)+5O_2 = 4NO(g)+6H_2O$$

$$2NO(g)+O_2 = 2NO_2(g)$$

$$3NO_2(g)+H_2O = 2HNO_3+NO$$

用硫酸与硝石 $NaNO_3$ 共热也可以制得硝酸：

$$NaNO_3+H_2SO_4 = NaHSO_4+HNO_3$$

纯硝酸是无色液体。实验室中用的浓硝酸含 HNO_3 约为 69%，密度为 $1.42g\cdot cm^{-3}$，相当于 $15mol\cdot L^{-1}$。浓度 86% 以上的浓硝酸，由于硝酸的挥发而产生白烟，故通常称为发烟硝酸。溶有过量 NO_2 的浓硝酸产生红烟。发烟硝酸可用作火箭燃料的氧化剂。

浓硝酸很不稳定，受热或光照时，部分的硝酸按下式分解：

$$4HNO_3 = 4NO_2+O_2+2H_2O$$

浓硝酸应置于阴凉不见光处存放。

硝酸是一种强酸，是氮的最高氧化数的化合物，在水溶液中完全解离，具有强氧化性。硝酸可以把许多非金属单质氧化为相应的氧化物或含氧酸。例如，碳、磷、硫、碘等和硝酸共煮时，分别被氧化成二氧化碳、磷酸、硫酸、碘酸，硝酸则被还原为 NO：

$$3P+5HNO_3(浓)+2H_2O = 3H_3PO_4+5NO$$

$$S+2HNO_3(浓) = H_2SO_4+2NO$$

$$3I_2+10HNO_3(浓) = 6HIO_3+10NO+2H_2O$$

$$3C+4HNO_3(浓) = 3CO_2+4NO+2H_2O$$

除了不活泼的金属如金、铂等和某些稀有金属外，硝酸几乎能与所有的其他金属反应生成相应的硝酸盐。但是硝酸与金属反应的情况比较复杂，这与硝酸的浓度和金属的活泼性有关。

有些金属（如铁、铝、铬等）可溶于稀硝酸而不溶于冷的浓硝酸。这是由于浓硝酸将其金属表面氧化成一层薄而致密的氧化物保护膜（有时叫做钝化膜），致使金属不能再与硝酸继续作用。

有些金属和硝酸作用后生成可溶性的硝酸盐。硝酸作为氧化剂与这些金属反应时，主要被还原为下列物质：

$$\overset{+4}{N}O_2 - H\overset{+3}{N}O_2 - \overset{+2}{N}O - \overset{+1}{N}_2O - \overset{0}{N}_2 - \overset{-3}{N}H_3$$

硝酸的还原程度，主要取决于硝酸的浓度和金属的活泼性。浓硝酸主要被还原为 NO_2，稀硝酸通常被还原成 NO。当较稀的硝酸与较活泼的金属作用时，可得到 N_2O；若硝酸很稀时，则可被还原为 NH_4^+。例如：

$$Cu+4HNO_3(浓) = Cu(NO_3)_2+2NO_2+2H_2O$$

$$3Cu+8HNO_3(稀) = 3Cu(NO_3)_2+2NO+4H_2O$$

$$4Zn+10HNO_3(稀) = 4Zn(NO_3)_2+N_2O+5H_2O$$

$$4Zn+10HNO_3(很稀) = 4Zn(NO_3)_2+NH_4NO_3+3H_2O$$

浓硝酸和浓盐酸的混合物（体积比为 1∶3）称作王水。王水的氧化性比硝酸更强，可以将金、铂等不活泼金属溶解。例如：

$$Au+HNO_3+4HCl = HAuCl_4+NO+2H_2O$$

硝酸具有强酸性、氧化性和硝化性，因而广泛用于制造染料、炸药、硝酸盐以及其他化学药品，是化学工业和国防工业的重要原料。几乎所有的硝酸盐都易溶于水。绝大多数硝酸盐是离子型化合物。

硝酸盐固体或水溶液在常温下比较稳定。固体的硝酸盐受热时能分解，分解的产物因金属离子的性质不同而分为以下三类：

（1）最活泼的金属的硝酸盐受热分解时产生亚硝酸盐和氧气。例如：

$$2NaNO_3 \xlongequal{\triangle} 2NaNO_2 + O_2$$

（2）活泼性较差金属的硝酸盐受热分解为氧气、二氧化氮和相应的金属氧化物。例如：

$$2Pb(NO_3)_2 \xlongequal{\triangle} 2PbO + 4NO_2 + O_2$$

（3）不活泼金属的硝酸盐受热时则分解为氧气、二氧化氮和金属单质。例如：

$$2AgNO_3 \xlongequal{\triangle} 2Ag + 2NO_2 + O_2$$

硝酸盐的水溶液几乎没有氧化性，只有酸性介质中才有氧化性。固体硝酸盐在高温时是强氧化剂。

硝酸盐中最重要的是硝酸钾、硝酸钠、硝酸铵和硝酸钙等。硝酸铵大量用作肥料。由于固体硝酸盐高温时分解出 O_2，具有氧化性，故硝酸铵与可燃物混合在一起可做炸药，硝酸钾可用来制作黑色火药。有些硝酸盐还用来制作焰火。

二、磷及其化合物

（一）单质

磷很容易被氧化，因此自然界不存在单质磷。磷主要以磷酸盐形式分布在地壳中，如磷酸钙 $Ca_3(PO_4)_2$、氟磷灰石 $Ca_3(PO_4)_2 \cdot CaF_2$ 等。将磷酸钙、砂子和焦炭混合在电炉中加热到约1500℃，可以得到白磷：

$$2Ca_3(PO_4)_2 + 6SiO_2 + 10C \xlongequal{\quad} 6CaSiO_3 + P_4 + 10CO$$

常见的磷的同素异形体有白磷、红磷和黑磷三种。

白磷是透明的、软的蜡状固体，白磷的化学性质很活泼，容易被氧化，在空气中能自燃，因此必须将其保存在水中。白磷是剧毒物质，约0.15g的剂量可使人致死。将白磷在隔绝空气的条件下加热至400℃，可以得到红磷：

$$P_4（白磷）\xlongequal{\quad} 4P（红磷）$$

红磷比白磷稳定，其化学性质不如白磷活泼，室温下不与 O_2 反应，400℃以上才能燃烧。磷可用来制造磷酸、火柴、农药等。

（二）磷的氧化物

磷的氧化物常见的有 P_4O_{10} 和 P_4O_6 两种。P_4O_{10} 是磷酸的酸酐，称为磷酸酐；P_4O_6 是亚磷酸的酸酐，称为亚磷酸酐。磷在充足的空气中燃烧时生成 P_4O_{10}，若氧气不足则生成 P_4O_6。P_4O_{10} 和 P_4O_6 分别简称为五氧化二磷和三氧化二磷，通常也将它们的化学式分别写作最简式 P_2O_5 和 P_2O_3。

1. 三氧化二磷　气态或液态的三氧化二磷都是二聚分子 P_4O_6。P_4O_6 是白色易挥发的蜡状固体，在23.8℃熔化。P_4O_6的沸点为173℃，易溶于有机试剂。

在空气中加热P_4O_6得到P_4O_{10}。P_4O_6与冷水反应较慢，生成亚磷酸：

$$P_4O_6 + 6H_2O(冷) = 4H_3PO_3$$

P_4O_6与热水反应则歧化为磷酸和单质磷或膦(PH_3)：

$$P_4O_6 + 6H_2O(热) = 3H_3PO_4 + PH_3$$

或
$$5P_4O_6 + 18H_2O(热) = 12H_3PO_4 + 8P$$

2. 五氧化二磷　五氧化二磷的分子式实际是P_4O_{10}。P_4O_{10}是白色雪花状晶体，在360℃时升华。P_4O_{10}吸水性很强，在空气中吸收水分迅速潮解。因此常用作气体和液体的干燥剂。P_4O_{10}甚至可以使硫酸、硝酸等脱水成为相应的氧化物：

$$P_4O_{10} + 6H_2SO_4 = 6SO_3 + 4H_3PO_4$$

$$P_4O_{10} + 12HNO_3 = 6N_2O_5 + 4H_3PO_4$$

（三）磷的含氧酸及其盐

磷的含氧酸按氧化数不同可分为次磷酸H_3PO_2、亚磷酸H_3PO_3和磷酸H_3PO_4等。根据磷的含氧酸脱水的数目不同，又分为正、偏、聚、焦磷酸等。

1. 次磷酸(H_3PO_2)及其盐　次磷酸是一种无色晶状固体，熔点为26.5℃，易潮解。H_3PO_2极易溶于水，是一元中强酸($K_a=1.0\times10^{-2}$)。H_3PO_2常温下比较稳定，升温至50℃分解。但在碱性溶液中H_3PO_2非常不稳定，容易歧化为HPO_3^{2-}和PH_3。

H_3PO_2是强还原剂，能在溶液中将$AgNO_3$、$HgCl_2$、$CuCl_2$等重金属盐还原为金属单质。

次磷酸盐多易溶于水，是强还原剂，化学镀镍就是用NaH_2PO_2将镍盐还原为金属镍，沉积在钢或其他金属镀件的表面。

2. 亚磷酸及其盐　亚磷酸通常是指正亚磷酸H_3PO_3。虽然偏亚磷酸HPO_2，焦亚磷酸$H_4P_2O_5$以及它们的盐都可以制取，但只有正亚磷酸最重要。偏亚磷酸和焦亚磷酸在水溶液中很快就会水合生成正亚磷酸。

三氧化二磷与冷水反应，或三氯化磷水解，或单质磷与溴水共煮，都能生成亚磷酸溶液。

亚磷酸是无色晶体，熔点为73℃，易潮解。在水中的溶解度较大，在20℃时其溶解度为82g/100gH_2O。在H_3PO_3中，有1个氢原子与磷原子直接相连。亚磷酸为二元酸，$K_{a1}=6.3\times10^{-2}$，$K_{a2}=2.0\times10^{-7}$。H_3PO_3受热发生歧化反应，生成磷酸和膦。

亚磷酸和亚磷酸盐都是较强的还原剂，它们的氧化性极差。

3. 磷酸及其盐　磷的含氧酸中以磷酸最为稳定。P_4O_{10}与水作用时，由于加合水分子数目不同，可以生成几种主要的P(Ⅴ)的含氧酸：

$$P_4O_{10} + 2H_2O(冷) = 4HPO_3(偏磷酸)$$

$$3P_4O_{10} + 10H_2O = 4H_5P_3O_{10}(三聚磷酸)$$

$$P_4O_{10} + 4H_2O = 2H_4P_2O_7(焦磷酸)$$

$$P_4O_{10} + 6H_2O(热) = 2H_3PO_4(正磷酸)$$

焦磷酸、三聚磷酸和四聚磷酸等都是由若干个磷酸分子经脱水后通过氧原子连接起来的多聚磷酸。几个简单分子经过失去水分子而连接起来的作用属于缩合作用。多聚磷酸属于缩合酸。多聚磷酸有两类，一类分子是链状结构(如焦磷酸和三聚磷酸)，另一类是分子环状结构的(如四偏磷酸)。所谓多偏磷酸，实际上就是具有环状结构的多聚磷酸$H_{x+2}P_xO_{3x+2}$(x＝16～

19)，常用的是多聚磷酸盐类。

正磷酸 H_3PO_4（常简称为磷酸）是磷酸中最重要的一种。将磷燃烧成 P_4O_{10}，再与水化合可制得正磷酸。工业上也用硫酸分解磷石灰来制取正磷酸：

$$Ca_3(PO_4)_2 + 3H_2SO_4 = 2H_3PO_4 + 3CaSO_4$$

纯净的磷酸为无色晶体，熔点为42.3℃，是一种高沸点酸，沸点213℃。磷酸不形成水合物，但与水以任何比例混溶。市售磷酸试剂是黏稠的、不挥发的浓溶液，磷酸含量为83%～98%。

磷酸是三元强酸（$K_{a1}=6.92\times10^{-3}$，$K_{a2}=6.10\times10^{-8}$，$K_{a3}=4.79\times10^{-13}$）。磷酸是磷的最高氧化数化合物，但却没有氧化性。浓磷酸和浓硝酸的混合液常用作化学抛光剂来处理金属表面，以提高其光洁度。

正磷酸可以形成磷酸二氢盐、磷酸一氢盐和正盐三种类型的盐。磷酸正盐比较稳定，一般不易分解。但酸式磷酸盐受热容易脱水成为焦磷酸盐或偏磷酸盐。

大多数磷酸二氢盐都易溶于水，而磷酸一氢盐和正盐（除钠、钾、铵等少数盐外）都难溶于水。

碱金属的磷酸盐（除锂外）都易溶于水。由于PO_4^{3-}水解作用使 Na_3PO_4 溶液呈碱性。

磷酸盐中最重要的是钙盐。磷酸的钙盐在水中的溶解度按 $Ca(H_2PO_4)_2$，$CaHPO_4$ 和 $Ca_3(PO_4)_2$ 的次序减小。磷酸钙盐除以磷灰石和纤核磷灰石存在于自然界外，也少量的存在于所有土壤内。工业上利用天然磷酸钙生产磷肥，其反应方程式如下：

$$Ca_3(PO_4)_2 + 2H_2SO_4 + 4H_2O = Ca(H_2PO_4)_2 + 2CaSO_4 \cdot 2H_2O$$

PO_4^{3-}有较强的配位能力，能与许多金属离子形成可溶性的配合物。例如，Fe^{3+}与PO_4^{3-}、HPO_4^{2-}形成无色的 $H_3[Fe(PO_4)_2]$ 或 $H[Fe(HPO_4)_2]$，在分析化学上常用PO_4^{3-}作为 Fe^{3+} 的掩蔽剂。

磷酸盐与过量的钼酸铵 $(NH_4)_2MoO_4$ 及适量的浓硝酸混合后加热，可慢慢生成黄色的磷钼酸铵沉淀：

$$PO_4^{3-} + 12MoO_4^{2-} + 24H^+ + 3NH_4^+ = (NH_4)_3PO_4 \cdot 12MoO_3 \cdot 6H_2O(s) + 6H_2O$$

这一反应可用来鉴定PO_4^{3-}。

三、砷、锑、铋的重要化合物

（一）氢化物

砷、锑、铋都能形成氢化物，即 AsH_3、SbH_3、BiH_3。这些氢化物都是无色液体，它们的分子结构与 NH_3 类似，为三角锥形。AsH_3、SbH_3、BiH_3 的熔点、沸点依次升高；它们都是不稳定的，且稳定性依次降低，BiH_3 极不稳定。它们的碱性也按此顺序依次减弱，BiH_3 根本没有碱性。砷、锑、铋的氢化物都是极毒的。

砷、锑、铋的氢化物中较重要的是砷化氢 AsH_3，也叫做胂，金属的砷化物水解或用较活泼金属在酸性溶液中还原As(Ⅲ)的化合物可以得到 AsH_3：

$$Na_3As + 3H_2O = AsH_3 + 3NaOH$$

$$As_2O_3 + 6Zn + 6H_2SO_4 = 2AsH_3 + 6ZnSO_4 + 3H_2O$$

锑和铋也有类似的反应。

胂有大蒜的刺激气味，室温下胂在空气中能自燃：

$$2AsH_3 + 3O_2 = As_2O_3 + 3H_2O$$

胂是一种很强的还原剂，不仅能还原高锰酸钾、重铬酸钾以及硫酸、亚硫酸等，还能和某些重金属盐的反应而析出重金属。例如：

$$2AsH_3 + 12AgNO_3 + 3H_2O = As_2O_3 + 12HNO_3 + 12Ag(s)$$

（二）氧化物及其水合物

砷、锑、铋与磷相似，可以形成两类氧化物，即氧化数为+3的As_2O_3、Sb_2O_3、Bi_2O_5和氧化数为+5的As_2O_5、Sb_2O_5、Bi_2O_5（Bi_2O_5极不稳定）。砷、锑、铋的M_2O_3是其相应亚酸的酸酐，它们的M_2O_5则是相应正酸的酸酐。

三氧化二砷As_2O_3，俗名砒霜，为白色粉末状的剧毒物，是砷的最重要的化合物。As_2O_3主要用于制作杀虫药剂、除草剂及含砷化合物。

砷、锑、铋氧化物的酸性依次减弱，碱性依次增强。

砷、锑、铋的氧化数为+3的氢氧化物有亚砷酸、氢氧化锑、氢氧化铋，它们的酸性依次减弱，碱性依次增强。亚砷酸和氢氧化锑是两性氢氧化物。而氢氧化铋的碱性大大强于酸性，只能微溶于浓碱溶液中。亚砷酸仅存在于溶液中，而亚锑酸和氢氧化铋都是难溶于水的白色沉淀。

亚砷酸是一种弱酸（$K_{a1}=5.9\times10^{-10}$），在酸性介质中还原性较差，但在碱性溶液中是一种强还原剂，能将碘这样的弱氧化剂还原（pH小于9）：

$$AsO_3^{3-} + I_2 + 2OH^- = AsO_4^{3-} + 2I^- + H_2O$$

氢氧化铋则只能在强碱介质中被很强的氧化剂氧化，例如：

$$Bi(OH)_3 + Cl_2 + 3NaOH = NaBiO_3 + 2NaCl + 3H_2O$$

砷、锑、铋的氧化数为+3的氢氧化物的还原性依次减弱。

以浓硝酸作用于砷、锑的单质或三氧化物时，生成氧化物为+5的含氧酸或水合氧化物：

$$3As + 5HNO_3 + 2H_2O = 3H_3AsO_4 + 5NO$$

$$6Sb + 10HNO_3 = 3Sb_2O_5 + 10NO + 5H_2O$$

砷酸易溶于水，是一种三元酸，其酸性接近于磷酸，锑酸在水中是难溶的，酸性相对较弱。相应的锑酸盐中，$Na[Sb(OH)_6]$的溶解度更小，所以定性分析上用$K[Sb(OH)_6]$鉴定Na^+。

砷酸盐、锑酸盐和铋酸盐都具有氧化性，且氧化性依次增强，砷酸盐、锑酸盐只有在酸性溶液中才能表现出氧化性，例如：

$$H_3AsO_4 + 2I^- + 2H^+ = H_3AsO_3 + I_2 + H_2O$$

问题与思考

1. 不同金属、非金属单质与硝酸反应，硝酸的还原产物有何规律？
2. 比较硝酸盐和磷酸盐的溶解性，为什么差别很大？

第四节 碳族和硼族元素

一、碳及其化合物

（一）单质

在自然界以单质状态存在的碳是金刚石和石墨，以化合物形式存在的碳有煤、石油、天然气、碳酸盐、二氧化碳等，动植物体内也含有碳。

金刚石和石墨是碳的最常见的两种同素异形体。金刚石是原子晶体，C－C 键长为 154pm，键能为 $347.3kJ \cdot mol^{-1}$。

石墨是层状晶体，质软，有金属光泽，可以导电。焦炭、炭黑等都具有石墨结构。活性炭是经过加工处理所得的无定形碳，具有很大的比表面积，有良好的吸附性能。碳纤维是一种新型的结构材料，具有轻质、耐高温、抗腐蚀、导电等性能，机械强度很高广泛用于航空、机械、化工和电子工业上，也可以用于外科医疗上。碳纤维也是一种无定形碳。

（二）碳的含氧化合物

1. 碳的氧化物

（1）一氧化碳：CO 是无色、无臭、有毒的气体，微溶于水。实验室可以用浓硫酸从 HCOOH 中脱水制备少量的 CO。碳在氧气不充分的条件下燃烧生成 CO。CO 是重要的化工原料和燃料，还用于有机合成和制备羰基化合物。工业上 CO 的主要来源是水煤气。

CO 的主要化学性质如下：

CO 作为配位体与过渡金属原子（或离子）形成羰基配合物，例如，$Fe(CO)_5$，$Ni(CO)_4$ 和羰基钴 $Co_2(CO)_8$ 等。CO 表现出强烈的加和性，其配位原子为 C。

CO 作为还原剂被氧化成为 CO_2，例如：

$$Fe_2O_3 + 3CO(g) = 2Fe(s) + 3CO_2(g)$$

CO 还可以与非金属反应，应用于有机合成。例如：

$$CO + 2H_2 \xrightarrow{Cr_2O_3 \cdot ZnO} CH_3OH$$

$$CO + Cl_2 \xrightarrow{\text{活性炭}} COCl_2$$

CO 毒性很大，当空气中的 CO 体积分子数达 0.1% 时，就会中毒，引起缺氧症，甚至引起心肌坏死。

（2）二氧化碳：碳或含碳有机物在空气中充分燃烧或在氧气中燃烧都产生二氧化碳。CO_2 在大气中含量约为 0.03%。近年来，随着世界工业化大力发展，大气中的 CO_2 的含量逐渐增加，这被认为是引起世界性气温普遍升高，造成地球温室效应的主要原因之一，正受到科学界的高度重视。

CO_2 是无色、无臭的气体，其临界温度为 31℃，很容易被液化。常温下，加压至 7.6MPa 即可使 CO_2 液化。液态 CO_2 气化是从未气化的 CO_2 吸收大量的热而使这部分 CO_2 变成雪花状固体，俗称“干冰”。固体 CO_2 是分子晶体，在常压下 −78.5℃直接升华。

工业上大量的 CO_2 用于生产 $NaHCO_3$、NH_4HCO_3 和尿素等化工产品，也用作低温冷冻剂。

2. 碳酸及其盐　CO_2 溶于水，其溶液呈弱酸性，因此习惯上将 CO_2 的水溶液称为碳酸。

碳酸仅存在水溶液中，而且浓度很小，浓度很大即分离出CO_2。

碳酸盐有两种类型，即正盐（碳酸盐）和酸式盐（碳酸氢盐）。碱金属（锂除外）和铵的碳酸盐易溶于水，其他金属的碳酸盐难溶于水而酸式盐溶解度较大。例如，$Ca(HCO_3)_2$的溶解度比$CaCO_3$大。因此，地表层中的碳酸盐矿石在CO_2和水的长期侵蚀下能部分地转变为$Ca(HCO_3)_2$而溶解：

$$CaCO_3 + CO_2 + H_2O = Ca(HCO_3)_2$$

但对易溶的碳酸盐来说却恰好相反，其相应的酸式盐的溶解度则较小。例如，$NaHCO_3$和$KHCO_3$的溶解度分别小于Na_2CO_3和K_2CO_3的溶解度。这是由于在酸式盐中HCO_3^-之间以氢键相连形成二聚离子或多聚链状离子的结果。

碳酸盐的热稳定性较差。碳酸氢盐受热分解为相应的碳酸盐、水和二氧化碳：

$$2M^{I}HCO_3 \xlongequal{\triangle} M_2^{I}CO_3 + H_2O + CO_2$$

大多数的碳酸盐再加热时分解为金属氧化物和二氧化碳：

$$M^{II}CO_3 \xlongequal{\triangle} M^{II}O + CO_2$$

一般说来，碳酸、碳酸氢盐、碳酸盐的热稳定性顺序是：碳酸 < 酸式盐 < 正盐。例如，Na_2CO_3很难分解，$NaHCO_3$在270℃分解，H_2CO_3在室温以下即分解。

二、硅及其化合物

（一）单质

硅有晶体和无定形两种。晶体硅的结构与金刚石类似，熔点、沸点较高，性质脆硬，常温下化学性质不活泼。硅是良好的半导体材料，在电子工业上用来制造各种半导体元件。

（二）硅的含氧化合物

1. 硅的氧化物　二氧化硅（SiO_2）又称硅石，有晶体和无定形两种形态。石英是天然的二氧化硅晶体。纯净的石英又叫水晶，它是一种坚硬、脆性、难溶的无色透明的固体，常用于制作光学仪器等。

石英玻璃有强的耐酸性，但能被HF所腐蚀，反应方程式如下：

$$SiO_2 + 4HF = SiF_4(g) + 2H_2O$$

二氧化硅是酸性氧化物，能与热的浓碱溶液反应生成硅酸盐，例如：

$$SiO_2 + 2NaOH = Na_2SiO_3 + H_2O$$

SiO_2也可以与某些碱性氧化物或某些含氧酸盐发生反应生成相应的硅酸盐。例如：

$$SiO_2 + Na_2CO_3 = Na_2SiO_3 + CO_2$$

2. 硅酸及其盐　硅酸（H_2SiO_3）的酸性比碳酸还弱。H_2SiO_3的$K_{a1} = 1.7 \times 10^{-10}$，$K_{a2} = 1.6 \times 10^{-12}$。用硅酸钠与盐酸作用可制得硅酸：

$$Na_2SiO_3 + 2HCl = H_2SiO_3 + 2NaCl$$

硅酸的组成比较复杂，随形成的条件而异，常以通式$xSiO_2 \cdot yH_2O$表示。原硅酸H_4SiO_4经脱水得到偏硅酸H_2SiO_3和多硅酸。由于各种硅酸中偏硅酸的组成最简单，所以习惯上常用化学式H_2SiO_3表示硅酸。

从凝胶状硅酸中除去大部分的水，可得到白色，稍透明的固体，工业上称之为硅胶。硅胶具有许多极细小的孔隙，比表面积很大，因而其吸附能力很强，可以吸附各种气体和水蒸气，常用作干燥剂或催化剂的载体。

硅酸盐按其溶解性分为可溶性和不溶性两大类。常见的硅酸盐 Na_2SiO_3 和 K_2SiO_3 是易溶于水的，其水溶液因 SiO_3^{2-} 水解而显碱性。俗称的水玻璃为硅酸钠的水溶液。其他硅酸盐难溶于水并具有特征的颜色。

天然存在的硅酸盐都是不溶于水的。长石、云母、黏土、石棉、滑石等都是最常见的天然硅酸盐，其化学式很复杂，通常写成氧化物的形式。几种天然硅酸盐的化学式见表 9-5。

表 9-5　常见硅酸盐的化学组成

俗名	化学组成	俗名	化学组成
正长石	$K_2O \cdot Al_2O_3 \cdot 6SiO_2$	石棉	$CaO \cdot 3MgO \cdot 4SiO_2$
白云母	$K_2O \cdot 3Al_2O_3 \cdot 6SiO_2 \cdot 2H_2O$	滑石	$3MgO \cdot 4SiO_2 \cdot H_2O$
高岭土	$Al_2O_3 \cdot 2SiO_2 \cdot 2H_2O$	泡佛石	$Na_2O \cdot Al_2O_3 \cdot 2SiO_2 \cdot nH_2O$

三、硼及其化合物

（一）单质

硼在地壳中的含量很小。硼在自然界不以单质存在，主要以含氧化合物的形式存在。硼的重要矿石有硼砂（$Na_2B_4O_7 \cdot 10H_2O$）、方硼石（$2Mg_3B_3O_{15} \cdot MgCl_2$）/ 硼镁矿 $Mg_2B_2O_5 \cdot H_2O$ 等，还有少量硼酸 H_3BO_3。我国西部地区的内陆盐湖和辽宁、吉林等省都有硼矿。

单质硼有无定形硼和晶型硼等多种同素异形体。无定形硼为棕色粉末，晶型硼呈黑灰色。硼的熔点、沸点都很高。晶型硼的硬度很大，在单质中，其硬度略次于金刚石。

工业上制备单质硼一般采取浓碱溶液分解硼镁矿的方法。

（二）硼的氢化物

硼可以与氢形成一系列共价型氢化物，如 B_2H_6、B_4H_{10}、B_5H_9、B_6H_{10} 等。这类化合物的性质与烷烃相似，故又称为硼烷。目前已制出的硼烷有 20 多种。根据硼烷的组成可将其分为多氢硼烷和少氢硼烷两大类，其通式可以分别写作 B_nH_{n+6} 和 B_nH_{n+4}。

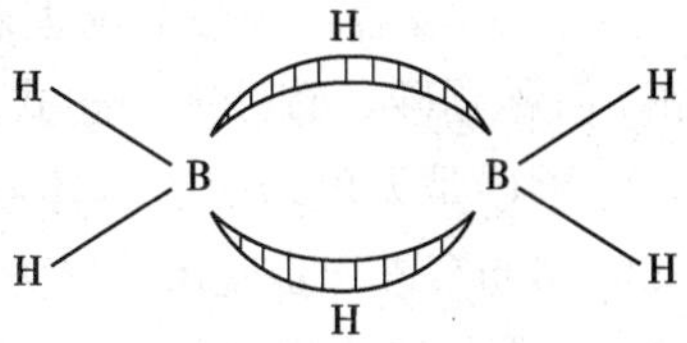

图 9-1　乙硼烷的结构

最简单的硼烷是乙硼烷 B_2H_6，其结构如图 9-1 所示。通过用 LiH、NaH 或 $NaBH_4$ 与卤化硼作用可以制得 B_2H_6：

$$6LiH(s) + 8BF_3(g) = 6LiBF_4(s) + B_2H_6(g)$$

$$3NaBH_4(s) + 4BF_3(g) = 3NaBF_4(s) + 2B_2H_6(g)$$

简单的硼烷都是无色的气体，具有难闻的臭味，极毒。

在通常情况下硼烷很不稳定，在空气中极易燃烧，甚至能自燃，生成三氧化二硼和水，放热量比相应的硼氢化合物大得多。例如：

$$B_2H_6(g) + 3O_2(g) = B_2O_3 + 3H_2O(g)$$

硼烷与水发生不同程度的水解，反应速率也不同。例如：乙硼烷极易水解，室温下反应很快：

$$B_2H_6(g) + 6H_2O(l) = 2H_3BO_3(g) + 6H_2(g)$$

由于该反应放热量也较大，人们曾把乙硼烷作为水下火箭燃料考虑。

硼烷能与CO、NH_3等具有孤对电子的分子发生加合反应。例如：

$$B_2H_6 + 2CO \longrightarrow 2[H_3B \leftarrow CO]$$

$$B_2H_6 + 2NH_3 \longrightarrow [BH_2 \cdot (NH_3)_2]^+ + [BH_4]^-$$

（三）硼的含氧化合物（硼酸、硼砂）

1．硼酸　硼酸包括原硼酸H_3BO_3、偏硼酸HBO_2和多硼酸$xB_2O_3 \cdot yH_2O$。原硼酸通常又简称为硼酸。

将纯硼砂（$Na_2B_4O_7 \cdot 10H_2O$）溶于沸水中并加入盐酸，放置后可析出硼酸：

$$Na_2B_4O_7 + 2HCl + 5H_2O = 4H_3BO_3 + 2NaCl$$

硼酸微溶于冷水，但在热水中溶解度较大。H_3BO_3是一元酸，其水溶液呈弱酸性。H_3BO_3与水反应如下：

$$B(OH)_3 + H_2O \rightleftharpoons B(OH)_4^- + H^+ \qquad K_a = 5.8 \times 10^{-10}$$

在H_3BO_3溶液中加入多羟基化合物，由于形成配合物和H^+而使溶液酸性增强：

$$H_3BO_3 + 2\ \begin{matrix} R \\ | \\ H-C-OH \\ | \\ H-C-OH \\ | \\ R \end{matrix} \longrightarrow \left[\begin{matrix} R & & R \\ | & & | \\ H-C-O & & O-C-H \\ | & B & | \\ H-C-O & & O-C-H \\ | & & | \\ R & & R \end{matrix}\right]^- + H^+ + 3H_2O$$

硼酸和单元醇反应则生成硼酸酯：这一反应进行时要加入浓H_2SO_4作为脱水剂，以抑制硼酸酯的水解。硼酸酯可挥发并且易燃，燃烧时火焰呈绿色。利用这一特性可以鉴定有无硼的化合物存在。

硼酸晶体呈鳞片状，具有解离性，可作润滑剂使用。大量硼酸用于搪瓷工业，有时也用作食物的防腐剂，在医药卫生方面也有广泛的用途。

2．硼酸盐　硼酸盐与偏硼酸盐、原硼酸盐和多硼酸盐等多种。最重要的硼酸盐是四硼酸钠，俗称硼砂。硼砂的分子式是$Na_2[B_4O_5(OH)_4] \cdot 8H_2O$。

硼砂是无色透明的晶体，在干燥的空气中容易风化失水。硼砂受热时失去结晶水；加热至350～400℃进一步脱水而成为四硼酸钠$Na_2B_4O_7$；在878℃时熔化为玻璃体。熔融的硼砂可以溶解许多金属氧化物，形成偏硼酸的复盐。不同金属的偏硼酸复盐显示各自不同的特征颜色。例如：

$$Na_2B_4O_7 + CoO = Co(BO_2)_2 \cdot 2NaBO_2（蓝色）$$

$$Na_2B_4O_7 + NiO = Ni(BO_2)_2 \cdot 2NaBO_2（棕色）$$

利用硼砂的这一类反应，可以鉴定某些金属离子，这在分析化学上称为硼砂珠实验。

硼砂易溶于水，其溶液因$[B_4O_5(OH)_4]^{2-}$的水解而显碱性：

$$[B_4O_5(OH)_4]^{2-} + 5H_2O \rightleftharpoons 4H_3BO_3 + 2OH^- \rightleftharpoons 2H_3BO_3 + 2B(OH)_4^-$$

0℃时，硼砂溶液的pH值为9.24。硼砂溶液中含有的H_3BO_3和$[B(OH)_4]^-$的物质的量相等，故具有缓冲作用。在实验室中可用它来配制缓冲溶液。

陶瓷工业用硼砂来制备低熔点釉。硼砂也用于制造耐温度骤变的特种玻璃和光学玻璃。由于硼砂能溶解金属氧化物，焊接金属时可以用它作助熔剂，以熔去金属表面的氧化物。此外，硼砂还用于作防腐剂。

问题与思考

1. 举例说明常见化合物中那些是Lewis酸，并说明硼酸为什么是一元酸，而不是三元酸？
2. 金刚石和晶体硅有相似的结构，但金刚石的熔点却高得多，为什么？

第五节　p 区元素的生物学效应及相应药物

一、卤素的生物学效应及相应药物

氟是人体必需微量元素，作为生物钙化作用的必需物质，适量的氟有利于钙和磷的吸收及在骨骼中的沉积，加速骨骼形成，增加骨骼的硬度。所以氟对于儿童的生长发育有促进作用，有利于老年人骨质疏松的预防和治疗。但是氟摄入量过多时也会出现氟中毒，如氟斑牙、氟骨症等。作为必需微量元素，碘是通过甲状腺素而发挥作用的，所以甲状腺素的所有生物活性都与碘有关。另外碘还与生长发育有关。缺碘时引起地方性甲状腺肿大和地方性克汀病等。常见的含有卤素的药物有盐酸、氯化钠、碘酊等，其中氯化钠主要用于配制生理盐水。

二、氧族元素的生物学效应及相应药物

氧气是绝大多数生物所必需的，它们利用氧气来氧化有机营养物质以获取能量。如糖的代谢：

$$C_6H_{12}O_6 + 6O_2 \longrightarrow 6CO_2 + 6H_2O + \text{能量}$$

生物体内的氧化反应是在细胞内进行的，人体经过血液流动将溶解在血液中的氧气输送到每个细胞，但只靠物理溶解的氧远远不能满足需要。在人体内有一种专门结合氧的蛋白质——血红蛋白，负责将氧气输送到每个需氧部位，并将产生的二氧化碳带出，另一种物质肌红蛋白负责暂时的储存氧气。

硫元素是构成动、植物蛋白质的重要元素之一，蛋白质是由多个氨基酸分子通过肽键（CONH）连接起来的生物大分子。在构成蛋白质的氨基酸分子中，蛋氨酸和半胱氨酸都含有硫。由于半胱氨酸中的巯基（SH）具有还原性，很容易氧化偶合形成胱氨酸。

半胱三酸(Cys)　　蛋氨酸(Met)　　谷氨酸(Glu)

由谷氨酸（Glu）、半胱氨酸（Cys）和甘氨酸（Gly）等三种氨基酸组成的谷胱甘肽（GSH），除了可以结合有毒金属外，还可以通过与 GSSG—R 的相互转化参与细胞内的氧化还原反应，保护细胞免受氧化性损伤。

作为一种必需微量元素，硒与人类的健康密切相关。Schrauzer 指出：“防癌的措施之一在

于保证人们有充足的硒及其他重要微量元素的摄入”。除了预防癌症以外，硒还具有维持心血管系统正常结构和功能的作用。常见含有氧族元素的药物有过氧化氢（H_2O_2）、硫磺（S_8）、硫代硫酸钠（$Na_2S_2O_3 \cdot 2H_2O$）、亚硒酸钠（Na_2SeO_3）、硫酸钠（$Na_2SO_4 \cdot xH_2O$）等。其中亚硒酸钠具有抑制肿瘤发病率和预防心肌损伤性疾病的作用。

三、氮、磷元素的生物学效应及相应药物

磷在生命体中发挥着重要的作用。除提供能量外，磷同时还是构成有机体细胞的要素之一。药物经磷酰化后，因具有细胞通透性，更有利于在体内的分布与吸收。同时，由于P—O、P—C键比相应的C—O、C—C键键能大，当磷酸基引入分子取代了原有酸功能基后，既可以保护活性基，使药物稳定，具有前药效应，又可能引起分子的理化性质变化，从而可能产生新的药理活性。同时磷酰基对于某些酶活性中心的金属离子有强的亲和性，含磷药物可作为酶反应的模拟物而产生抑酶效应。因此，近年来含磷药物发展极为迅速，在抗肿瘤、抗寄生虫、消炎（如磷柳酸）、杀菌（磷霉素，磷氨霉素）、抗病毒（膦甲酸钠）及心血管疾病治疗等方面均有应用，并具有生化营养活性（如保肝药甘磷酰胆碱等）。1-羟基乙烷-1，1-二磷酸（EHDP，6—20）及其盐，最早认为该物质具有强的去垢活性，后来发现其具有广泛的生物活性及生物可降解性，可用于异位钙化症，骨化肌炎，硬皮病等疾病的治疗。而环磷酰胺类如（环磷酰胺CP）具有缩小肿瘤，改善食欲，增强体质等效用，近年来又发现CP对风湿性关节炎、周身性红斑狼疮等有效，并可作为器官移植的免疫抑制剂等。

四、碳、硅、硼元素的生物学效应及相关药物

碳、硅是人体必需元素，碳氢化合物是组成生物体的基本物质，普遍存在于生物体中，在药物方面的应用较多。有机硅化合物性质特殊，具有生理活性者较多，近年发展尤为迅速，一门新生学科——生物有机硅化学正在逐步形成，其之所以如此迅速的原因是由于：①有机硅化合物代谢迅速，在体内残留较少；②硅是碳的生物电子等排体，可以取代已知药物分子中的碳原子，从而改变药物的物化性能，提高疗效，降低毒性。

硼是植物生长的必需元素。常见药物有药用炭、水晶、麦饭石、阳起石、玛瑙、碳酸氢钠等。此外4.5%～5.5%的硼酸软膏可用于治疗皮肤溃疡等。

五、铝和砷的生物学效应及相关药物

铝是人体内的一种低毒、非必需微量元素。体内的铝含量升高时，铝与钙、氟、铁、镁、锌等元素产生明显的生物学拮抗作用。铝的存在可降低肠道对钙的吸收，铝还干扰钙与蛋白质的正常结合。铝与氟可形成稳定的配合物，从而增加了氟的排泄，导致血氟含量降低，影响正常的骨质代谢。特别是相对中枢神经系统和免疫系统的毒性作用，可能是产生早老性痴呆症、透析性脑病及帕金森病的病原学因素之一。

近年来，随着对砷与生物大分子作用机理研究的进展，已形成了砷生物学作用研究的新领域——砷的分子毒理学。砷是生物毒性很强的元素，急性砷中毒的临床症状表现为急性胃

肠炎、中毒性肾病、中毒性肝病、中毒性心肌炎、呼吸困难、乏力及头痛、昏迷等神经系统症状。慢性砷中毒的临床症状主要表现为神经系统、心血管系统、造血系统、消化系统以及皮肤、肝、肾等器官的损伤。通常 As_2O_3 的致死量最多为 120mg。

20 世纪 70 年代，我国学者首先将砷的化合物应用于临床治疗急性早幼粒细胞白血病获得突破性成果，被国际医疗界瞩目。目前，许多学者正在进行扩大实验，将砷的制剂用于治疗慢性白血病、恶性淋巴瘤、多发性骨髓瘤、原发肝癌、皮肤癌、消化道恶性肿瘤等。因此，可以预言，源于祖国中医药学的砒霜及其制剂的抗肿瘤研究的前景将十分广阔。

常见的含有铝和砷的药物有氢氧化铝、明矾 $KAl(SO_4)\cdot12H_2O$、砒霜（As_2O_3）、雄黄（As_4S_4）等。

“化害为利”还是“昭雪沉冤”？

——硝酸盐与 NO 研究的新发现

作为食物常用防腐剂的硝酸盐，因为它与胃癌有着潜在的联系，所以常常遭到人们的白眼；与血红蛋白的结合力为 CO 的几百倍甚至上千倍的 NO，由于容易造成血液缺氧，引起中枢神经麻痹，又是大气的主要污染物之一，更是被视为祸害。但是，科学家在最近的研究中表明，这两者不仅可以完全“化害为利”替人类造福，甚至有可能洗刷掉“致癌杀手”的恶名。

1896 年，诺贝尔去世前心脏病发作，医生建议用他自己发明的硝酸甘油缓解疼痛，但被他拒绝了。他不理解火药成分的硝酸甘油怎么能治自己的胸疼。百年后的 1998 年，诺贝尔医学奖的获得者弗里德•默拉德、罗伯特•弗奇戈特和路易斯•伊格纳罗三位科学家，用他们的研究回答了诺贝尔的疑问。他们的研究结果表明，NO 是神经的信号分子，是抗感染的武器，是血压的调节因子，是血液进入不同器官的“看管人”。在大多数生物中，NO 可由不同的细胞产生，能够扩展动脉从而控制血压，可通过激活神经细胞影响人的行为，还可以在血红细胞中杀死细菌和寄生虫。硝酸甘油正是通过分解出来的 NO 来缓解疼痛的。

硝酸盐开始受到怀疑是在 20 世纪 50 年代，当时研究者发现，它的一类衍生物 N- 亚硝胺会破坏实验鼠和农畜的 DNA 并引发癌症。但是，之后进行大量流行病研究却基本上未发现硝酸盐的摄入与人类胃癌有何必然的联系。从 1994 年起，有关硝酸盐正面作用的说法开始引起关注。英国和瑞典的科学家发现，人类的胃中容纳着大量的 NO 气体，当 NO 通过白细胞与微生物遭遇时，就会削弱它们，从而起到抑制、杀菌的效果。尽管人们经常把胃酸看做胃抵抗入侵病菌的主要防线，研究者却发现，大肠埃希菌、沙门菌及其他细菌在其中能生存几个小时；但是，如果在浓度很标准的酸中加入亚硝酸盐，细菌就会在不到一小时内被杀死。胃中的 NO 来源，一方面有一种细胞酶（一氧化氮化合酶）会从一种名为精氨酸的氨基酸中释放出这种气体来；但更主要的来源是，在低 pH 的条件下，亚硝酸盐会形成氮 - 氧化合物的混合物，其中包括 NO。口腔中的细菌会把硝酸盐转变成亚硝酸盐，当它被吞下时，胃中就自然的产生了 NO。

基于硝酸盐化学的抗菌疗法才刚刚起步，一种 NO 药膏已经研制成功，用于治疗常见的细菌性皮肤感染。但研究者还远未理解如何用 NO 治疗系统感染。

学习小结

p区除含有10种金属元素外，集中了几乎全部非金属元素，两者沿“对角线”B-Si-As-Te-At分界。

比较活泼的非金属单质除F_2外，往往既有氧化性又有还原性，它们在水或碱中发生歧化反应。只有那些处于“对角线”上的不活泼非金属，才能从碱中置换出氢气。元素的氧化数常呈“跳跃式”变化，有+N(族数)，+(N−2)，…，+(N−8)。这与它们的激发成键或配位成键密切相关。

第二周期p区元素原子最外层只有2s和2p轨道，所容纳的电子数量最多不超过8，第三周期以上的P区元素原子最外层除s和p轨道外尚有d轨道，可容纳更多的电子。因此，第三周期以上的p区元素则可以有更高配位数的化合物。从第四周期开始，在周期表中s和p区元素之间插入了d区元素，使第四周期p区元素的有效核电荷显著增大，对核外电子的吸引力增强，因而原子半径同周期的s区元素的原子半径显著地减小。因此p区第四周期元素的性质在同族中也显得比较特殊，表现出异样性。第四、五、六周期的元素性质又出现了同族元素性质的递变情况，但这种递变远不如s区元素那样明显。第六周期p区元素表由于镧系收缩的影响，与第五周期相应的元素性质比较接近。

p区同族元素性质的递变虽然并不规则，但这种不规则也有一定的规律性，如第二周期元素的反常性和第四周期元素的异样性在p区中都存在。这里同族元素之间的这种规律性曾被称为“二次周期性”。

综上所述，由于d区和f区元素的插入，使p区元素自上而下性质的递变远不如s区元素那样有规律。p区元素性质有如下4个特征：

(1) 第二周期元素具有反常性；

(2) 第四周期元素性质表现出异样性；

(3) 各族第四、五、六周期的元素性质递变缓慢；

(4) 各族第五、六周期的元素性质有些相似。

（陈红余）

复习题

1. 解释下列现象或事实：

(1) HF的酸性没有HCl强，但可与SiO_2反应生成SiF_4，而HCl却不与SiO_2反应；

(2) I_2在水中的溶解度小，而在KI溶液中或在苯中的溶解度大；

(3) Cl_2可从KI溶液中置换出I_2，I_2也可以从$KClO_3$溶液中置换出Cl_2。

2. 下列各物质在酸性溶液中能否共存？为什么？

(1) $FeCl_3$与Br_2水；(2) $FeCl_3$与KI溶液；(3) KI与KIO_3溶液

3. 用反应式表示下列反应过程：

（1）用 $HClO_3$ 处理 I_2；

（2）Cl_2 长时间通入 KI 溶液中。

4. 写出下列反应产物并配平方程式：

（1）氯气通入冷的氢氧化钠水溶液中；

（2）碘化钾加到含有稀硫酸的碘酸钾的溶液中；

（3）氯气通入大苏打溶液；

（4）白色甘汞固体中加入过量 $SnCl_2$ 溶液。

5. 有一既有氧化性又有还原性的某物质水溶液：

（1）将此溶液加入碱时生成盐；

（2）将（1）所得溶液酸化，加入适量 $KMnO_4$，可使 $KMnO_4$ 褪色；

（3）将（2）所得溶液加入 $BaCl_2$ 得白色沉淀。

判断这是什么溶液？

6. 写出下列各铵盐、硝酸盐热分解的反应方程式：

（1）铵盐：NH_4HCO_3、$(NH_4)_3PO_4$、$(NH_4)_2SO_4$、NH_4NO_3、NH_4Cl

（2）硝酸盐：KNO_3、$Cu(NO_3)_2$、$AgNO_3$、$Zn(NO_3)_2$

7. 写出浓硝酸分别与磷、硫、铜作用的反应方程式。

8. 写出下列反应的方程式，并加以配平：

（1）HNO_2 与氨水反应产生 N_2。

（2）亚硝酸盐在酸性溶液中被 I^- 离子还原成 NO。

9. 一种盐 A 溶于水后，加入稀 HCl，有刺激性气体 B 产生，同时有黄色沉淀 C 析出，气体 B 能使 $KMnO_4$ 溶液褪色；若通 Cl_2 于 A 溶液，Cl_2 即消失并得到溶液 D，D 与钡盐作用，即产生白色沉淀 E。试确定 A，B，C，D，E，各为何物？写出各步反应方程式。

10. 有一白色固体 A，加入无色液体油状 B，可得紫色固体 C。C 微溶于水，加入 A 后 C 的溶解度增大，呈棕色液体 D。将 D 分成两份，一份加入无色液体 E，另一份不断通入气体 F，两份都褪成无色溶液。E 溶液遇酸有淡黄色沉淀生成；将气体 F 通入溶液 E，再向所得溶液中加入 $BaCl_2$ 溶液有白色沉淀，该沉淀难溶于硝酸。则 A、B、C、D、E、F 各代表什么？写出各步反应方程式。

11. 解释热稳定性 $Na_2CO_3>NaHCO_3>H_2CO_3$ 的原因。

12. 为什么说 H_3BO_3 是一元酸？它与酸碱质子理论里的质子酸有何不同？

13. 说明在 $[AlF6]^{3-}(ag)$，$Al_2Cl_6(g)$，$AlCl_3(g)$ 中，铝原子以何种杂化轨道成键。

第十章

d区、ds区和f区元素

学习目标

1. 掌握d区、ds区元素的价电子层结构的特点及通性；Cr、Mn、Fe、Co、Ni、Cu、Zn、Ag、Hg的重要化合物的性质及用途；镧系金属及其化合物的重要性质及其应用。

2. 熟悉过渡元素的"三多"特征——配合物多、变价多、颜色多；Cu（Ⅱ）与Cu（Ⅰ）和Hg（Ⅱ）与Hg（Ⅰ）之间的相互转化条件及相关应用；镧系收缩及其影响。

3. 了解过渡元素的结构特点及与之相关联的性质；低氧化数化合物组成、结构、性能和应用；铜、银、锌、镉、汞的应用。

d区元素是指周期表ⅢB～Ⅷ族的元素，价层电子构型为$(n-1)d^{1\sim9}ns^{1\sim2}$。d区元素原子结构的共同特点是次外层d轨道尚未充满（部分填充构型）。ds区元素是指周期表ⅠB和ⅡB族的元素，价层电子构型为$(n-1)d^{10}ns^{1\sim2}$。ds区元素原子结构的特点是d轨道为全充满构型。f区元素是指周期表中的镧系和锕系元素，价层电子层构型为$(n-2)f^{1\sim14}(n-1)d^{0\sim1}ns^2$。f区元素原子结构的特点为价电子在f轨道中依次填充。

在周期表中，d区、ds区和f区元素位于典型的金属元素（s区元素）与典型的非金属元素（p区元素）之间，因而称它们为过渡元素，由于它们都是金属元素，故亦称之为过渡金属。过渡金属在周期表中的位置如表10-1所示。通常可将过渡元素分为四个过渡系：第四周期的过渡元素（从Sc到Zn）称为第一过渡系元素，也称为轻过渡元素；第五周期的过渡元素（从Y到Cd）称为第二过渡系元素；第六周期的过渡元素（从La到Hg，不包括镧系元素）称为第三过渡系元素；第七周期的过渡元素（从Ac到112号元素Cn，不包括锕系元素）称为第四过渡系元素。第二、三、四过渡系元素又称为重过渡元素。f区的镧系元素和锕系元素称为内过渡元素。

在自然界中，轻过渡元素的储量较多，其单质和化合物的用途十分广泛，如铁是应用最广的金属材料，铜是优良的电导材料，铁、钴、镍及其合金常用于制造磁性材料。大多数重过渡元素的丰度很小，但某些重过渡元素及其化合物却有非常重要的用途，如钨、铂、银、汞等。我国是钼（Mo）和钨（W）的丰产国。本章将在介绍d区、ds区元素通性的基础上，重点讨论d区、ds区常见元素及其化合物的性质，并简要介绍f区元素的通性及某些镧系和锕系元素的性质和用途。

表 10-1　过渡元素在周期表中的位置

ⅠA　s区　　■ 为过渡元素　　p区　　0

H	ⅡA											ⅢA	ⅣA	ⅤA	ⅥA	ⅦA	He
Li	Be				d区				ds区			B	C	N	O	F	Ne
Na	Mg	ⅢB	ⅣB	ⅤB	ⅥB	ⅦB		Ⅷ		ⅠB	ⅡB	Al	Si	P	S	Cl	Ar
K	Ca	Sc	Ti	V	Cr	Mn	Fe	Co	Ni	Cu	Zn	Ga	Ge	As	Se	Br	Kr
Rb	Sr	Y	Zr	Nb	Mo	Tc	Ru	Rh	Pd	Ag	Cd	In	Sn	Sb	Te	I	Xe
Cs	Ba	La	Hf	Ta	W	Re	Os	Ir	Pt	Au	Hg	Tl	Pb	Bi	Po	At	Rn
Fr	Ra	Ac	Rf	Db	Sg	Bh	Hs	Mt	Ds	Rg	Cn						

Ce	Pr	Nd	Pm	Sm	Eu	Gd	Tb	Dy	Ho	Er	Tm	Yb	Lu	f区
Th	Pa	U	Np	Pu	Am	Cm	Bk	Cf	Es	Fm	Md	No	Lr	

第一节　d区和ds区元素的通性

一、元素的基本性质变化特征

d区、ds区元素原子的电子层结构可用以下通式表示：

$$原子实(n-1)d^{1\sim10}ns^{1\sim2}$$

其价电子构型为$(n-1)d^{1\sim10}ns^{1\sim2}$，外层$ns$轨道和次外层$(n-1)d$轨道的能量比较接近，并且都属于不稳定电子构型，容易发生变化。在一定条件下，不仅最外层ns电子能参加成键，而且次外层$(n-1)d$电子也可以部分或全部参加成键。第一过渡系元素原子的价层电子构型见表10-2。元素的一些基本性质列于表10-3。

表 10-2　第一过渡系元素原子的价层电子构型

第一过渡系	Sc	Ti	V	Cr	Mn	Fe	Co	Ni	Cu	Zn
	$3d^14s^2$	$3d^24s^2$	$3d^34s^2$	$3d^54s^1$	$3d^54s^2$	$3d^64s^2$	$3d^74s^2$	$3d^84s^2$	$3d^{10}4s^1$	$3d^{10}4s^2$

表 10-3　第一过渡系金属的基本性质

元素	Sc	Ti	V	Cr	Mn	Fe	Co	Ni	Cu	Zn
原子半径 r/pm	162	147	134	128	127	126	125	124	128	134
M^{2+}离子半径/pm		86	79	80(73)	83(67)	78(61)	74.5(65)	69	73	74
第一电离能 I_1/(kJ·mol^{-1})	631	658	650	653	717	759	758	737	745	906
电负性/(Pauling标度)	1.36	1.54	1.63	1.66	1.55	1.83	1.88	1.91	1.90	1.65
$\varphi^{\ominus}_{M^{2+}/M}$/V		−1.63	−1.19	−0.91	−1.18	−0.44	−0.277	−0.25	−0.337	−0.763
$\varphi^{\ominus}_{M^{3+}/M}$/V	−2.08			−0.76						

由表10-3中数据可知，同一周期从左到右过渡元素的基本性质有许多相似之处。同周期过渡元素的第一电离能比较接近，金属性变化不显著；原子半径随d电子数的增加而缓慢变化等。

（一）原子半径

与同周期主族元素相比，过渡元素的原子半径一般比较小，过渡元素的原子半径以及它们随原子序数和周期变化的情况如图10-1所示。随着原子序数的增加，有效核电荷是依次增大。所以同一周期从左到右，原子半径依次减小，但随着成对d电子数增多，电子之间斥力逐渐增大，使得原子半径减小幅度放缓；直到铜副族前后，d轨道开始趋于全充满，电子云接近球形对称，屏蔽效应增强，核对外层电子的作用力减小，所以原子半径又有所增大。

同族过渡元素的原子半径，总趋势是从上到下随主量子数的增加而增大，其中第二过渡系元素比第一过渡系元素的原子半径增加较多，但是由于"镧系收缩"的影响，第三过渡系元素比第二过渡系元素原子半径增大幅度变小，表明电子层数增加的因素和有效核电荷增加的因素对原子半径的影响接近相互抵消，镧系之后的第三过渡系元素的原子半径与同族的第二过渡系元素非常相近，其中以Zr和Hf、Nb和Ta、Mo和W为甚。

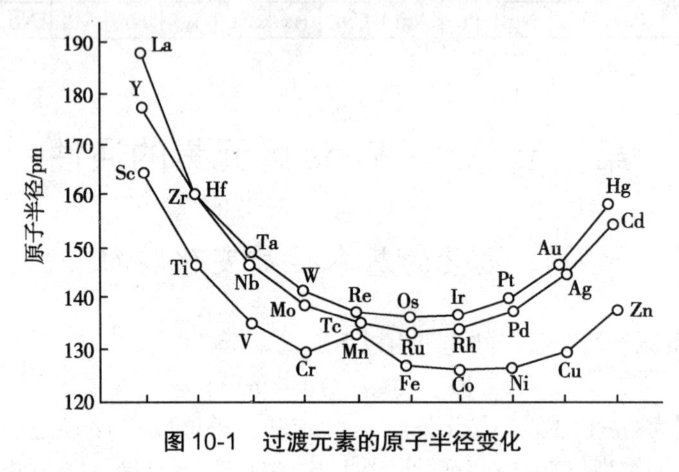

图10-1　过渡元素的原子半径变化

（二）电负性和金属性

d区、ds元素的电负性相差不大，总的变化趋势是：从左到右或从上到下，电负性增大，但交错的现象十分多见。

d区、ds元素的金属性变化也不够显著。从左到右，同周期元素的金属性依次减弱（Cr与Mn有例外）。从上到下，同族元素的金属性减弱。

二、单质的物理性质

过渡元素金属单质都具有典型的金属性质，其主要的物理性质如下：

（1）高密度：除钪、钛和ⅡB族元素属轻金属外，其余均属重金属。锇、铱、铂是密度最大的金属单质，比金属中密度最小的锂要大40多倍。

（2）高熔点：与s区和p区金属相比，过渡元素具有较高的熔点，特别是在过渡元素区域的中部和中下部。金属中熔点最高的是钨（3683K），仅次于金刚石（4298K），比金属熔点最低的铯（302K，汞除外）要高出10余倍。

（3）高硬度：除钪族金属和ⅡB族元素较软之外，一般都有较高的硬度，铬的莫氏（Moh）硬度为9，仅次于金刚石（10），在金属中硬度最大。

（4）d区、ds区金属单质都具有顺磁性，可作为磁性材料：一些与铁的晶体结构相近的金属（如钒、铬、锰、钴和镍等），可与铁组成具有多种特殊性能的合金。d区、ds区金属单质通常具有较好的延展性和机械加工性，因而具有许多特殊的用途。金属新型材料形状记忆合金（如

Ti-Ni 系合金、Cu-Zn-Al 系合金等)，在生物医用工程材料(人工肾脏泵、人工心脏等)、电子仪器、能源开关、空间技术、卫星天线等方面都有重要的应用。总之，d 区、ds 区元素是现代工程技术材料中最重要的和应用最为广泛的金属。

三、单质及其化合物的化学性质

(一) 金属活泼性及反应性能

d 区、ds 区元素的反应性能及金属活泼性分类汇于表 10-4。

表 10-4　d 区、ds 区元素的反应性能及金属活泼性分类

试剂	反应元素	金属活泼性分类	反应产物
H_2O	Sc、Y、La	极活泼金属	$Sc(OH)_3$、$Y(OH)_3$、$La(OH)_3$
稀 HCl 或稀 H_2SO_4	Cr、Mn、Fe、Co、Ni、Cd、Ti(热浓 HCl)	活泼金属	M^{2+}或 M^{3+}
稀 HNO_3 浓 HNO_3	Cu、Ag、V(热)、Mo、Tc、Pd、Re、Hg	不活泼金属	Cu^{2+}、Ag^{+}、VO_2^{+}、MoO_4^{2-}、TcO_4^{-}、Pd^{2+}、ReO_4^{-}、Hg^{2+}
王水	Zr、Hf、Pt、Au	极不活泼金属	ZrO_2、HfO_2、$[PtCl_6]^{2-}$、$[AuCl_4]^{-}$
HNO_3+HF	Nb、Ta、W	惰性金属	$[NbF_6]^{2-}$、$[TaF_7]^{2-}$、$[WOF_5]^{-}$
苛性碱(熔融)	Ru、Rh、Os、Ir(不溶于王水)	惰性金属	RuO_4^{2-}、Rh_2O_3、OsO_4、IrO_2

(二) 氧化数特征

与 s 区和 p 区元素不同，由于 d 区、ds 区元素能量相近的$(n-1)$d 电子和 ns 电子均可参与成键，所以多数元素存在连续可变的多种氧化数，它们的氧化数情况列于表 10-5 中。

d 区、ds 区元素的氧化数表现有一定的规律性：

(1) 它们的氧化数一般由 +2 开始依次增加到与族数相同的最高氧化数(Ⅷ族元素除外，仅 Ru 和 Os 有 +8 氧化数)，而且两相邻氧化数之间的差值多数为 1。ⅠB 族元素的氧化数可高于其族数。在过渡元素的化合物中，高氧化数的化合物一般以氧化物、含氧化合物、氟化物或氯化物的形式存在，如 WO_3，CrF_6，MnO_4^-，$C_2O_4^{2-}$等；而低氧化数的化合物则一般以配位化合物的形式存在，如 $Ni(CO)_4$，$Cr(CO)_5^{2-}$等。

(2) 同一周期从左向右，随着原子序数的增加，或随着$(n-1)$d 轨道和 ns 轨道中的价电子数的增加，元素的最高氧化数先是逐渐升高，但是第一过渡系元素在锰以后氧化数又逐渐降低，高氧化数的化合物如FeO_4^{2-}，Co^{3+}，Ni^{3+}等都是强氧化剂。

(3) 从上到下，同族元素高氧化数趋于稳定。即第一过渡系元素低氧化数比较稳定，而它们的高氧化数化合物通常是强氧化剂。

表 10-5　第一过渡系元素在化合物中的氧化数*

元素	Sc	Ti	V	Cr	Mn	Fe	Co	Ni	Cu	Zn
氧化数	+2	+2	0	0	0	0	0	0	$\underline{+1}$	$\underline{+2}$
	$\underline{+3}$	+3	+2	+2	+2	$\underline{+2}$	$\underline{+2}$	$\underline{+2}$	$\underline{+2}$	
		$\underline{+4}$	+3	$\underline{+3}$	+3	$\underline{+3}$	$\underline{+3}$	$\underline{+3}$		
			$\underline{+4}$	+4	$\underline{+4}$	+4	+4	+4		
			$\underline{+5}$	+5	+5	+5				
				$\underline{+6}$	$\underline{+6}$	+6				
					$\underline{+7}$					

* 标注下划线者为常见氧化数

（三）氧化物及其水合物的酸碱性

d区、ds区元素的氧化物及其水合物的酸碱性变化规律如下：①从左到右，同周期元素（ⅢB～ⅦB族）最高氧化数的氧化物及其水合物的酸性增强；②从上到下，同族元素相同氧化数的氧化物及其水合物的碱性增强；③同一元素高氧化数的氧化物及其水合物的酸性大于其低氧化数的氧化物。

第ⅢB～ⅦB族过渡元素最高氧化数氧化物的水合物酸碱性递变情况见表10-6。

表10-6　第ⅢB～ⅦB族过渡元素最高氧化数氧化物的水合物的酸碱性

	ⅢB	ⅣB	ⅤB	ⅥB	ⅦB	
碱性增强↓	$Sc(OH)_3$ 弱碱性	$Ti(OH)_4$ 两性	HVO_3 酸性	H_2CrO_4 酸性	$HMnO_4$ 强酸性	酸性增强↑
	$Y(OH)_3$ 中强碱	$Zr(OH)_4$ 弱两性	$Nb(OH)_5$ 两性	H_2MoO_4 弱酸性	$HTcO_4$ 酸性	
	$La(OH)_3$ 弱碱性	$Hf(OH)_4$ 两性、偏碱性	$Ta(OH)_5$ 两性	H_2WO_4 弱酸性	$HReO_4$ 弱酸性	
	$Ac(OH)_3$ 弱碱性					
			酸性增强→			

（四）化合物的特征颜色

大多数d区、ds区元素的化合物都有一定的颜色，这是副族元素化合物区别于主族元素化合物的重要特征之一（表10-7）。

表10-7　过渡元素部分金属水合离子的颜色

离子	Sc^{3+}	Ti^{+}	V^{3+}	Cr^{3+}	Mn^{2+}	Fe^{3+}	Fe^{2+}	Co^{2+}	Ni^{2+}	Cu^{2+}	Zn^{2+}
d电子数	$3d^0$	$3d^1$	$3d^2$	$3d^3$	$3d^4$	$3d^5$	$3d^6$	$3d^7$	$3d^8$	$3d^9$	$3d^{10}$
颜色	无色	紫红	绿	蓝紫	肉色	淡黄	浅绿	粉红	绿色	蓝色	无色

（五）配位化学特性

d区、ds区元素最重要和最突出的特征之一是易形成配合物。周期系中所有的d区、ds区元素的离子或某些原子都可作为配合物的形成体，与许多配体形成稳定的配合物。过渡金属的离子一般都能与F^-、CN^-、$C_2O_4^{2-}$、NH_3、乙二胺（en）及乙二胺四乙酸（EDTA）等配体形成配合物。某些过渡金属的原子（Pt、Ni、Co、Fe等）还能与CO（羰基）形成羰基配合物$[M_x(CO)_y]$。

阐述过渡元素的通性和电子构型的关系。

第二节　d区和ds区的重要元素及其化合物

一、铬　和　锰

铬（Cr）和锰（Mn）分别是周期系d区ⅥB族和ⅦB族元素。

自然界不存在游离状态的铬。铬矿主要有铬铁矿 $FeCr_2O_4$（即 $FeO \cdot Cr_2O_3$），数量不多的其他矿石铬铅矿 $PbCO_4$，铬赭石矿 Cr_2O_3，而绿宝石和红宝石等宝石颜色也是由于内含微量的铬。我国铬矿主要分布于西藏。

锰元素在地壳中的丰度为 0.0095%，其含量位居所有过渡元素的第三位，仅次于铁和钛。我国锰矿资源较多，分布广泛，以广西、湖南最为丰富。储量居世界第三位。地壳上锰的主要矿石有软锰矿 $MnO_2 \cdot xH_2O$、黑锰矿 Mn_3O_4、水锰矿 $Mn_2O_3 \cdot H_2O$ 及褐锰矿 $3Mn_2O_3 \cdot MnSiO_3$ 等。

铬、锰元素的标准电势图如下：

$$\varphi_A^\ominus/V \quad Cr_2O_7^{2-} \xrightarrow{+1.33} Cr^{3+} \xrightarrow{-0.41} Cr^{2+} \xrightarrow{-0.91} Cr \qquad (Cr^{3+} \xrightarrow{-0.74} Cr)$$

$$\varphi_A^\ominus/V \quad MnO_4^- \xrightarrow{+0.56} MnO_4^{2-} \xrightarrow{+2.26} MnO_2 \xrightarrow{+0.95} Mn^{3+} \xrightarrow{+1.51} Mn^{2+} \xrightarrow{-1.19} Mn \qquad (MnO_4^- \xrightarrow{+1.51} Mn^{2+})$$

$$\varphi_B^\ominus/V \quad CrO_4^{2-} \xrightarrow{-0.13} Cr(OH)_3 \xrightarrow{-1.1} Cr(OH)_2 \xrightarrow{-1.4} Cr \qquad (CrO_2^- \xrightarrow{-1.2} Cr)$$

$$\varphi_B^\ominus/V \quad MnO_4^- \xrightarrow{+0.56} MnO_4^{2-} \xrightarrow{0.60} MnO_2 \xrightarrow{-0.20} Mn(OH)_3 \xrightarrow{-0.11} Mn(OH)_2 \xrightarrow{-1.55} Mn \qquad (MnO_4^- \xrightarrow{+0.59} MnO_2;\ MnO_2 \xrightarrow{-0.05} Mn(OH)_2)$$

（一）铬和锰单质的性质及用途

单质铬是银白色有光泽的金属。纯铬有延展性，含有杂质的铬硬而脆。铬原子可以提供 6 个价电子形成较强的金属键，所以它的熔点、沸点是同周期中最高的。铬在金属中硬度是最大的。在铬的表面容易形成一层钝态的氧化物保护膜，使铬具有很强的抗腐蚀性，因此铬不溶于浓 HNO_3 或王水中。由于光泽度好，抗腐蚀性强，常将铬镀在其他金属表面上。铬同铁、镍能组成各种性能的、抗腐蚀的不锈钢，不锈钢具有很好的韧性和机械强度，对空气、海水、有机酸等具有良好的耐腐蚀性，因此铬在化工设备的制造中占有重要地位。

未钝化的铬很活泼，可以从非氧化性酸中置换出 H_2，还能将 Cu，Sn，Ni 从它们的盐溶液中置换出来。例如金属铬和盐酸反应，首先生成蓝色的 Cr（Ⅱ）溶液，继而被空气中的 O_2 氧化为 Cr（Ⅲ），溶液显绿色。例如：

$$Cr + 2HCl = CrCl_2 + H_2\uparrow$$

$$4CrCl_2 + O_2 + 4HCl = 4CrCl_3 + 2H_2O$$

在高温条件下，铬能与卤素、硫、氮等非金属单质直接化合。

锰是一种较活泼金属，在空气中金属锰的表面被一层褐色的氧化膜所覆盖，甚至与冷的浓硝酸形成较强的氧化膜。锰易与水反应，放出氢气；能与非氧化性稀酸作用放出 H_2：

$$Mn + 2HCl = MnCl_2 + H_2\uparrow$$

锰溶于浓硫酸，放出 SO_2；溶于稀硝酸，放出 NO。

在有氧化剂存在下，金属锰同熔融的碱反应生成锰酸盐：

$$2Mn + 4KOH + 3O_2 \xlongequal{熔融} 2K_2MnO_4 + 2H_2O$$

锰主要用于钢铁工业中生产锰合金钢，增强钢的耐腐蚀性、延展性和硬度。

（二）铬（Ⅲ）的重要化合物

1．氧化物及其水合物的性质　Cr_2O_3外观呈绿色，硬度大，微溶于水，常用作绿色颜料，俗称铬绿。向Cr（Ⅲ）盐溶液中加入适量碱，可析出灰蓝色的水合三氧化二铬$Cr(OH)_3$。

Cr_2O_3和$Cr(OH)_3$的主要性质如下：

（1）两性：Cr_2O_3和$Cr(OH)_3$具有明显的两性，与酸作用可生成相应的铬（Ⅲ）盐，与碱作用则生成深绿色的亚铬酸盐。

$$Cr_2O_3+3H_2SO_4 = Cr_2(SO_4)_3+3H_2O$$
$$Cr(OH)_3+3HCl = CrCl_3+3H_2O$$
$$Cr_2O_3+2NaOH+3H_2O = 2Na[Cr(OH)_4]$$

（2）还原性：在碱性溶液中，Cr（Ⅲ）具有较强还原性，可被H_2O_2、Cl_2等强氧化剂氧化成铬酸盐。例如：

$$2NaCrO_2+3H_2O_2+2NaOH = 2Na_2CrO_4+4H_2O$$

在酸性溶液中，Cr^{3+}很稳定，还原性很弱。

2．常见铬（Ⅲ）盐的性质　常见的可溶性铬（Ⅲ）盐主要有硫酸铬$Cr_2(SO_4)_3$、氯化铬$CrCl_3$和硫酸铬钾$KCr(SO_4)_2$。可溶性铬（Ⅲ）盐的主要性质如下：

（1）水解性：因Cr^{3+}发生水解，可溶性铬（Ⅲ）盐溶液显酸性：

$$[Cr(H_2O)_6]^{3+}+H_2O = [Cr(OH)(H_2O)_5]^{2+}+H_3O^+$$

若增大溶液的pH值，则有$Cr(OH)_3$灰绿色的胶状沉淀生成。

（2）配位性：Cr^{3+}可与H_2O、NH_3、CN^-、X^-、$C_2O_4^{2-}$和许多有机配体形成配位数为6的稳定的配合物，其单齿配合物的空间构型为八面体。

（三）铬（Ⅵ）的重要化合物

无论在晶体中或在溶液中都不存在简单的Cr^{6+}。铬（Ⅵ）总是以氧化物（CrO_3）、含氧酸根（CrO_4^{2-}，$Cr_2O_7^{2-}$）和铬氧基（CrO_2^{2+}）等形式存在。重要的铬（Ⅵ）化合物有三氧化铬（CrO_3）、铬酸盐和重铬酸盐。

1．三氧化铬　俗名“铬酐”。CrO_3呈暗红色，有毒，易溶于水，熔点较低，热稳定性较差，遇热时（707～784K）会发生分解反应：

$$4CrO_3 \overset{\triangle}{=} 2Cr_2O_3 + 3O_2\uparrow$$

在分解过程中，可形成中间产物二氧化铬（CrO_2，黑色）。CrO_2有磁性，可用于制造高级录音带。

CrO_3有强氧化性，遇有机物（如酒精）将发生剧烈的氧化还原反应，甚至起火，爆炸。CrO_3易潮解，溶于水主要生成铬酸（H_2CrO_4），溶于碱生成铬酸盐：

$$CrO_3+H_2O = \underset{（黄色）}{H_2CrO_4}$$

$$CrO_3+2NaOH = \underset{（黄色）}{Na_2CrO_4} + H_2O$$

CrO_3广泛用作有机反应的氧化剂和电镀的镀铬液成分，还可用作纺织品的媒染剂和金属清洁剂等。

2．铬酸盐和重铬酸盐　重要的可溶性铬酸盐有铬酸钾（K_2CrO_4）和铬酸钠（Na_2CrO_4）；重要的重铬酸盐有重铬酸钾（$K_2Cr_2O_7$，俗称红矾钾）和重铬酸钠（$Na_2Cr_2O_7$，俗称红矾钠）。其主要性质如下：

(1) 氧化性：在酸性溶液中，$Cr_2O_7^{2-}$具有强氧化性，其还原产物为Cr^{3+}。而且溶液的H^+浓度越大，$Cr_2O_7^{2-}$的氧化性就越强。

在分析化学中，常用$K_2Cr_2O_7$来测定Fe的含量；利用$K_2Cr_2O_7$能将乙醇氧化成乙酸的反应，可以检测司机酒驾。

(2) CrO_4^{2-}和$Cr_2O_7^{2-}$的平衡关系：在铬酸盐或重铬酸盐溶液中存在着下列平衡：

$$\underset{\text{(黄色)}}{2CrO_4^{2-}} + 2H^+ \rightleftharpoons \underset{\text{(橙红色)}}{Cr_2O_7^{2-}} + H_2O$$

(3) 沉淀反应：向铬酸盐或重铬酸盐溶液中加入Ag^+、Pb^{2+}、Ba^{2+}等离子时，均可生成难溶性的铬酸盐沉淀。例如：

$$2Ag^+ + CrO_4^{2-} = Ag_2CrO_4\downarrow\text{（砖红色）}$$

$$2Pb^{2+} + Cr_2O_7^{2-} + H_2O = 2H^+ + 2PbCrO_4\downarrow\text{（黄色）}$$

铬酸盐沉淀易溶于强酸。这些反应常用于鉴定CrO_4^{2-}或用于鉴定Ag^+、Pb^{2+}、Ba^{2+}等金属离子。

(4) Cr(Ⅵ)的过氧化物：高氧化数的Cr(Ⅵ)和H_2O_2能生成不稳定的过氧化物。重铬酸盐的酸性溶液中加入H_2O_2时，能生成深蓝色的过氧化铬$CrO(O_2)_2$：

$$Cr_2O_7^{2-} + 4H_2O_2 + 2H^+ = 2CrO(O_2)_2 + 5H_2O$$

$CrO(O_2)_2$在水溶液中很不稳定，容易分解为Cr^{3+}和O_2：

$$4CrO(O_2)_2 + 12H^+ = 4Cr^{3+} + 7O_2\uparrow + 6H_2O$$

（四）锰(Ⅳ)的重要化合物

最重要的锰(Ⅳ)化合物是二氧化锰(MnO_2)。MnO_2是一种黑色粉末状，不溶于水、稀酸和稀碱，常温下稳定。MnO_2的主要性质如下：

(1) 氧化性和还原性：在酸性介质中，MnO_2是强氧化剂。例如MnO_2与浓盐酸作用可放出Cl_2：

$$MnO_2 + 4HCl = MnCl_2 + Cl_2\uparrow + 2H_2O$$

实验室常用MnO_2与浓盐酸作用制备少量氯气。

在碱性介质中，MnO_2具有还原性。例如，MnO_2与$KClO_3$、KNO_3等氧化剂一起加热熔融时，可被氧化成锰酸钾K_2MnO_4（深绿色）：

$$3MnO_2 + 6KOH + KClO_3 \xlongequal{\text{熔融}} 3K_2MnO_4 + KCl + 3H_2O$$

(2) 配位性：锰(Ⅳ)可作为配位个体的中心原子，与某些无机或有机配体生成较稳定的配合物。例如，MnO_2与HF和KHF_2作用时，可生成金黄色的六氟合锰(Ⅳ)酸钾晶体：

$$MnO_2 + 2KHF_2 + 2HF = K_2[MnF_6] + 2H_2O$$

锰(Ⅳ)的配合物中较稳定的还有$K_2[MnCl_6]$、$(NH_4)_2[MnCl_6]$和过氧基配合物$K_2H_2[Mn(O_2)_4]$等。

（五）锰(Ⅶ)的重要化合物

最重要的锰(Ⅶ)化合物是高锰酸钾($KMnO_4$)。$KMnO_4$为深紫色晶体，常温下稳定，易溶于水，其水溶液显示特征的紫红色。$KMnO_4$的主要特性如下：

(1) 强氧化性：在酸性溶液中，MnO_4^-是强氧化剂，本身被还原为Mn^{2+}。

$$2MnO_4^- + 5H_2O_2 + 6H^+ \longrightarrow 2Mn^{2+} + 5O_2\uparrow + 8H_2O$$

$$2MnO_4^- + 5C_2O_4^{2-} + 16H^+ \longrightarrow 2Mn^{2+} + 10CO_2\uparrow + 8H_2O$$

分析化学中常用以上反应测定 H_2O_2 和草酸盐的含量。

在近中性溶液中，MnO_4^-作氧化剂时，其还原产物为 MnO_2。

$$2MnO_4^- + I^- + H_2O \longrightarrow 2MnO_2\downarrow + IO_3^- + 2OH^-$$

在强碱性介质中，MnO_4^-作氧化剂时，其还原产物为MnO_4^{2-}。

$$2MnO_4^- + SO_3^{2-} + 2OH^- \longrightarrow 2MnO_4^{2-} + SO_4^{2-} + H_2O$$

日常生活中及临床上，常利用 $KMnO_4$ 的强氧化性消毒杀菌。例如 $KMnO_4$ 的稀溶液可用于浸洗水果、茶具等。临床上用 $KMnO_4$ 稀溶液作消毒防腐剂。

(2) 不稳定性：$KMnO_4$ 不稳定，常温下在酸性溶液中可缓慢地发生分解反应：

$$4MnO_4^- + 4H^+ \longrightarrow 4MnO_2\downarrow + 3O_2\uparrow + 2H_2O$$

光对 $KMnO_4$ 的分解反应具有催化作用，因此 $KMnO_4$ 溶液应保存于棕色瓶中。

加热 $KMnO_4$ 固体至 473K 以上时，即发生分解反应，实验室常用该反应制备少量的氧气：

$$2KMnO_4 \xlongequal{\triangle} 2MnO_2 + K_2MnO_4 + O_2\uparrow$$

$KMnO_4$ 固体与浓 H_2SO_4 作用时，生成棕绿色的油状物七氧化二锰（Mn_2O_7，高锰酸酐），Mn_2O_7 氧化性极强，遇有机物发生燃烧，稍遇热即发生爆炸，分解生成 MnO_2、O_2 和 O_3。

二、铁、钴、镍

铁（Fe）、钴（Co）、镍（Ni）三种元素的性质十分相似，通常将这三种元素称为铁系元素。铁元素在地球上的丰度居第四位，约占地壳总质量的 5.1%。钴和镍在地壳中的丰度分别是：1×10^{-3}% 和 1.6×10^{-2}%。铁矿石是构成地壳的主要矿物之一，重要的铁矿石有磁铁矿（Fe_3O_4）、赤铁矿（Fe_2O_3）、褐铁矿（$2Fe_2O_3 \cdot 3H_2O$）、菱铁矿（$FeCO_3$）和黄铁矿（FeS_2）等。钴和镍在自然界中常与其他金属共生，重要的矿石有辉钴矿 CoAsS、镍黄铁矿 $NiS \cdot FeS$ 等。

（一）单质的性质

铁、钴、镍的价层电子构型分别为 $3d^64s^2$、$3d^74s^2$ 和 $3d^84s^2$，它们的原子半径十分相近，在最外层的 4s 轨道上都有 2 个电子，只是次外层的 3d 电子数不同，所以它们的性质很相似。第一过渡系元素原子的电子填充过渡到第Ⅷ族时，3d 电子已经超过 5 个，在一般情况下，它们的价电子全部参加成键的可能性逐渐减少，因而铁系元素已不再呈现与族数相当的最高氧化数。铁的最高氧化数为 +6，其他氧化数有 +5、+4、+3 和 +2，在某些配位化合物中，也呈现更低的氧化数。在一般条件下，铁的常见氧化数为 +3 和 +2，与很强的氧化剂作用，铁可以生成不稳定的 +6 氧化数的化合物（高铁酸盐）。钴和镍的常见氧化数都是 +2。在酸性介质中，Fe^{2+}、Co^{2+}、Ni^{2+} 分别是铁、钴、镍离子的稳定状态。高氧化数的 Fe（Ⅵ）、钴（Ⅲ）、镍（Ⅳ）在酸性溶液中都是很强的氧化剂。空气中的氧气能将酸性溶液中的 Fe^{2+} 氧化 Fe^{3+}，但不能将 Co^{2+} 和 Ni^{2+} 氧化为 Co^{3+} 和 Ni^{3+}。在碱性介质中，Co（Ⅱ）和 Ni（Ⅱ）具有还原性。Fe（Ⅲ）与强氧化剂作用时，可生成稳定性很小的化合物高铁酸盐，这一反应在碱性介质中较易进行。

单质铁、钴、镍都是具有金属光泽的银白色金属，延展性、导电性和导热性良好。它们都表现有铁磁性，所以它们的合金都是很好的磁性材料。

铁、钴、镍属于中等活泼金属。在高温它们分别与 O、S、Cl 等非金属作用生成相应氧化物、硫化物、氯化物。Fe 与非氧化性稀酸作用时，生成 Fe(Ⅱ)盐；与氧化性稀酸作用时生成 Fe(Ⅲ)盐。例如：

$$Fe + 2HCl = H_2\uparrow + FeCl_2$$

$$Fe + 4HNO_3 = Fe(NO_3)_3 + NO\uparrow + 2H_2O$$

铁与浓硝酸、浓硫酸或含有重铬酸盐的强酸作用时，表面可被钝化。因此，可以用铁制容器贮运浓硝酸或浓硫酸。Co、Ni 在盐酸和稀硫酸中比 Fe 溶解慢。浓碱缓慢侵蚀铁，而钴、镍在浓碱中比较稳定。

铁放置在潮湿的空气中时，表面易被锈蚀，生成水合氧化铁 $Fe_2O_3 \cdot nH_2O$(俗称铁锈)。水合氧化铁结构疏松，容易剥脱，不能形成有效的保护层，使锈蚀继续向内层扩展。铁最重要的用途是冶炼钢材及制造合金。铁最重要的特性之一是铁磁性，常用于制造永磁材料。铁在生物系统中也十分重要，如载氧的血红蛋白、电子传递剂细胞色素和酶系统的固氮酶都含有铁。钴主要用于制造合金，如钴、铬、钨的合金具有很高的硬度，可作切削刀具或钻头。钴的化合物广泛用作颜料和催化剂。维生素 B_{12} 含有钴，它可防治恶性贫血病。镍是不锈钢的重要组分，某些特种钢中含有镍，如不锈钢含 9% 的镍和 18% 的铬。镍钢中含镍 7%～9%。这类钢主要用于制造电传输、再生声音的器械。镍粉可作氢化时的催化剂，镍制坩埚在实验室里是常用的。

(二)氧化物和氢氧化物

铁系元素的氧化物有下面两类：

FeO(黑)	CoO(灰绿)	NiO(暗绿)
Fe_2O_3(砖红)	Co_2O_3(黑)	Ni_2O_3(黑)

纯净的铁、钴、镍氧化物常用热分解碳酸盐、硝酸盐或草酸盐制备。

FeO、CoO、NiO 均为碱性氧化物，难溶于水和碱，易溶于酸，并形成相应的盐。

Fe_2O_3 可用作红色颜料，用于制造防锈底漆，也可用作为媒染剂、磨光粉以及某些反应的催化剂。

Co_2O_3、Ni_2O_3 有强氧化性，与盐酸作用得不到相应的 Co(Ⅲ)、Ni(Ⅲ)盐，而是被还原为 M(Ⅱ)离子：

$$Co_2O_3 + 6HCl = Cl_2\uparrow + 2CoCl_2 + 3H_2O$$

$$Ni_2O_3 + 6HCl = Cl_2\uparrow + 2NiCl_2 + 3H_2O$$

除上面两大类氧化物外，还有一类氧化物 Fe_3O_4(黑)和 Co_3O_4(黑)，Fe_3O_4 具有强磁性和良好的导电性。

在 Fe(Ⅱ)、Co(Ⅱ)、Ni(Ⅱ)盐溶液中加入强碱，均能得到相应的氢氧化物沉淀：

$$Fe^{2+} + 2OH^- = Fe(OH)_2\downarrow\text{(白)}$$

$$Co^{2+} + 2OH^- = Co(OH)_2\downarrow\text{(粉红、桃红、蓝)}$$

$$Ni^{2+} + 2OH^- = Ni(OH)_2\downarrow\text{(绿色)}$$

由于 $Fe(OH)_2$ 易被空气中的氧气氧化，使沉淀变为绿色，最后成为棕红色的水合氧化铁(Ⅲ)$Fe_2O_3 \cdot xH_2O$：

$$4Fe(OH)_2 + O_2 + 2H_2O = 4Fe(OH)_3\downarrow$$

$Co(OH)_2$ 沉淀的颜色由生成条件而定。在空气中易被氧化，变为棕黑色的水合氧化钴 CoO(OH)，但氧化的趋势比 $Fe(OH)_2$ 小；而 $Ni(OH)_2$ 不能被空气中的氧所氧化，只能在强碱溶液中用强氧化剂(NaClO，Cl_2，Br_2 等)才会被氧化为黑色的水合氧化镍 NiO(OH)：

$$2Ni(OH)_2 + Br_2 + 2OH^- = 2NiO(OH)\downarrow + 2Br^- + 2H_2O$$

由此可以看出：$Fe(OH)_2$、$Co(OH)_2$、$Ni(OH)_2$的稳定性增强，还原性减弱。

$CoO(OH)$与$NiO(OH)$和酸反应，得不到相应的钴（Ⅲ）和镍（Ⅲ）盐：

$$2CoO(OH) + 6H^+ + 2Cl^- \xlongequal{} 2Co^{2+} + Cl_2\uparrow + 2H_2O$$

$NiO(OH)$的氧化能力比$CoO(OH)$更强。因此有：$Fe(OH)_3$、$Co(OH)_3$、$Ni(OH)_3$的氧化性逐渐增强。

（三）常见的盐

1. M（Ⅱ）盐　Fe^{2+}、Co^{2+}、Ni^{2+}与强酸酸根如Cl^-、NO_3^-、SO_4^{2-}等生成易溶盐；与弱酸酸根如F^-、CO_3^{2-}、$C_2O_4^{2-}$、CrO_4^{2-}、PO_4^{3-}、S^{2-}等生成难溶盐。

（1）$MSO_4 \cdot 7H_2O$：$FeSO_4 \cdot 7H_2O$为绿色晶体，俗称“绿矾”或“黑矾”，在空气中易风化失去一部分水，也易被氧化成黄褐色的碱式硫酸铁$Fe(OH)SO_4$。

铁、钴、镍的硫酸盐都能与碱金属或铵的硫酸盐形成复盐，较重要的复盐是浅绿色的硫酸亚铁铵$[FeSO_4(NH_4)_2SO_4 \cdot 6H_2O]$，又称为摩尔盐。它比绿矾稳定得多，在分析化学中用以配制Fe（Ⅱ）的标准溶液。

（2）$CoCl_2$：无水$CoCl_2$显蓝色，在潮湿的空气中放置时，因生成含不同数目结晶水的$CoCl_2 \cdot xH_2O$（$x=1\sim6$）而显示不同的颜色。$CoCl_2 \cdot H_2O$是蓝紫色，$CoCl_2 \cdot 2H_2O$是紫红色，$CoCl_2 \cdot 6H_2O$是粉红色。利用$CoCl_2$的这一性质，可以显示干燥剂中的含水程度。

（3）MS：在M^{2+}溶液中加入$(NH_4)_2S$溶液时，能生成黑色沉淀MS。

2. M（Ⅲ）盐　比较常见的Fe（Ⅲ）盐有橘黄色的$FeCl_3 \cdot 6H_2O$、浅紫色的$Fe(NO_3)_3 \cdot 9H_2O$、浅黄色的$Fe_2(SO_4)_3 \cdot 9H_2O$、浅紫色的$NH_4Fe(SO_4)_2 \cdot 12H_2O$。最重要的是$FeCl_3$。在印刷制版业，$FeCl_3$用于腐蚀铜版。此外，$FeCl_3$能使蛋白质迅速凝聚，在医药上作外用止血剂等。

3. Fe（Ⅵ）化合物　在浓碱中，用NaClO可以把$Fe(OH)_3$氧化为紫红色的FeO_4^{2-}，或将Fe_2O_3、KNO_3和KOH混合、加热、共熔，也能制得K_2FeO_4。

$$2Fe(OH)_3 + 3ClO^- + 4OH^- \xlongequal{} 2FeO_4^{2-} + 3Cl^- + 5H_2O$$

$$Fe_2O_3 + 3KNO_3 + 4KOH \xlongequal{} 2K_2FeO_4 + 3KNO_2 + 2H_2O$$

FeO_4^{2-}的钠盐和钾盐是可溶的，钡盐是紫红色沉淀$BaFeO_4$。高铁酸盐是比高锰酸盐更强的氧化剂，它安全、无毒、无污染、无刺激，是有机工业氧化剂理想的替代品。它也是一种优良的水处理剂，具有氧化杀菌性质及生成的$Fe(OH)_3$对各种阴阳离子有吸附作用。FeO_4^{2-}对水体中的CN^-去除能力非常强。

（四）常见的配合物

铁、钴、镍是很好的配位化合物的形成体。$Fe^{2+}(d^6)$、$Co^{2+}(d^7)$常生成八面体或四面体配合物，但Co^{2+}与X^-（除F^-）OH^-、SCN^-等配位体比Fe^{2+}较易形成四面体配合物。$Ni^{2+}(d^8)$配位数为4、5、6，且都是常见的几何构型。

1. 氨配合物　Fe^{2+}、Fe^{3+}与氨水作用都不能生成氨的配合物，生成的是它们的氢氧化物。只有它们的无水盐与氨气作用才能得到氨的配合物，但该配合物遇水即分解。

$$[Fe(NH_3)_6]Cl_2 + 6H_2O \xlongequal{} Fe(OH)_2\downarrow + 4NH_3 \cdot H_2O + 2NH_4Cl$$

$$[Fe(NH_3)_6]Cl_3 + 6H_2O \xlongequal{} Fe(OH)_3\downarrow + 3NH_3 \cdot H_2O + 3NH_4Cl$$

Co^{2+}与过量的氨水反应，能形成土黄色的$[Co(NH_3)_6]^{2+}$，它在空气中会慢慢地被氧化转变为红褐色的$[Co(NH_3)_6]^{3+}$。

$$4[Co(NH_3)_6]^{2+} + O_2 + 2H_2O \xlongequal{} 4[Co(NH_3)_6]^{3+} + 4OH^-$$

Co^{3+}氧化性很强，不稳定，在酸性溶液中容易还原成 Co^{2+}，所以钴盐在溶液中都是以Co^{2+}存在。

镍（Ⅱ）盐与过量的氨水作用，可以生成稳定的蓝色配离子。

$$Ni^{2+}+6NH_3 \longequal [Ni(NH_3)_6]^{2+}$$

2. 氰配合物　在 Fe^{2+}的溶液中，加入 KCN 溶液，首先生成白色的氰化亚铁 $Fe(CN)_2$ 沉淀，当 KCN 过量时，$Fe(CN)_2$ 溶解生成淡黄色的 $[Fe(CN)_6]^{4-}$。

$$Fe^{2+}+2CN^- \longequal Fe(CN)_2\downarrow$$

$$Fe(CN)_2+4OH^- \longequal [Fe(CN)_6]^{4-}$$

其钾盐 $K_4[Fe(CN)_6]\cdot 3H_2O$ 为黄色晶体，又称为“黄血盐”。若向 Fe^{3+}溶液中加入少量 $[Fe(CN)_6]^{4-}$ 溶液，生成难溶的蓝色沉淀 $KFe[Fe(CN)_6]$，俗称“普鲁士蓝”。利用此反应可鉴定 Fe^{3+}的存在。

$$K^++Fe^{3+}+[Fe(CN)_6]^{4-} \longequal KFe[Fe(CN)_6]\downarrow$$

普鲁氏蓝在工业上常用作染料或颜料。

若用 Cl_2 或 H_2O_2 氧化黄血盐溶液，得到 $[Fe(CN)_6]^{3-}$ 溶液，可析出红色晶体 $K_3[Fe(CN)_6]$，俗称“赤血盐”。向 Fe^{2+}溶液中加入 $[Fe(CN)_6]^{3-}$，生成蓝色难溶化合物 $KFe[Fe(CN)_6]$，又称“滕氏蓝”。这是鉴定 Fe^{2+}的灵敏反应。

$$K^++Fe^{2+}+[Fe(CN)_6]^{3-} \longequal KFe[Fe(CN)_6]\downarrow$$

3. 羰基配合物　几乎所有的过渡元素都能生成羰基化合物，不少羰基化合物可用过渡金属和一氧化碳直接反应合成。例如，常温常压下，活性 Ni 粉和 CO 作用得到无色 $Ni(CO)_4$（沸点 316K）；473K，2～20MPa 下活性 Fe 粉和 CO 作用得到黄色 $Fe(CO)_5$（沸点 376K）。

4. 其他重要配合物　在酸性介质条件下向 Fe^{3+}溶液中加入硫氰化钾 KSCN 或硫氰化铵 NH_4SCN，溶液立即呈现血红色。

$$Fe^{3+}+nSCN^- \longequal [Fe(NCS)_n]^{3-n}$$

$n=1$～6，随 SCN^- 浓度而异。这是鉴定 Fe^{3+}离子的灵敏反应之一，

Co^{2+}能与 SCN^- 形成蓝色的 $[Co(SCN)_4]^{2-}$。它在水中极不稳定（SCN^- 易被 H_2O 取代），但在有机溶剂（丙酮和戊醇）中稳定，因此可用于鉴定 Co^{2+}。

Fe^{3+}与 F^- 和PO_4^{3-}的配合物FeF_6^{3-}和$Fe(PO_4)_2^{3-}$常用于分析化学中对 Fe^{3+}的掩蔽。

Ni^{2+}常与多齿配位体形成螯合物。例如，Ni^{2+}与丁二酮肟（镍试剂）在稀氨水溶液中能形成二丁二酮肟合镍（Ⅱ），它是一种鲜红色沉淀，是检验 Ni^{2+}的特征反应：

$$Ni^{2+} + 2\begin{array}{l}CH_3-C=NOH\\ \qquad\quad |\\ CH_3-C=NOH\end{array} \longrightarrow \begin{array}{ccccccc} & & O & \cdots H \cdots & O & & \\ H_3C & & \uparrow & & | & & CH_3 \\ & C=N & & & & N=C & \\ & | & & Ni & & | & \\ & C=N & & & & N=C & \\ H_3C & & | & & \downarrow & & CH_3 \\ & & O & \cdots H \cdots & O & & \end{array}\downarrow + 2H^+$$

此反应的适宜 pH5～10。

三、铜　和　银

铜（Cu）是周期系 ds 区ⅠB 族元素。ⅠB 族也称为铜族元素。铜族元素包括铜（Cu）、银

(Ag)、金(Au)。铜族元素的原子价电子层结构为$(n-1)d^{10}ns^1$。

铜是人类认识和使用很早的元素。在自然界中，铜的丰度相对较大，分布也很广泛，主要以矿物的形式存在(也有少量以单质的形式存在)。重要的铜矿有辉铜矿Cu_2S、黄铜矿$Cu_2S \cdot Fe_2S_3$、赤铜矿Cu_2O和孔雀石$Cu(OH)_2 \cdot CuCO_3$等。银在自然界中主要以硫化物形式，少量存在于铜、铅、锌等的硫化物矿中，单独存在的辉银矿(也称闪银矿，Ag_2S)。

铜、银单质的化学性质不大活泼。它们的标准电极电势大于氢，因此，不能从稀酸中置换出氢气。

（一）氧化物和氢氧化物

1. 铜的氧化物和氢氧化物　氢氧化铜(Ⅱ)显两性，既溶于酸，又溶于过量浓碱生成蓝色$[Cu(OH)_4]^{2-}$。

$$Cu(OH)_2 + 2NaOH \longrightarrow \underset{\text{四羟基铜酸钠}}{Na_2[Cu(OH)_4]}$$

氢氧化铜(Ⅱ)溶于氨水，生成碱性的配合物：

$$Cu(OH)_2 + 4NH_3 \longrightarrow [Cu(NH_3)_4]^{2+} + 2OH^-$$

这个铜氨溶液具有溶解纤维的性能，在所得的纤维溶液中再加酸时，纤维又可沉淀析出。工业上利用这种性质来制造人造丝。

$Cu(OH)_2$受热易分解，在溶液中加热至80℃即脱水变成黑褐色的氧化铜CuO。

$$Cu(OH)_2 \xlongequal{\triangle} CuO + H_2O$$

CuO是碱性氧化物，难溶于水，溶于酸时生成相应的盐。CuO遇强热时可分解为Cu_2O和O_2：

$$4CuO \xlongequal{>1273K} 2Cu_2O + O_2\uparrow$$

用温和的还原剂还原Cu(Ⅱ)盐，可制得暗红色Cu_2O。如酒石酸钾钠的硫酸铜碱性溶液(称斐林试剂Fehling reagent)能将葡萄糖的醛基(—CHO)氧化成羧基(—COOH)，因而医学上常用该反应检验尿糖的含量：

$$2Cu^{2+} + CH_2OH(CHOH)_4CHO + 4OH^- \longrightarrow Cu_2O\downarrow + CH_2OH(CHOH)_4COOH + 2H_2O$$

Cu_2O的主要性质如下：

(1) 热稳定性：Cu_2O对热十分稳定．加热至1508K时熔融，继续升高温度，可发生分解反应，生成单质Cu并放出O_2：

$$2Cu_2O \longrightarrow 4Cu + O_2\uparrow$$

(2) 与酸作用发生歧化反应：Cu_2O溶于稀酸时易发生歧化反应。例如：

$$Cu_2O + H_2SO_4 \longrightarrow CuSO_4 + Cu\downarrow + H_2O$$

(3) 配合物：Cu_2O可溶于氨水和氢卤酸等配合剂中，形成稳定的配合物。例如：

$$Cu_2O + 4NH_3 + H_2O \longrightarrow 2[Cu(NH_3)_2]OH$$

$$Cu_2O + 4HX \longrightarrow 2H[CuX_2] + H_2O$$

$[Cu(NH_3)_2]^+$很快被空气中的氧氧化，生成蓝色的$[Cu(NH_3)_4]^{2+}$，该反应可用于除去气体中的氧。

$$4[Cu(NH_3)_2]^+ + 8NH_3 + 2H_2O + O_2 \longrightarrow 4[Cu(NH_3)_4]^{2+} + 4OH^-$$

Cu_2O常用于制造船舶底漆、红玻璃和红瓷釉，农业上用作杀菌剂。Cu_2O具有半导体性质，常用它和铜装成亚铜整流器。

工业上常用干法（高温煅烧铜粉和 CuO 的混合物）、湿法（Na_2SO_3 还原 $CuSO_4$）和电解法（铜作电极，食盐水作电解液）生产 Cu_2O 粉。

氢氧化亚铜极不稳定，很易脱水生成氧化亚铜。

2. 银的氧化物　可溶性银盐溶液中加入强碱，可得到暗褐色的氧化银沉淀：

$$2Ag^{+}+2OH^{-} \longrightarrow Ag_2O\downarrow+H_2O$$

Ag_2O 受热不稳定，加热到 300℃即完全分解为 Ag 和 O_2。

氧化银可溶于硝酸，也可溶于氰化钠或氨水溶液中：

$$Ag_2O+4CN^{-}+H_2O \longrightarrow 2[Ag(CN)_2]^{-}+2OH^{-}$$

$$Ag_2O+4NH_3+H_2O \longrightarrow 2[Ag(NH_3)_2]^{+}+2OH^{-}$$

氧化银的氨水溶液，在放置过程中，可能会生成一种爆炸性很强的物质（可能是 Ag_3N 或 Ag_2NH），因此，该溶液不宜久置。若要破坏银氨配离子，可以加入 HCl。

（二）常见的盐

1. 硫化铜和硫化亚铜　将 H_2S 气体通入 $CuSO_4$ 溶液中，则有黑色的硫化铜（CuS）沉淀析出。CuS 不溶于水，也不溶于稀盐酸中，只能溶解在热 HNO_3 或浓氰化钠溶液中：

$$3CuS+2NO_3^{-}+8H^{+} \longrightarrow 3Cu^{2+}+2NO\uparrow+3S\downarrow+4H_2O$$

$$2CuS+10CN^{-} \longrightarrow 2[Cu(CN)_4]^{3-}+2S^{2-}+(CN)_2\uparrow$$

CuS 常用做涂料和颜料。工业上常用 H_2S 通入铜盐溶液或铜和硫在低于 387K 下反应生产 CuS。

硫化亚铜为黑色，可由过量的铜和硫加热制得：

$$2Cu + S \xlongequal{\triangle} Cu_2S$$

在硫酸铜溶液中加入硫代硫酸钠溶液，加热，也能生成 Cu_2S 沉淀，在分析化学中常用此反应除去铜：

$$2Cu^{2+} + 2S_2O_3^{2-} + 2H_2O \xlongequal{\triangle} Cu_2S\downarrow + S\downarrow + 2SO_4^{2-} + 4H^{+}$$

2. 硫酸铜　$CuSO_4 \cdot 5H_2O$ 俗称胆矾，其结构式是 $[Cu(H_2O)_4]SO_4 \cdot H_2O$，加热至 523K 时，变为白色的无水硫酸铜。无水硫酸铜吸水性很强，吸水后即显蓝色。利用这一性质来检验乙醇和乙醚中的微量水分或除去它们中的少量水分，是常用的干燥剂。

硫酸铜易溶于水，其溶液具有较强的杀菌能力，把它加入蓄水池或水稻秧田中可防止藻类生长，一般用硫酸铜和石灰乳混合配成“波尔多”液来使用。

3. 卤化亚铜和卤化铜　卤化亚铜 CuX（X = Cl、Br、I）外观呈白色，均难溶于水，溶解度按 Cl→Br→I 的顺序依次减小。

CuX 可由 Cu（Ⅱ）盐与还原剂作用制得，常用的还原剂有 $SnCl_2$、SO_2、Cu、Zn、Al 等。例如：

$$2CuCl_2+SnCl_2 \longrightarrow 2CuCl\downarrow+SnCl_4$$

CuCl 的盐酸溶液能吸收 CO，形成氯化羰基铜（Ⅰ）$Cu(CO)Cl \cdot H_2O$，该反应可定量地完成，因而可用于测定气体混合物中 CO 的含量。

卤化铜（Ⅱ）除碘化铜不存在外，其他皆可通过碳酸铜与氢卤酸反应制得。碘化铜不存在的原因，是 Cu^{2+} 具有氧化性，I^{-} 具有还原性，I^{-} 能把 Cu^{2+} 还原成 Cu^{+}，故得不到 CuI_2。

$$2Cu^{2+}+4I^- \xlongequal{\quad} I_2+2CuI\downarrow(白色)$$

该反应能定量地完成，故分析化学中常用此反应测定 Cu^{2+} 的含量。

氯化铜常用做消毒剂、食品添加剂和催化剂（如烃的卤化）等。工业上一般采用盐酸溶解氧化铜或碳酸铜及铜粉氯化法生产。

4．卤化银　银离子（Ag^+）和卤离子（X^-）都是无色的，但卤化银中 AgF 无色，AgCl 为白色，AgBr 是浅黄色，AgF 溶于水，AgCl、AgBr、AgI 均难溶于水，其中 AgI 溶解度最小。

AgCl、AgBr、AgI 感光可分解：$2AgX \xrightarrow{光照} 2Ag + X_2$

基于卤化银的感光性，可用它作照相底片上的感光物质。

5．硝酸银　$AgNO_3$ 是最重要的可溶性银盐。银溶解于硝酸，所得溶液经蒸发结晶，便得白色或无色的硝酸银晶体。

硝酸银熔点为 482K，加热到 713K 时分解：

$$2AgNO_3 \xlongequal{\quad} 2Ag+2NO_2\uparrow+O_2\uparrow$$

在硝酸银中，如含有微量有机物，见光后也可分解析出银，因此，$AgNO_3$ 常保存在棕色瓶内。

硝酸银是氧化剂，可被 Cu、Zn 等金属还原成 Ag。

$$2Ag^++Cu \xlongequal{\quad} 2Ag+Cu^{2+}$$

硝酸银在医药上可作为杀菌剂，例如治疗结膜炎。

（三）常见的配合物

1．铜的配合物　Cu^{2+} 是较好的配合物形成体，能与许多配体如 OH^-、Cl^-、F^-、SCN^-、H_2O、NH_3 等，以及一些有机配体形成配合物。由于 Cu^+ 只带有一个正电荷，因此 Cu^+ 的配位能力不如 Cu^{2+}，但也能与一些配体如 Cl^-、CN^- 及 NH_3 等形成低配位数的配合物。

在 Cu^{2+} 盐溶液中，加入过量氨水，可得深蓝色的 $[Cu(NH_3)_4]^{2+}$。除溶解度很小的 CuS 外，其他常见难溶的 Cu^{2+} 的化合物，均可因形成铜氨配离子而溶解于氨水。

在热的 Cu^{2+} 溶液中加入 CN^-。得到白色的沉淀 CuCN，而不是 $Cu(CN)_2$：

$$Cu^{2+}+4CN^- \xlongequal{\quad} 2CuCN\downarrow+(CN)_2\uparrow$$

继续加入过量的 CN^-，CuCN 溶解形成无色的 $[Cu(CN)_x]^{1-x}$ 配离子：

$$CuCN+(x-1)CN^- \xlongequal{\quad} [Cu(CN)_x]^{1-x}$$

2．银的配合物　Ag^+ 有可利用的 5s5p 空轨道，通常以 sp 杂化轨道与配体形成配位数为 2 的配离子。

AgCl 难溶于水，但在浓盐酸或氯离子浓度很高的溶液中，会因形成 $[AgCl_2]^-$ 而显著地溶解。

根据银盐溶解度的不同和银配离子稳定性的差异，沉淀的溶解和生成，配离子的形成和解离可以交替发生。

四、锌、汞

锌（Zn）和汞（Hg）是周期系 ds 区ⅡB 族元素。ⅡB 族也称为锌族元素。

在自然界中，锌的丰度相对较大，分布也很广泛，汞的丰度较小，它主要以矿物的形式存在（汞也有少量以单质的形式存在）。重要的锌矿有闪锌矿 ZnS、菱锌矿 $ZnCO_3$ 等。重要的汞矿是辰砂 HgS。

锌族元素单质的熔点、沸点都比同一过渡系金属单质的低。在所有金属中，汞的熔点最低，常温下是液体。单质的化学活泼性，依锌、镉、汞的顺序减弱。锌和镉性质上较相近，而汞则和它们差别很大。在干燥的空气中，锌、镉、汞单质都较稳定，受热时，锌和镉燃烧生成氧化物，汞则氧化的很慢。锌和镉都能溶于稀硫酸和盐酸中，汞只能溶于硝酸或热的浓硫酸：

$$3Hg + 8HNO_3(稀) = 3Hg(NO_3)_2 + 2NO\uparrow + 4H_2O$$

$$Hg + 2H_2SO_4 \xlongequal{\triangle} HgSO_4 + SO_2\uparrow + 2H_2O$$

（一）氧化物和氢氧化物

1. 锌的氧化物和氢氧化物　锌在化合物中的氧化数常为 +2，Zn^{2+} 为白色。锌的卤化物（氟化物除外）、硝酸盐、硫酸盐和乙酸盐都易溶于水。

（1）氧化锌：纯氧化锌色白，有锌白之称，可做白色颜料，氧化锌微溶于水，溶于酸或碱而形成各种锌盐或锌酸盐。溶有痕量金属锌能发出绿色荧光，可做荧光剂。氧化锌无毒性，有适度的收敛性和微弱的防腐性。因此，在医疗卫生上，用它来治疗溃烂表皮和各种皮肤病。

（2）氢氧化锌：在锌盐溶液中加入适量的强碱可析出氢氧化锌沉淀。它与氢氧化铜相似，都是两性氢氧化物，但两性比 $Cu(OH)_2$ 更突出，溶于酸成锌盐，溶于碱则成锌酸盐：

$$Zn(OH)_2 + 2NaOH = Na_2[Zn(OH)_4] \quad (即 Na_2ZnO_2 \cdot 2H_2O)$$

氢氧化锌可溶于氨水：

$$Zn(OH)_2 + 4NH_3 = [Zn(NH_3)_4]^{2+} + 2OH^-$$

2. 汞的氧化物　由于汞的氢氧化物极不稳定，以致在可溶性汞盐溶液中，加碱得到的是氧化物沉淀而不是氢氧化物。例如：

$$Hg(NO_3)_2 + 2NaOH = 2NaNO_3 + H_2O + HgO\downarrow(黄色)$$

黄色的 HgO 受热可转变为红色的氧化汞。汞（Ⅱ）盐和银盐在与碱作用这一方面是相似的，两者得到的是相应的氧化物而不是氢氧化物。

亚汞盐与碱反应得到的黑褐色沉淀是 HgO 与 Hg 的混合物。

$$Hg_2(NO_3)_2 + 2NaOH = 2NaNO_3 + N_2O + HgO\downarrow + Hg\downarrow$$

（二）常见的盐和配合物

1. 硫化锌　自然界存在的 ZnS 有闪锌矿和纤锌矿。在锌盐溶液中加入 $(NH_4)_2S$，可析出白色沉淀 ZnS。ZnS 与 $BaSO_4$ 的混合物叫做钡白（俗称立德粉），用作白色颜料。

2. 氯化锌　卤化锌中以氯化锌最为重要。$ZnCl_2$ 是溶解度最大的固体盐（在 283K，每 100g 水可溶 330g 无水盐），$ZnCl_2$ 也可溶于乙醇等有机溶剂中。

无水 $ZnCl_2$ 吸水性很强，有机合成中常用它作脱水剂。浸过 $ZnCl_2$ 溶液的木材不易腐烂。

3. 氯化汞　氯化汞熔点低，易升华，通常叫做升汞。升汞有剧毒，可溶于水但电离度很小，在溶液中略有水解作用：

$$HgCl_2 + H_2O = Hg(OH)Cl + HCl$$

在 $HgCl_2$ 溶液中加入稀氨水，可生成白色氯化氨基汞沉淀：

$$HgCl_2 + 2NH_3 = Hg(NH_2)Cl\downarrow + NH_4Cl$$

在浓 NH_4Cl 存在下或通入氨气则能得到白色的氨配合物 $[Hg(NH_3)_2]Cl_2$：

$$HgCl_2 + 2NH_3 = [Hg(NH_3)_2]Cl_2\downarrow$$

在$HgCl_2$的酸性（HCl）溶液中，加适量的$SnCl_2$可将它还原为白色Hg_2Cl_2：

$$2HgCl_2+SnCl_2+2HCl = Hg_2Cl_2\downarrow+H_2SnCl_6$$

加过量的$SnCl_2$，则析出黑色金属汞：

$$Hg_2Cl_2+SnCl_2+2HCl = 2Hg\downarrow+H_2SnCl_6$$

利用上述反应，可以检验Hg^{2+}。

4．氯化亚汞　氯化亚汞味甘，有甘汞之称。将Hg和$HgCl_2$固体一起研磨，可制得白色Hg_2Cl_2：

$$HgCl_2+Hg = Hg_2Cl_2$$

Hg_2Cl_2与氨水反应，可歧化为氯化氨基汞和金属汞：

$$Hg_2Cl_2+2NH_3 = Hg(NH_2)Cl\downarrow+Hg\downarrow+NH_4Cl$$

5．汞的硝酸盐　汞的硝酸盐有硝酸亚汞$[Hg_2(NO_3)_2]$和硝酸汞$[Hg(NO_3)_2]$。它们都溶于水，并水解生成碱式盐。

$$Hg_2(NO_3)_2+H_2O \rightarrow HNO_3+Hg_2(OH)NO_3$$

$$Hg(NO_3)_2+H_2O \rightarrow HNO_3+Hg(OH)NO_3$$

在$Hg(NO_3)_2$溶液中，加入KI可产生红色HgI_2沉淀：

$$Hg(NO_3)_2+2KI = HgI_2\downarrow+2KNO_3$$

生成的沉淀可溶于过量的KI中，形成配合物：

$$HgI_2+2KI = K_2[HgI_4]$$

$[HgI_4]^{2-}$是较稳定的配离子，加入强碱也不会生成HgO沉淀。含有$[HgI_4]^{2-}$配离子的碱性溶液称为奈斯勒试剂，该试剂与NH_3或NH_4^+反应而生成显黄色或棕色的沉淀，其颜色随含NH_4^+量增加而加深。

$$2[HgI_4]^{2-}+NH_3+3OH^- = HgOHgNH_2I\downarrow+7I^-+3H_2O$$

碘化氨基氧汞（Ⅱ）

上述反应可用于检验氨或NH_4^+。

问题与思考

1．为什么Co（Ⅲ）配合物比Co（Ⅱ）配合物稳定？

2．Fe、Co、Ni高低氧化数稳定性有什么变化规律？

3．为什么在水溶液中Cu（Ⅱ）的简单盐比Cu（Ⅰ）稳定？而在自然界中铜却以Cu_2O、Cu_2S矿物存在？

4．为什么酸性$ZnCl_2$溶液能除去铁制品表面的氧化物？

第三节　d区、ds区元素的生物学效应

目前认为，人体必需微量元素有14种。而在这14种微量元素中，有7种是过渡元素，并且除Mo元素外都分布在第一过渡系。过渡元素在体内的含量、分布和主要的生物功能汇于表10-8中。

表 10-8 体内过渡元素的含量、分布及主要的生物功能

元素	氧化值	体内总含量	主要分布部位	主要生物功能
钒	+4，+5	17～43μg	脂肪中（>90%）	促进脂肪代谢、抑制胆固醇合成、促进牙齿矿化等
铬	+3	5～10mg	各组织器官及体液中	在糖和脂肪代谢中起重要作用，并具有加强胰岛素功能的作用
锰	+2，+3	10～20mg	肌肉、肝及其他组织中	参与构成锰酶、锰激活酶等，对机体的生长发育、维持骨结构、维持正常代谢及维持脑和免疫系统正常的生理功能具有重要作用
铁	+2，+3	约 4200mg	血液中（>70%）	参与构成血红素蛋白、含铁酶及铁蛋白等，向机体各组织细胞输送 O_2，并参与机体各种氧化还原反应等
钴	+2，+3	1.1～1.5mg	肌肉、骨及其他软组织中	参与构成维生素 B12 及 B12 辅酶，影响骨髓造血功能，增强某些酶及甲状腺的活性，参与蛋白质的合成等
镍	+2	约 10mg	肾、肺、脑、心脏及皮肤	与血清蛋白、氨基酸形成配位个体，保护心血管系统，促进血细胞生成，并且有降低血糖的作用等
钼	+4，+5，+6	约 9.3mg	肝、肾、脾、肺、脑、肌肉及体液中	构成钼酶，参与体内许多生理生化反应

表 10-8 表明，体内微量元素作为构成金属蛋白、核酸配合物、金属酶和辅酶的重要元素及作为许多生物酶的激活剂，在机体生长发育、生物矿化、细胞功能调节、物质输送、信息传递、免疫应答、生物催化、能量转换及各种生理生化反应中起着重要的作用。随着现代医学和生命科学在分子、亚分子水平上研究生命的过程，探索机体生老病死与生物分子间的有机联系，体内微量元素的生物功能越来越受到科学家的重视，并已成为当今世界科学界瞩目的崭新的领域。

人们已经认识到，微量元素在机体不同组织和体液中严格地保持着一定的浓度，缺乏或过量都会对机体产生不良的影响。人们还意识到，由这些元素参与构成的活性配合物在生命活动中常起着开关、调节、控制、传递、放大等作用，并且它们参与的生理生化反应常具有高选择性、高效率和高收率的特点。因此，人们期望通过微量元素与健康和疾病相关性的研究，揭示某些疾病发生和发展过程的机制，从而为这些疾病的治疗开辟新的有效途径，为人类的健康事业带来福音。

一、铁和钴的生物功能

（一）铁

铁是人体中含量最多的微量元素，其含量接近宏量元素。人体中铁总量的 60%～70% 存在于红细胞的血红蛋白内；约有 15% 的铁用于构成各种细胞色素、过氧化氢酶和过氧化物酶；约有 20% 的铁以铁蛋白的形式储存于肝、脾、骨髓中；约有 5% 构成肌红蛋白。机体所有的细胞都需要铁，并且在不同的组织细胞中，铁的生物代谢形式基本相似。血红素是铁（Ⅱ）与原卟

啉生成的配合物。血红素与各种不同的蛋白质结合，就形成了各种重要的血红素蛋白，它们具有极其重要的生物功能。

铁是机体生命活动中最重要的微量元素之一，铁与人体健康的关系十分密切，缺铁可引起多种疾病，主要有缺铁性贫血、中枢神经系统功能异常、机体免疫功能低下、生长期骨骼发育异常和体重增长迟缓等。但铁也具有一定的生物毒性，长期过量服用铁营养剂时，可引起严重的中毒反应，急性铁中毒的症状为腹痛、呕吐、有时可见呕血、黑色便和代谢性酸中毒等。吸入铁氧化物粉尘可引起呼吸道中毒反应，长期接触铁氧化物的工人，肺部常出现铁沉着，同时肺癌发病率明显高于其他人群。

（二）钴

钴是人体的必需元素，钴的独特之处在于它是维生素 B_{12} 的必需成分，没有它就失去了其特有的生理功能。

人体肠道可通过微生物合成维生素 B_{12}，但这样合成的 B_{12} 不能被人体重新吸收，因而人们对 B_{12} 需求完全靠外界。B_{12} 存在于食物中，以动物的肝、肾和肉类中含量最多，人体机能正常时，能经胃肠吸收这些食物中的维生素 B_{12} 贮存于肝脏内。缺乏 B_{12} 会引起贫血、头晕、食欲缺乏及舌、口、消化道的黏膜发炎及脊髓变性、神经和周围神经退化等，用维生素 B_{12} 治疗，以上症状均能改善。

二、锌和铜的生物功能

（一）锌

锌对哺乳动物的正常生长和发育是必需的元素，研究表明人类缺锌会影响味觉和食欲，儿童如缺锌则食欲不好、味觉不灵敏、身高和体重都比不上不缺锌的儿童。锌是体内最重要的生命元素，在世界卫生组织公布的微量元素中，锌位列第一。人体内锌的含量仅次于铁，正常成人体内含锌的总量约 2300mg，主要分布在肌细胞和骨骼中。

人体内的锌主要与生物大分子配体形成金属蛋白、金属核酸等配合物。这些配合物参与机体的大多数生理生化反应。其次，锌与蛋白质及核酸的代谢、与生物膜的结构和稳定性、与激素的分泌量及活性、与细胞免疫功能的状态等都具有十分密切的关系。因此，锌对维持人体的健康状态具有极为重要的作用。儿童缺锌可造成生长发育不良、智力低下、严重的贫血、嗜睡、皮肤及眼科疾患等。成人缺锌，可造成免疫功能低下，易感染病毒或细菌，消化系统和心血系统病变等。因此，对急性感染病患者、口腔溃疡及消化道肿瘤患者、心脑血管疾病患者、肾病和呼吸系统疾病患者等可适当补锌。

锌为人体所必需，但锌量过多也是有伤害的，可导致慢性顽固性贫血，这是因为锌拮抗了铜、铁的作用所导致。另外用镀锌器具盛放酸性饮食会因产生锌盐而中毒（头晕、呕吐、腹泻和出冷汗），服用维生素 C 可减轻症状。

（二）铜

铜是人体必需微量元素。正常成人体内含铜总量为 80～120mg，主要以血浆铜蓝蛋白的形式存在。

铜是体内氧化还原体系中具有独特作用的催化剂，现已知铜存在于 12 种酶中，胺氧化酶和酪氨酸酶是两种重要的含铜酶，前者用于催化形成弹性蛋白和骨胶原蛋白，后者能将酪氨酸转化成黑色素和皮肤染色素，遗传性缺乏酪氨酸会引起白化症。

不但人体需要铜，一切生物都需要铜。铜与人体健康和疾病的关系十分密切。在血红蛋白的合成中，不但需要Fe（Ⅱ），同样也需要Cu（Ⅱ），缺铜会使造血机能发生障碍，所以人体中虽有足量铁而缺铜，照样会出现贫血。但是，铜也具有一定的生物毒性，急性铜中毒的临床表现主要为消化道症状，也可出现血尿、尿闭、溶血性黄疸、呕血等症状，中毒严重者可因肾功能衰竭而死亡。职业性铜中毒患者可出现呼吸系统、神经系统、消化系统及内分泌系统等不同程度的病变，严重危害人体健康。

三、铬和锰的生物功能

（一）铬

铬元素是人体必需微量元素，正常成人体内铬元素的总质量为5～10mg。体内的铬广泛地分布于各组织器官中及体液中，并且是人体中唯一随年龄增长在体内含量逐渐降低的微量元素。人体内的铬元素主要与蛋白质、核酸及各种低分子配体形成配合物，铬的生物功能主要是参与机体的糖代谢和脂肪代谢，在糖和脂肪的代谢中，铬协助胰岛素起作用。

铬（Ⅲ）和铬（Ⅵ）具有一定的生物毒性，尽管铬（Ⅲ）的毒性较小，但体内含量过高也会危害健康。铬（Ⅵ）的生物毒性较大，中毒时可引起肝、肾、神经系统和血液系统的广泛病变，甚至造成死亡。

（二）锰

锰是人体和植物生长必需的微量元素，正常成人体内锰元素的总质量为10～20mg，主要分布在骨骼、肝、肾、胰腺及各组织中。

锰元素具有十分重要的生物功能，它是生物体内某些酶的组成元素，锰元素可与体内的其他元素互相作用，并影响这些元素在体内的含量及生物功能。缺锰可引起多种疾病。生长期缺锰会影响骨骼发育，成人缺锰将引发骨质疏松症；锰缺乏时还会导致胰岛素合成与分泌量减少，从而影响糖代谢；缺锰还会引起中枢神经系统病变、脑功能异常及引起细胞免疫功能降低等。但是锰也具有明显的生物毒性，大量吸入含氧化锰的烟雾后，可出现头痛、头晕、恶心、胸闷、咽干、寒战、高热等中毒症状。锰对生殖系统及子代出生缺陷有潜在的危险性；锰还对免疫系统具有明显的生物毒效应。

四、汞和镉的毒性

汞和镉是明确的有害元素。汞污染问题近年来又一次受到全世界的高度重视。汞污染源主要来自工业污染、金矿开采冶炼、火山喷发、燃煤污染和酸雨污染等。汞污染主要包括汞蒸气、无机汞盐和有机汞化合物（烷基汞）。汞蒸气吸入人体后能迅速地渗透到各组织中，并以脑组织中的含量为最高。因此，汞蒸气中毒对中枢神经系统的损害最为严重。无机汞进入人体后浓集于肾，对肾脏产生严重的损害，可造成肾功能丧失，使体内的代谢废物无法经尿液排出体外。有机汞进入人体后主要浓集于肝、肾和脑组织中，并产生严重的毒性反应。

五、常用药物

（一）硫酸亚铁

七水合硫酸亚铁（$FeSO_4·7H_2O$）为淡蓝绿色晶体或颗粒，无臭，味咸、涩，易溶于水，不溶于乙醇，在空气中风化，在湿空气中迅速被氧化生成黄棕色碱式硫酸铁。硫酸亚铁是最常用的铁剂。主要用于治疗缺铁性贫血症。临床常用的口服补铁药物还有琥珀酸亚铁、枸橼酸铁胺、葡萄糖酸亚铁、乳酸亚铁、富马酸亚铁等。可用于注射的补铁药物有右旋糖酐铁、山梨醇铁、复方卡古地铁等。

（二）铬（Ⅲ）盐

无机铬（Ⅲ）盐（如 $CrCl_3·6H_2O$）已用于临床治疗糖尿病和动脉粥样硬化症。例如，对老年糖尿病患者每天补充铬（Ⅲ）150μg，患者糖耐量明显改善，血脂显著降低。

（三）高锰酸钾

临床上常用 $KMnO_4$ 溶液作消毒防腐剂。例如，0.05%～0.02% 的 $KMnO_4$ 溶液常用于冲洗黏膜、腔道和伤口。1:1000 的 $KMnO_4$ 溶液可用于有机磷中毒时洗胃等。

（四）顺铂（cis-platinum，CPDD）

抗癌药物，主要用于治疗睾丸癌、卵巢癌、头颈部鳞癌、甲状腺癌、淋巴肉瘤等，对小细胞肺癌、食管癌、胃癌、成胶质细胞癌、成骨肉瘤也有一定的疗效。

（五）硫酸铜

$CuSO_4$ 具有较强的杀灭真菌的作用，其外用制剂可用于治疗真菌感染引起的皮肤病。

（六）氧化锌

ZnO 具有收敛、促进创面愈合的作用，常用于配制外用复方散剂、混悬剂、软膏剂和糊剂等，用于治疗各种皮炎和湿疹等。

（七）硫酸锌

$ZnSO_4$ 是最早使用的补锌药物。目前常用的补锌药物有葡萄糖酸锌、甘草酸锌、枸橼酸锌、乳清酸-精氨酸锌等，主要用于治疗锌缺乏引起的疾病。

（八）氧化汞和氯化氨基汞

黄色 HgO 俗称黄降汞，$HgNH_2Cl$ 又称白降汞，它们具有较强的杀菌作用，主要用于配制外用制剂，治疗皮肤和黏膜感染等。

（九）氯化汞和氯化亚汞

$HgCl_2$ 又名升汞，杀菌力强，但毒性强烈，主要用于配制外科手术器械消毒液。Hg_2Cl_2 又名甘汞、轻粉，不溶于水，在光照下易分解为 Hg 和 $HgCl_2$，外用可杀虫。

（十）硫化汞

HgS 是朱砂的主要成分，在我国传统医学中用于某些复方制剂。

第四节 f区元素

f区元素是指包括57号元素镧（La）和镧系元素（14种）、89号元素锕（Ac）和锕系元素（14种）在内的30种元素。镧系元素用符号 Ln 表示，锕系元素用符号 An 表示，它们属于周期系

ⅢB 族元素。由于这些元素的最后 1 个电子是填充在(n−2) f 亚层上的，所以又称之为内过渡元素，它们被排列在长式周期表的下方。

ⅢB 族元素钇（Y）的性质与镧系元素十分相似，钪（Sc）的氧化数特征也与镧系元素相似，并且在自然界中钇和镧系元素常共存于同种矿物中。因此，镧系元素和钇、钪一起又被称作稀土元素（rare eath element），用符号 RE 表示。“稀土”这一名称来源于它们的矿物分布稀散，其氧化物和氢氧化物难溶于水，与碱土金属相应的化合物的性质类似。但实际上大部分稀土元素在地壳中的含量并不稀少，许多稀土元素的丰度比某些普通元素还要大得多。

镧系金属和它们的化合物及锕系的一些化合物是现代高新技术发展不可缺少的特殊材料。镧系元素具有特殊的电子结构和多种多样的电子能级而使其具有许多与众不同的光、电、磁和化学特性，在元素化学中占有非常重要的地位。稀土元素被人们称为新材料的“宝库”，有人预言，随着稀土元素的开发，将会引发一场新的技术革命。

一、镧系元素及其化合物

（一）镧系元素的性质

镧系元素的最外两层电子构型基本相似，使它们的性质有许多相似之处。在化学反应中表现出典型的金属性质，易于失去 3 个电子，呈 +3 价。镧系元素中由于 4f 电子的依次填充，使其许多性质都随之呈现规律性变化。另一方面随核电荷的增加，4f 电子数的不同，使这组元素的每一种元素又具有特别的个性，在有些性质上也各有差别。这就是镧系元素得以分离的基础。

1. 电子层结构及氧化数　镧系元素基态原子的价电子构型一般表示为 $4f^{0\sim14}5d^{0\sim1}6s^2$ 表示。由于 4f 和 5d 的能量十分接近，当电子在能级相近的轨道上填充时，以半充满、全充满或全空的状态排布比较稳定。因此，57 号元素镧的价层电子构型为 $4f^05d^16s^2$，而不是 $4f^16s^2$。随着 Ln 原子序数的增大，f 亚层依次完成 1～14 的填充，由于电子都是填充在同一能级的轨道中的，以致 Ln 的性质十分相近，变化也很有规律。镧系元素的特征氧化数为 +3，一些稀土元素的常见氧化数还表现为 +4 或 +2，如 $Ce^{4+}(4f^05d^06s^0)$、$Dy^{4+}(4f^86s^0)$、$Eu^{2+}(4f^76s^0)$、$Yb^{2+}(4f^{14}6s^0)$ 等。

2. 原子半径和离子半径　随着 Ln 原子序数的增大，Ln 原子半径缓缓减小，这种减小的趋势非常缓和，多数相邻 Ln 的原子半径大约相差 1pm。Ln^{3+} 的半径随原子序数增大而逐渐减小，且变化趋势十分规律，呈现明显的收缩现象。这种原子半径随核电荷数增大而依次缩小的积累称为镧系收缩。

镧系收缩是无机化学中一个重要的现象。由于镧系收缩的原因，使 39 号元素 Y^{3+} 半径落在 68 号元素 Er^{3+} 的半径之后，钇（Y）成为稀土元素的一员，并且在自然界中钇矿常与镧系元素矿共生。此外，镧系收缩使得周期系第二过渡系和第三过渡系元素的原子半径十分接近。

3. 离子的颜色　多数 Ln^{3+} 具有一定的颜色，Ln^{3+} 的颜色是电子发生 f-f 跃迁所形成的。表 10-9 列出了 Ln^{3+} 在晶体或在水溶液中的颜色与 Ln^{3+} 电子构型的关系。

表10-9 Ln^{3+}在晶体或水溶液中的颜色与电子构型的关系

离子	成单电子	颜色	离子	成单电子	颜色
La^{3+}	0($4f^0$)	无色	Lu^{3+}	0($4f^{14}$)	无色
Ce^{3+}	1($4f^1$)	无色	Yb^{3+}	1($4f^{13}$)	无色
Pr^{3+}	2($4f^2$)	绿	Tm^{3+}	2($4f^{12}$)	浅绿
Nd^{3+}	3($4f^3$)	淡紫	Er^{3+}	3($4f^{11}$)	淡红
Pm^{3+}	4($4f^4$)	粉红	Ho^{3+}	4($4f^{10}$)	浅黄
Sm^{3+}	5($4f^5$)	黄	Dy^{3+}	5($4f^9$)	浅黄绿
Eu^{3+}	6($4f^6$)	淡粉红	Tb^{3+}	6($4f^8$)	淡粉红
Gd^{3+}	7($4f^7$)	无色			

4. 金属活泼性　稀土元素都是非常活泼的金属，其活泼性仅次于碱金属和碱土金属，它们都是很强的还原剂。常温下稀土元素的单质都能与空气中的氧和其他非金属元素直接反应，尤其是在潮湿的空气中反应进行得很快。因此稀土金属单质应隔绝空气保存。

稀土金属的活泼性顺序由Sc、Y、La递增；在Ln中，由La到Lu递减，但差距较小，它们的金属活泼性十分相似。

(二)镧系元素重要化合物

镧系元素属典型的金属，它们能与周期表中大多数非金属形成化学键。从软硬酸碱观点看，镧系元素属于硬酸，因而它们更倾向于与属于硬碱的原子形成化学键。统计结果表明，绝大部分镧系元素无机物中都含有氧，而镧系含氧化合物中都含有Ln—O键，这反映镧系离子易与氧等硬碱配位成键的性质。由于镧系收缩、镧系元素的离子半径递减，从而使镧系元素的性质随原子序数的增大而有规律性的递变。例如，使一些配位体与镧系元素离子的配位能力递增，金属离子的碱度随原子序数增大而减弱、氢氧化物开始沉淀的pH渐降等。

镧系元素的氯化物、硫酸盐、硝酸盐易溶于水；草酸盐、碳酸盐、氟化物、磷酸盐难溶于水。稀土元素形成配合物的能力与碱土金属中的钙和钡相似。按照软硬酸碱规则，稀土金属离子属于硬酸，与属于硬碱的配位原子(如F、O、N等)易形成较稳定的配位键。

二、锕系元素及其重要化合物

锕系元素都是放射性元素。92号元素铀以后的锕系元素都是由人工合成的方法制备的。锕系元素中除铀、钍和钚大量用于核燃料，以及某些锕系元素在空间技术、生物学、核医学及气象学研究中有所应用。

锕系元素中除钍和铀外，存在量都很少，尤其是人工合成元素。由于人工合成元素的数量极少，而且大多数同位素的半衰期又很短，因此锕系中大多数元素至今还缺乏详尽的资料。

问题与思考

为什么镧系元素形成的配合物都是离子型？

稀土元素的生物学效应及常用药物

目前的研究认为，稀土元素不是生命必需元素。但是，稀土元素广泛存在于动植物体内，并具有一定的生物学作用。我国在农业和畜牧业使用稀土微肥和稀土饲料添加剂，为阐明稀土元素对人类和对农业及生态环境的影响，我国生物无机化学工作者经过不懈努力，在稀土进入生物体后的物种分布、稀土的跨膜转运、稀土对细胞中钙内流的影响、稀土对细胞的一系列生物效应的影响等方面取得了许多研究成果。

从20世纪初开始，稀土化合物曾作为外用抗菌药物在临床上使用。1920年，铈、钕和镨的硫酸盐溶液曾静脉注射用于治疗结核病。1950年前后，草酸铈作为止吐药用于临床，其后还曾作为治疗消化道疾病的药物被载入多国药典。1982年英国Martindale药典将硝酸铈作为治疗烧伤的药物收载。近几年来稀土元素及其化合物的药学研究又得到了进一步的发展，在临床上使用的含稀土药物有：

(1) $La_2(CO_3)_3 \cdot 4H_2O$ 治疗晚期肾功能衰竭病人并发的高磷血症。

(2) $Ce(NO_3)_3$ 与磺胺嘧啶银合用治疗烧伤。

(3) $[Gd(DTPA)(H_2O)]^{2-}$ 作为核磁共振成像造影剂，用于肿瘤的诊断和治疗。

学习小结

d区和ds区元素是指元素周期表中，元素原子的最后一个电子填充在$(n-1)$d轨道上，它们的价电子层结构为$(n-1)d^{1-10}ns^{1-2}$。d区和ds区元素也称之为过渡元素。

同一周期元素，从左至右原子半径随核电荷数增加而缓慢地减小，最后略有增大。元素的电负性较为接近，这是由于屏蔽作用逐渐增强，原子核对外层电子的引力稍有减弱而造成的。

同一族元素，随着电子层数的增多，原子半径、电离能和电子负性的变化不太规则，第二过渡系元素原子半径大于第一过渡系原子半径，而第三过渡系元素原子半径与第二过渡系同族元素原子半径相近，这种反常现象是由于“镧系收缩”造成的。

d区、ds区多数元素存在连续可变的多种氧化数。它们的氧化物及其水合物的酸碱性变化规律如下：①从左到右，同周期元素（ⅢB～ⅦB族）最高氧化数的氧化物及其水合物的酸性增强；②从上到下，同族元素相同氧化数的氧化物及其水合物的碱性增强；③同一元素高氧化数的氧化物及其水合物的酸性大于其低氧化数的氧化物。大多数d区、ds区元素的化合物都有一定的颜色，而且易形成配合物。

f区元素是又称之为内过渡元素，它们被排列在长式周期表的下方。镧系元素的最外两层电子构型基本相似，使它们的性质有许多相似之处。在化学反应中表现出典型的金属性质。镧系元素中由于4f电子的依次填充，使其许多性质都随之呈现规律性变化。另一方面随核电荷的增加，4f电子数的不同，使这组元素的每一种元素又具有特别的个性，在有些性质上也各有差别。

（王桂燕）

复习题

1. 过渡元素有哪些特征？为什么会有这些特征？

2. 写出下列反应的方程式：

(1) 向$Cr_2(SO_4)_3$溶液中滴加NaOH溶液，先有灰蓝色沉淀生成，后沉淀溶解得绿色溶液。

(2) 在$MnSO_4$溶液中滴加NaOH溶液，在空气中放置沉淀逐渐变为棕褐色。

(3) 向酸性$KMnO_4$溶液中通入H_2S，溶液由紫色变为近无色，并有乳白色沉淀析出。

(4) 在酸性介质中，用Zn还原$Cr_2O_7^{2-}$时，溶液由橙色经绿色最后变为蓝色，放置一段时间后又变为绿色。

(5) 重铬酸钾的酸性水溶液中加入过氧化氢。

(6) 在硫酸亚铁溶液中加入碳酸钠后，滴加碘水。

3. 解释下列问题：

(1) 在溶液中为什么没有独立的Cr^{6+}？为什么CrO_3、CrO_4^{2-}、$Cr_2O_7^{2-}$均有颜色？

(2) 在$FeCl_3$溶液中加入KSCN溶液时出现血红色，再加入少许铁粉后血红色逐渐消失？

(3) 为什么不能在水溶液中用Fe(Ⅲ)盐和KI制取FeI_3。

(4) 变色硅胶含有什么成分？为什么干燥时显蓝色，吸水后变为粉红色？

(5) 洗液中析出的棕红色晶体是什么物质？为什么洗液变绿即表示失效？

4. 在配制和保存$KMnO_4$和$FeSO_4$时，应注意什么问题？

5. 比较$Cr(OH)_3$、$Fe(OH)_3$的性质，怎样利用这些性质将Cr^{3+}和Fe^{3+}分离和鉴定？

6. Co^{3+}的盐一般不如Co^{2+}稳定，但生成某些配合物时，Co^{3+}却比Co^{2+}稳定。请解释原因。

7. 解释下列实验事实：

(1) 铜器在潮湿的空气中会慢慢生成一层铜绿；

(2) 焊接铁皮时，常先用$ZnCl_2$溶液处理铁皮表面；

(3) 向$K_2Cr_2O_7$与H_2SO_4溶液中加入H_2O_2，再加入乙醚并摇动，乙醚层为蓝色，水层变绿；

(4) $Hg(NO_3)_2$溶液中有NH_4NO_3存在时，加入氨水得不到$HgNH_2NO_3$沉淀。

8. 写出与下述实验现象有关的反应式。

向含有Fe^{2+}的溶液中加入NaOH溶液后生成蓝绿色沉淀，沉淀逐渐变为棕色。过滤后，用盐酸溶解棕色沉淀，溶液呈黄色，加几滴KSCN溶液，立即变为红色。

参考文献

1. 陈荣，高松. 无机化学学科前沿与展望. 北京：科学出版社，2012
2. 游文玮，吴红. 无机化学. 北京：科学出版社，2012
3. 蔡苹. 化学与社会. 北京：科学出版社，2010
4. 刘德育，刘有训. 无机化学. 北京：科学出版社，2009
5. 洪茂椿，陈荣，梁文平. 21世纪的无机化学. 北京：科学出版社，2005
6. 张天蓝. 无机化学. 第5版. 北京：人民卫生出版社，2007
7. 刘旦初. 化学与人类. 第3版. 上海：复旦大学出版社，2007
8. 铁步荣，邵丽心. 无机化学. 北京：科学出版社，2002
9. 柳一鸣. 化学与人类生活. 北京：化学工业出版社，2011
10. 张天蓝，姜凤超. 无机化学. 第6版. 北京：人民卫生出版社，2011
11. 朱裕贞，顾达，黑恩成. 现代基础化学. 第3版. 北京：化学工业出版社，2010
12. 祁嘉义. 基础化学. 第2版. 北京：高等教育出版社，2003
13. 武汉大学，吉林大学. 无机化学（上册）. 第3版. 北京：高等教育出版社，1992
14. 北京师范大学，华中师范大学，南京师范大学. 无机化学（上册）. 第4版. 北京：高等教育出版社，2002
15. 金若水，王韵华，芮承国. 现代化学原理（上册）. 北京：高等教育出版社，2003
16. 雷小佳. 现代膜分离技术的研究进展. 广州化工，2012，40（8）：51-52
17. 魏祖期. 基础化学. 第7版. 北京：人民卫生出版社，2009
18. 刘斌. 无机化学. 第2版. 北京：中国医药科技出版社，2010
19. 张翠萍. 膜分离技术在医药和医院中的应用. 中国医学物理学杂志，2000，17（1）：44-47
20. 王国清. 无机化学. 第2版. 北京：中国医药科技出版社，2008
21. 徐春祥. 无机化学. 北京：高等教育出版社，2004
22. 侯新初. 无机化学. 北京：中国医药科技出版社，2003
23. 李惠芝. 无机化学. 北京：中国医药科技出版社，2002
24. 庞茂林. 医用化学. 第4版. 北京：人民卫生出版社，2000
25. 宋天佑. 无机化学. 第2版. 北京：高等教育出版社，2009
26. 薛会君，刘德云. 无机化学. 第2版. 北京：科学出版社，2008
27. 傅洵，许泳吉，解从霞. 基础化学教程. 第2版. 北京：科学出版社，2012
28. 徐春祥. 无机化学. 第2版. 北京：高等教育出版社，2008
29. 许善锦. 无机化学. 第3版. 北京：人民卫生出版社，2000
30. 浙江大学. 无机及分析化学. 北京：高等教育出版社，2004

31. 宋其圣. 无机化学教程. 济南: 山东大学出版社, 2001
32. 傅洵, 许泳吉, 解从霞. 基础化学教程(无机与分析化学). 北京: 科学出版社, 2007
33. 华彤文, 陈景祖. 普通化学原理. 第3版. 北京: 北京大学出版社, 2005
34. 董元彦, 王运, 张方钰. 无机及分析化学. 北京: 科学出版社, 2011
35. 许善锦, 无机化学. 第3版. 北京: 人民卫生出版社, 2000
36. 黄南珍. 无机化学. 北京: 人民卫生出版社, 2008
37. 王夔. 化学原理与无机化学. 北京: 北京医科大学出版社, 2005
38. 谢吉民. 无机化学. 第2版. 北京: 人民卫生出版社, 2008
39. 龚孟濂. 无机化学. 北京: 科学出版社, 2010
40. 司学芝, 刘捷, 展海军. 无机化学. 北京: 化学工业出版社, 2009
41. 天津大学无机化学教研室. 无机化学. 第3版. 北京: 高等教育出版社, 2002
42. 宋天佑, 徐家宁, 程功臻. 无机化学. 北京: 高等教育出版社, 2004
43. 刘新锦, 朱亚先, 高飞. 无机元素化学. 第2版. 北京: 科学出版社, 2010
44. 大连理工大学无机教研室. 无机化学. 第4版. 北京: 高等教育出版社, 2003
45. 曲保中, 朱炳林, 周伟红. 新大学化学. 第2版. 北京: 科学出版社, 2001
46. 高胜利, 谢钢. 无机化学与化学分析学习指导. 第2版. 北京: 高等教育出版社, 2011
47. 龚孟濂. 无机化学. 北京: 科学出版社, 2010
48. 许善锦. 无机化学. 第4版. 北京: 人民卫生出版社, 2003
49. 古国榜, 李朴. 无机化学. 第2版. 北京: 化学工业出版社, 2007
50. 傅献彩. 大学化学. 北京: 高等教育出版社, 1999

附　录

附录1　希腊字母表

大写	小写	名称	读音	大写	小写	名称	读音
Α	α	alpha	['ælfə]	Ν	ν	nu	[nju:]
Β	β	beta	['bi:tə; 'beitə]	Ξ	ξ	xi	[ksai; zai; gzai]
Γ	γ	gamma	['gæmə]	Ο	ο	omicron	[ou'maikrən]
Δ	δ	delta	['deltə]	Π	π	pi	[pai]
Ε	ε	epsilon	[ep'sailnən; 'epsilnən]	Ρ	ρ	rho	[rou]
Ζ	ζ	zeta	['zi:tə]	Σ	σ, s	sigma	['sigmə]
Η	η	eta	['i:tə; 'eitə]	Τ	τ	tau	[tɔ:]
Θ	θ	theta	['θi:tə]	Υ	υ	upsilon	[ju:p'sailən; 'u:psilən]
Ι	ι	iota	[ai'outə]	Φ	ϕ, φ	phi	[fai]
Κ	κ	kappa	['kæpə]	Χ	χ	chi	[kai]
Λ	λ	lambda	['læmdə]	Ψ	ψ	psi	[psai]
Μ	μ	mu	[mju:]	Ω	ω	omega	['oumigə]

附录2　有关计量单位

表2-1　SI基本单位

量的名称	单位名称	单位符号
长度	米	m
质量	千克（公斤）	kg
时间	秒	s
电流	安[培]	A
热力学温度	开[尔文]	K
物质的量	摩[尔]	mol
发光强度	坎[德拉]	cd

注：

1. 圆括号中的名称，是它前面的名称的同义词，下同。

2. 无方括号的量的名称与单位名称均为全称。方括号中的字，在不引起混淆、误解的情况下，可以省略。去掉方括号中的字即为其名称的简称，下同。

3. 本标准所称的符号，除特殊指明外，均指我国法定计量单位中所规定的符号以及国际符号，下同。

4. 人民生活和贸易中，质量习惯上称为重量。

表 2-2　包括 SI 辅助单位在内的具有专门名称的 SI 导出单位

量的名称	SI 导出单位		
	名称	符号	用 SI 基本单位和 SI 导出单位表示
[平面]角	弧度	rad	1rad = 1m/m = 1
立体角	球面度	sr	$1sr = 1m^2/m^2 = 1$
频率	赫[兹]	Hz	$1Hz = 1s^{-1}$
力，重力	牛[顿]	N	$1N = 1kg \cdot m/s^2$
压力，压强，应力	帕[斯卡]	Pa	$1Pa = 1N/m^2$
能[量]，功，热量	焦[耳]	J	$1J = 1N \cdot m$
功率，辐[射能]通量	瓦[特]	W	1W = 1J/s
电荷[量]	库[仑]	C	$1C = 1A \cdot s$
电压，电动势，电位	伏[特]	V	1V = 1W/A
电容	法[拉]	F	1F = 1C/V
电阻	欧[姆]	Ω	1Ω = 1V/A
电导	西[门子]	S	$1S = 1\Omega^{-1}$
磁通[量]	韦[伯]	Wb	$1Wb = 1V \cdot S$
磁通[量]密度	特[斯拉]	T	$1T = 1Wb/m^2$
电感	亨[利]	H	1H = 1Wb/A
摄氏温度	摄氏度	℃	1℃ = 1K
光通量	流[明]	lm	$1lm = 1cd \cdot sr$
[光]照度	勒[克斯]	lx	$1lx = 1lm/m^2$
[放射性]活度	贝可[勒尔]	Bq	$1Bq = 1s^{-1}$
吸收剂量			
比授[予]能	戈[瑞]	Gy	1Gy = 1J/kg
比释功能			
剂量当量	希[沃特]	Sv	1Sv = 1J/kg

表 2-3　SI 词头

因数	词头名称		符号
	英文	中文	
10^{24}	yotta	尧[它]	Y
10^{21}	zetta	泽[它]	Z
10^{18}	exa	艾[克萨]	E
10^{15}	peta	拍[它]	P
10^{12}	tera	太[拉]	T
10^{9}	giga	吉[咖]	G
10^{6}	mega	兆	M
10^{3}	kilo	千	k

续表

因数	词头名称		符号
	英文	中文	
10^{2}	hecto	百	h
10^{1}	deca	十	da
10^{-1}	deci	分	d
10^{-2}	centi	厘	c
10^{-3}	milli	毫	m
10^{-6}	micro	微	μ
10^{-9}	nano	纳[诺]	n
10^{-12}	pico	皮[可]	p
10^{-15}	femto	飞[姆托]	f
10^{-18}	atto	阿[托]	a
10^{-21}	zepto	仄[普托]	z
10^{-24}	yocto	[科托]	y

表 2-4 可与国际单位制单位并用的我国法定计量单位

量的名称	单位名称	单位符号	与SI单位的关系
时间	分	min	1min＝60s
	[小]时	h	1h＝60min＝3600s
	日,(天)	d	1d＝24h＝86 400s
[平面]角	度	°	1° ＝(π/180)rad
	[角]分	’	1’＝(1/60)°＝(π/10 800)rad
	[角]秒	”	1”＝(1/60)’＝(π/648 000)rad
体积	升	l, L	1l＝1dm^{3}
质量	吨	t	1t＝10^{3}kg
	原子质量单位	u	1u≈1.660 540×10^{-27}kg
旋转速度	转每分	r/min	1r/min＝(1/60)s
长度	海里	n mile	1n mile＝1852m (只用于航程)
速度	节	kn	1kn＝1n mile/h＝(1852/3600)m/s (只用于航行)
能	电子伏	eV	1eV≈1.602 177×10^{-19}J
级差	分贝	dB	
线密度	特[克斯]	tex	1tex＝10^{-6}kg/m
面积	公顷	hm^{2}	1hm^{2}＝$10^{4}m^{2}$

注:

1. 平面角单位度、分、秒的符号在组合单位中采用(°)、(’)、(”)的形式。
   例如,不用°/s而用(°)/s。
2. 升的两个符号属同等地位,可任意选用。
3. 公顷的国际通用符号为ha。

附录3　一些基本的物理常数

量的名称	符号	数值	单位
电磁波在真空中的速度	c，c_0	299 792 458	$m \cdot s^{-1}$
真空导磁率	μ_0	$4\pi \times 10^{-7}$ $1.256\,637\,061\,4 \times 10^{-6}$	$H \cdot m^{-1}$
真空介电常数 $\varepsilon_0 = 1/\mu_0 c_0^2$	ε_0	$10^7/(4\pi \times 299\,792\,458)$ $8.854\,187\,817 \times 10^{-12}$	$F \cdot m^{-1}$
引力常量 $F = Gm_1m_2/r^2$	G	$6.672\,42(10) \times 10^{-11}$	$N \cdot m^2 \cdot kg^{-2}$
普朗克常量 $\hbar = h/2\pi$	h $\hbar$	$6.626\,093(11) \times 10^{-34}$ $1.054\,571\,68(18) \times 10^{-34}$	$J \cdot s$ $J \cdot s$
元电荷	e	$1.602\,176\,53(14) \times 10^{-19}$	C
电子[静]质量	m_e	$9.109\,382\,6(16) \times 10^{-31}$	kg
质子[静]质量	m_p	$1.672\,621\,171(29) \times 10^{-27}$	kg
精细结构常数 $\alpha = \dfrac{e^2}{4\pi\varepsilon_0 hc}$	α	$7.297\,352\,568(24) \times 10^{-3}$	1
里德伯常量 $R_\infty = \dfrac{e^2}{8\pi\varepsilon_0 a_0 hc}$	R_∞	$1.097\,373\,156\,385\,25(73) \times 10^{7}$	m^{-1}
阿伏加德罗常数 $L = N/n$	L， N_A	$6.022\,141\,5(10) \times 10^{23}$	mol^{-1}
法拉第常数 $F = Le$	F	$9.648\,533\,83(83) \times 10^{4}$	$C \cdot mol^{-1}$
摩尔气体常数 $pV_m = RT$	R	$8.314\,472(15)$	$J \cdot mol^{-1} \cdot K^{-1}$
玻耳兹曼常数 $k = R/T$	k	$1.380\,650\,5(24) \times 10^{-23}$	$J \cdot K^{-1}$
斯忒藩—玻耳兹曼常量 $\sigma = \dfrac{2\pi^5 k^4}{15h^3c^2}$	σ	$5.670\,400(40) \times 10^{-8}$	$W \cdot m^{-2} \cdot K^{-4}$
质子质量常量	m_u	$1.660\,538\,86(28) \times 10^{-27}$	kg

本表数据录自 Weast RC．CRC Handbook of Chemistry and Physics，88th ed.，2008～2009

附录4　水的离子积常数

温度/℃	pK_W	温度/℃	pK_W	温度/℃	pK_W
0	14.938	35	13.685	75	12.711
5	14.727	40	13.542	80	12.613
10	14.528	45	13.405	85	12.520
15	14.340	50	13.275	90	12.428
18	14.233	55	13.152	95	12.345
20	14.163	60	13.034	100	12.265
25	13.995	65	12.921	150	11.638
30	13.836	70	12.814		

本表数据录自 Lide ER.CRC Handbook of Chemistry and phycis. 90th ed. New York：CRC Press，2010

附录5　弱电解质在水中的解离常数

化合物	化学式	温度/℃	分步	K_a^*(或 K_b)	pK_a(或 pK_b)
砷酸	H_3AsO_4	25	1	5.5×10^{-3}	2.26
			2	1.7×10^{-7}	6.76
			3	5.1×10^{-12}	11.29
亚砷酸	H_2AsO_3	25	—	5.1×10^{-10}	9.29
硼酸	HBO_3	20	1	5.4×10^{-10}	9.27
			2		>14
碳酸	H_2CO_3	25	1	4.5×10^{-7}	6.35
			2	4.7×10^{-11}	10.33
铬酸	H_2CrO_4	25	1	1.8×10^{-1}	0.74
			2	3.2×10^{-7}	6.49
氢氟酸	HF	25	—	6.3×10^{-4}	3.20
氢氰酸	HCN	25	—	6.2×10^{-10}	9.21
氢硫酸	H_2S	25	1	8.9×10^{-8}	7.05
			2	1.2×10^{-13}	12.90
过氧化氢	H_2O_2	25	—	2.4×10^{-12}	11.62
次溴酸	HBrO	25	—	2.0×10^{-9}	8.55
次氯酸	HClO	25	—	3.9×10^{-8}	7.40
次碘酸	HIO	25	—	3×10^{-11}	10.5
碘酸	HIO_3	25	—	1.6×10^{-1}	0.78
亚硝酸	HNO_2	25	—	5.6×10^{-4}	3.25
高碘酸	HIO_4	25	—	2.3×10^{-2}	1.64

续表

化合物	化学式	温度/℃	分步	K_a^*（或 K_b）	pK_a（或 pK_b）
磷酸	H_3PO_4	25	1	6.9×10^{-3}	2.16
		25	2	6.1×10^{-8}	7.21
		25	3	4.8×10^{-13}	12.32
正硅酸	H_4SiO_4	30	1	1.2×10^{-10}	9.9
			2	1.6×10^{-12}	11.8
			3	1×10^{-12}	12
			4	1×10^{-12}	12
硫酸	H_2SO_4	25	2	1.0×10^{-2}	1.99
亚硫酸	H_2SO_3	25	1	1.4×10^{-2}	1.85
			2	6×10^{-7}	7.2
氨水	NH_3	25	—	1.8×10^{-5}	4.75
氢氧化钙	Ca^{2+}	25	2	4×10^{-2}	1.4
氢氧化铝	Al^{3+}	25	—	1×10^{-9}	9.0
氢氧化银	Ag^{+}	25	—	1.0×10^{-2}	2.00
氢氧化锌	Zn^{2+}	25	—	7.9×10^{-7}	6.10
甲酸	HCOOH	25	1	1.8×10^{-4}	3.75
乙（醋）酸	CH_3COOH	25	1	1.75×10^{-5}	4.756
丙酸	C_2H_5COOH	25	1	1.3×10^{-5}	4.87
一氯乙酸	$CH_2ClCOOH$	25	1	1.4×10^{-3}	2.85
草酸	$C_2H_2O_4$	25	1	5.6×10^{-2}	1.25
			2	1.5×10^{-4}	3.81
柠檬酸	$C_6H_8O_7$	25	1	7.4×10^{-4}	3.13
			2	1.7×10^{-5}	4.76
			3	4.0×10^{-7}	6.40
巴比土酸	$C_4H_4N_2O_3$	25	1	9.8×10^{-5}	4.01
甲胺盐酸盐	$CH_3NH_2\cdot HCl$	25	1	2.2×10^{-11}	10.66
二甲胺盐酸盐	$(CH_3)_2NH\cdot HCl$	25	1	1.9×10^{-11}	10.73
乳酸	$C_6H_3O_3$	25	1	1.4×10^{-4}	3.86
乙胺盐酸盐	$C_2H_5NH_2\cdot HCl$	20	1	2.2×10^{-11}	10.65
苯甲酸	C_6H_5COOH	25	1	6.25×10^{-5}	4.204
苯酚	C_6H_5OH	25	1	1.0×10^{-10}	9.99
邻苯二甲酸	$C_8H_6O_4$	25	1	1.14×10^{-3}	2.943
			2	3.70×10^{-6}	5.432
Tris-HCl		20	1	5.0×10^{-9}	8.3
氨基乙酸盐酸盐	$H_2NCH_2COOH\cdot 2HCl$	25	1	4.5×10^{-3}	2.35
			2	1.6×10^{-10}	9.78

本表数据主要录自 Weast RC. CRC Handbook of Chemistry and Physics，90th ed.，8-40～51

注 *：K_a（或 K_b）是从 pK_a（或 pK_b）换算过来的。

附录6　一些难溶化合物的溶度积(25℃)

难溶物	溶度积 K_{sp}	难溶物	溶度积 K_{sp}
α-NiS	3.2×10^{-19}	$BaSeO_3$	2.7×10^{-7}
α-ZnS	1.6×10^{-24}	$BaSeO_4$	3.40×10^{-8}
β-NiS	1.0×10^{-24}	$Be(OH)_2$	6.92×10^{-22}
β-ZnS	2.5×10^{-22}	$BiAsO_4$	4.43×10^{-10}
γ-NiS	2.0×10^{-26}	$Bi_2(C_2O_4)_3$	3.98×10^{-36}
AgBr	5.35×10^{-13}	$Bi(OH)_3$	4.0×10^{-31}
$AgBrO_3$	5.38×10^{-5}	$BiPO_4$	1.26×10^{-23}
AgCl	1.77×10^{-10}	$CaCO_3$	3.36×10^{-9}
AgCN	5.97×10^{-17}	$CaC_2O_4\cdot H_2O$	2.32×10^{-9}
Ag_2CO_3	8.46×10^{-12}	CaF_2	3.45×10^{-11}
$Ag_2C_2O_4$	5.40×10^{-12}	$CaMoO_4$	1.46×10^{-8}
Ag_2CrO_4	1.12×10^{-12}	$Ca(OH)_2$	5.02×10^{-6}
$Ag_2Cr_2O_7$	2.0×10^{-7}	$Ca_3(PO_4)_2$	2.07×10^{-33}
AgI	8.52×10^{-17}	$CaSO_4$	4.93×10^{-5}
$AgIO_3$	3.17×10^{-8}	$CaSiO_3$	2.5×10^{-8}
AgOH	2.0×10^{-8}	$CaWO_4$	8.7×10^{-9}
Ag_2MoO_4	2.8×10^{-12}	$CdCO_3$	1.0×10^{-12}
Ag_3PO_4	8.89×10^{-17}	$CdC_2O_4\cdot 3H_2O$	1.42×10^{-8}
Ag_2S	6.3×10^{-50}	$Cd_3(PO_4)_2$	2.53×10^{-33}
AgSCN	1.03×10^{-12}	CdS	8.0×10^{-27}
Ag_2SO_3	1.50×10^{-14}	CdSe	6.31×10^{-36}
Ag_2SO_4	1.20×10^{-5}	$CdSeO_3$	1.3×10^{-9}
Ag_2Se	2.0×10^{-64}	CeF_3	8.0×10^{-16}
Ag_2SeO_3	1.0×10^{-15}	$CePO_4$	1.0×10^{-23}
Ag_2SeO_4	5.7×10^{-8}	$Co_3(AsO_4)_2$	6.80×10^{-29}
$AgVO_3$	5.0×10^{-7}	$CoCO_3$	1.4×10^{-13}
Ag_2WO_4	5.5×10^{-12}	CoC_2O_4	6.3×10^{-8}
$Al(OH)_3$	4.57×10^{-33}	$Co(OH)_2$(蓝)	6.31×10^{-15}
$AlPO_4$	9.84×10^{-21}	$Co(OH)_2$(粉红，新沉淀)	1.58×10^{-15}
Al_2S_3	2.0×10^{-7}	$Co(OH)_2$(粉红，陈化)	2.00×10^{-16}
$Au(OH)_3$	5.5×10^{-46}	$CoHPO_4$	2.0×10^{-7}
$AuCl_3$	3.2×10^{-25}	$Co_3(PO_4)_3$	2.05×10^{-35}
AuI_3	1.0×10^{-46}	$CrAsO_4$	7.7×10^{-21}
$Ba_3(AsO_4)_2$	8.0×10^{-51}	$Cr(OH)_3$	6.3×10^{-31}
$BaCO_3$	2.58×10^{-9}	$CrPO_4\cdot 4H_2O$(绿)	2.4×10^{-23}
BaC_2O_4	1.6×10^{-7}	$CrPO_4\cdot 4H_2O$(紫)	1.0×10^{-17}
$BaCrO_4$	1.17×10^{-10}	CuBr	6.27×10^{-9}
$Ba_3(PO_4)_2$	3.4×10^{-23}	CuCl	1.72×10^{-7}
$BaSO_4$	1.08×10^{-10}	CuCN	3.47×10^{-20}
BaS_2O_3	1.6×10^{-5}	$CuCO_3$	2.34×10^{-10}

续表

难溶物	溶度积 K_{sp}	难溶物	溶度积 K_{sp}
CuI	1.27×10^{-12}	$MgCO_3\cdot3H_2O$	2.38×10^{-6}
$Cu(OH)_2$	4.8×10^{-20}	$Mg(OH)_2$	5.61×10^{-12}
$Cu_3(PO_4)_2$	1.3×10^{-37}	$Mg_3(PO_4)_2$	1.04×10^{-24}
Cu_2S	2.5×10^{-48}	$Mn_3(AsO_4)_2$	1.9×10^{-29}
Cu_2Se	1.58×10^{-61}	$MnCO_3$	2.24×10^{-11}
CuS	6.3×10^{-36}	$Mn(IO_3)_2$	4.37×10^{-7}
$CuSe$	7.94×10^{-49}	$Mn(OH)_4$	1.9×10^{-13}
$Dy(OH)_3$	1.4×10^{-22}	MnS(粉红)	2.5×10^{-10}
$Er(OH)_3$	4.1×10^{-24}	MnS(绿)	2.5×10^{-13}
$Eu(OH)_3$	9.38×10^{-27}	$Ni_3(AsO_4)_2$	3.1×10^{-26}
$FeAsO_4$	5.7×10^{-21}	$NiCO_3$	1.42×10^{-7}
$FeCO_3$	3.13×10^{-11}	NiC_2O_4	4.0×10^{-10}
$Fe(OH)_2$	4.87×10^{-17}	$Ni(OH)_2$(新)	5.48×10^{-16}
$Fe(OH)_3$	2.79×10^{-39}	$Ni_3(PO_4)_2$	4.74×10^{-32}
$FePO_4$	9.91×10^{-16}	$Pb_3(AsO_4)_2$	4.0×10^{-36}
FeS	6.3×10^{-18}	$PbBr_2$	6.60×10^{-6}
$Ga(OH)_3$	7.28×10^{-36}	$PbCl_2$	1.70×10^{-5}
$GaPO_4$	1.0×10^{-21}	$PbCO_3$	7.40×10^{-14}
$Gd(OH)_3$	1.8×10^{-23}	$PbCrO_4$	2.8×10^{-13}
$Hf(OH)_4$	4.0×10^{-26}	PbF_2	3.3×10^{-8}
Hg_2Br_2	6.40×10^{-23}	$PbMoO_4$	1.0×10^{-13}
Hg_2Cl_2	1.43×10^{-18}	$Pb(OH)_2$	1.43×10^{-20}
$Hg_2C_2O_4$	1.75×10^{-13}	$Pb(OH)_4$	3.2×10^{-66}
Hg_2CO_3	3.6×10^{-17}	$Pb_3(PO_4)_3$	8.0×10^{-43}
$Hg_2(CN)_2$	5.0×10^{-40}	PbS	1.0×10^{-28}
Hg_2CrO_4	2.0×10^{-9}	$PbSO_4$	2.53×10^{-8}
Hg_2I_2	5.2×10^{-29}	$PbSe$	7.94×10^{-43}
HgI_2	2.9×10^{-29}	$PbSeO_4$	1.37×10^{-7}
$Hg_2(IO_3)_2$	2.0×10^{-14}	$Pd(OH)_2$	1.0×10^{-31}
$Hg_2(OH)_2$	2.0×10^{-24}	$Pd(OH)_4$	6.3×10^{-71}
$HgSe$	1.0×10^{-59}	PdS	2.03×10^{-58}
HgS(红)	4.0×10^{-53}	$Pm(OH)_3$	1.0×10^{-21}
HgS(黑)	1.6×10^{-52}	$Pr(OH)_3$	3.39×10^{-24}
Hg_2WO_4	1.1×10^{-17}	$Pt(OH)_2$	1.0×10^{-35}
$Ho(OH)_3$	5.0×10^{-23}	$Pu(OH)_3$	2.0×10^{-20}
$In(OH)_3$	1.3×10^{-37}	$Pu(OH)_4$	1.0×10^{-55}
$InPO_4$	2.3×10^{-22}	$RaSO_4$	3.66×10^{-11}
In_2S_3	5.7×10^{-74}	$Rh(OH)_3$	1.0×10^{-23}
$La_2(CO_3)_3$	3.98×10^{-34}	$Ru(OH)_3$	1.0×10^{-36}
$LaPO_4$	3.98×10^{-23}	Sb_2S_3	1.5×10^{-93}
$Lu(OH)_3$	1.9×10^{-24}	ScF_3	4.2×10^{-18}
$Mg_3(AsO_4)_2$	2.1×10^{-20}	$Sc(OH)_3$	2.22×10^{-31}
$MgCO_3$	6.82×10^{-6}	$Sm(OH)_3$	8.2×10^{-23}

续表

难溶物	溶度积 K_{sp}	难溶物	溶度积 K_{sp}
$Sn(OH)_2$	5.45×10^{-27}	$Ti(OH)_3$	1.0×10^{-40}
$Sn(OH)_4$	1.0×10^{-56}	TlBr	3.71×10^{-6}
SnO_2	3.98×10^{-65}	TlCl	1.86×10^{-4}
SnS	1.0×10^{-25}	Tl_2CrO_4	8.67×10^{-13}
SnSe	3.98×10^{-39}	TlI	5.54×10^{-8}
$Sr_3(AsO_4)_2$	4.29×10^{-19}	TlN_3	2.2×10^{-4}
$SrCO_3$	5.60×10^{-10}	Tl_2S	5.0×10^{-21}
$SrC_2O_4\cdot H_2O$	1.6×10^{-7}	$TlSeO_3$	2.0×10^{-39}
SrF_2	4.33×10^{-9}	$UO_2(OH)_2$	1.1×10^{-22}
$Sr_3(PO_4)_2$	4.0×10^{-28}	$VO(OH)_2$	5.9×10^{-23}
$SrSO_4$	3.44×10^{-7}	$Y(OH)_3$	1.00×10^{-22}
$SrWO_4$	1.7×10^{-10}	$Yb(OH)_3$	3.0×10^{-24}
$Tb(OH)_3$	2.0×10^{-22}	$Zn_3(AsO_4)_2$	2.8×10^{-28}
$Te(OH)_4$	3.0×10^{-54}	$ZnCO_3$	1.46×10^{-10}
$Th(C_2O_4)_2$	1.0×10^{-22}	$Zn(OH)_2$	3×10^{-17}
$Th(IO_3)_4$	2.5×10^{-15}	$Zn_3(PO_4)_2$	9.0×10^{-33}
$Th(OH)_4$	4.0×10^{-45}	$ZrO(OH)_2$	6.3×10^{-49}

本表数据主要摘自 Robert C.Weast，CRC Handbook of Chemistry and Physics 90th ed. 8-118～120

附录 7　标准电极电势表(298K)

电极组成	电极反应式 氧化型 + $ne^-\rightleftharpoons$还原型	$\varphi^\ominus$(Ox/Red)/V
Li^+/Li	$Li^+ + e^- \rightleftharpoons Li$	−3.040
Rb^+/Rb	$Rb^+ + e^- \rightleftharpoons Rb$	−2.98
K^+/K	$K^+ + e^- \rightleftharpoons K$	−2.931
Ca^{2+}/Ca	$Ca^{2+} + 2e^- \rightleftharpoons Ca$	−2.868
Na^+/Na	$Na^+ + e^- \rightleftharpoons Na$	−2.71
Mg^{2+}/Mg	$Mg^{2+} + 2e^- \rightleftharpoons Mg$	−2.372
Ce^{3+}/Ce	$Ce^{3+} + 3e^- \rightleftharpoons Ce$	−2.336
Be^{2+}/Be	$Be^{2+} + 2e^- \rightleftharpoons Be$	−1.847
Al^{3+}/Al	$Al^{3+} + 3e^- \rightleftharpoons Al$	−1.662
ZnO_2^-/Zn	$ZnO_2^- + H_2O + 2e^- \rightleftharpoons Zn + 2OH^-$	−1.215
Mn^{2+}/Mn	$Mn^{2+} + 2e^- \rightleftharpoons Mn$	−1.185
SO_4^{2-}/SO_3^{2-}	$SO_4^{2-} + H_2O + 2e^- \rightleftharpoons SO_3^{2-} + 2OH^-$	−0.93
H_2O/H_2	$2H_2O + 2e^- \rightleftharpoons H_2 + 2OH^-$	−0.8277

续表

电极组成	电极反应式 氧化型 + ne^- ⇌ 还原型	$\varphi^\ominus$(Ox/Red)/V
Zn^{2+}/Zn	$Zn^{2+} + 2e^- \rightleftharpoons Zn$	–0.7618
$SO_3^{2-}/S_2O_3^{2-}$	$SO_3^{2-} + 3H_2O + 4e^- \rightleftharpoons S_2O_3^{2-} + 6OH^-$	–0.571
$S/HS^-/Pt$	$S + H_2O + 2e^- \rightleftharpoons HS^- + OH^-$	–0.478
$S/S^{2-}/Pt$	$S + 2e^- \rightleftharpoons S^{2-}$	–0.4763
Fe^{2+}/Fe	$Fe^{2+} + 2e^- \rightleftharpoons Fe$	–0.447
Cd^{2+}/Cd	$Cd^{2+} + 2e^- \rightleftharpoons Cd$	–0.4030
Co^{2+}/Co	$Co^{2+} + 2e^- \rightleftharpoons Co$	–0.28
Ni^{2+}/Ni	$Ni^{2+} + 2e^- \rightleftharpoons Ni$	–0.257
I^-, AgI/Ag	$AgI + e^- \rightleftharpoons Ag + I^-$	–0.1522
$O_2/H_2O_2/Pt$	$O_2 + 2H_2O + 2e^- \rightleftharpoons H_2O_2 + 2OH^-$	–0.146
Sn^{2+}/Sn	$Sn^{2+} + 2e^- \rightleftharpoons Sn$	–0.1375
$CrO_4^{2-}/Cr(OH)_3/Pt$	$CrO_4^{2-} + 4H_2O + 3e^- \rightleftharpoons Cr(OH)_3 + 5OH^-$	–0.13
Pb^{2+}/Pb	$Pb^{2+} + 2e^- \rightleftharpoons Pb$	–0.1262
Fe^{3+}/Fe	$Fe^{3+} + 3e^- \rightleftharpoons Fe$	–0.037
$AgCN/Ag$	$AgCN + e^- \rightleftharpoons Ag + CN^-$	–0.017
$H^+/H_2/Pt$	$H^+ + 2e^- \rightleftharpoons H_2$	0.0000
$NO_3^-/NO_2^-/Pt$	$NO_3^- + H_2O + 2e^- \rightleftharpoons NO_2^- + 2OH^-$	+0.01
Br^-, $AgBr/Ag$	$AgBr + e^- \rightleftharpoons Ag + Br^-$	+0.071 33
$S_4O_6^{2-}/S_2O_3^{2-}/Pt$	$S_4O_6^{2-} + 2e^- \rightleftharpoons 2S_2O_3^{2-}$	+0.08
$AgSCN/Ag$	$AgSCN + e^- \rightleftharpoons Ag + SCN^-$	+0.089 51
$[Co(NH_3)_6]^{3+}/[Co(NH_3)_6]^{2+}/Pt$	$[Co(NH_3)_6]^{3+} + e^- \rightleftharpoons [Co(NH_3)_6]^{2+}$	+0.108
$IO_3^-/IO^-/Pt$	$IO_3^- + 2H_2O + 4e^- \rightleftharpoons IO^- + 4OH^-$	+0.15
Sn^{4+}, Sn^{2+}/Pt	$Sn^{4+} + 2e^- \rightleftharpoons Sn^{2+}$	+0.151
$Cu^{2+}/Cu^+/Pt$	$Cu^{2+} + e^- \rightleftharpoons Cu^+$	+0.153
$BiOCl/Bi$	$BiOCl + 2H^+ + 3e^- \rightleftharpoons Bi + Cl^- + H_2O$	+0.1583
$SO_4^{2-}/H_2SO_3/Pt$	$SO_4^{2-} + 4H^+ + 2e^- \rightleftharpoons H_2SO_3 + H_2O$	+0.172
$IO_3^-/I^-/Pt$	$IO_3^- + 3H_2O + 6e^- \rightleftharpoons I^- + 6OH^-$	+0.26
$ClO_3^-/ClO_2^-/Pt$	$ClO_3^- + H_2O + 2e^- \rightleftharpoons ClO_2^- + 2OH^-$	+0.33
Cu^{2+}/Cu	$Cu^{2+} + 2e^- \rightleftharpoons Cu$	+0.3419
$ClO_4^-/ClO_3^-/Pt$	$ClO_4^- + H_2O + 2e^- \rightleftharpoons ClO_3^- + 2OH^-$	+0.36
$O_2/OH^-/Pt$	$O_2 + 2H_2O + 4e^- \rightleftharpoons 4OH^-$	+0.401
$H_2SO_3/S/Pt$	$H_2SO_3 + 4H^+ + 4e^- \rightleftharpoons S + 3H_2O$	+0.449
$IO^-/I^-/Pt$	$IO^- + H_2O + 2e^- \rightleftharpoons I^- + 2OH^-$	+0.485
Cu^+/Cu	$Cu^+ + 2e^- \rightleftharpoons Cu$	+0.521
$I_2/I^-/Pt$	$I_2 + 2e^- \rightleftharpoons 2I^-$	+0.5355
$MnO_4^-/MnO_4^{2-}/Pt$	$MnO_4^- + e^- \rightleftharpoons MnO_4^{2-}$	+0.558
$MnO_4^-/MnO_2/Pt$	$MnO_4^- + 2H_2O + 3e^- \rightleftharpoons MnO_2 + 4OH^-$	+0.595

续表

电极组成	电极反应式 氧化型 + ne^- $\rightleftharpoons$ 还原型	$\varphi^\ominus$(Ox/Red)/V
$MnO_4^{2-}/MnO_2/Pt$	$MnO_4^{2-} + 2H_2O + 2e^- \rightleftharpoons MnO_2 + 4OH^-$	+0.60
$BrO_3^-/Br^-/Pt$	$BrO_3^- + 3H_2O + 6e^- \rightleftharpoons Br^- + 6OH^-$	+0.61
$ClO_3^-/Cl^-/Pt$	$ClO_3^- + 3H_2O + 6e^- \rightleftharpoons Cl^- + 6OH^-$	+0.62
$O_2/H_2O_2/Pt$	$O_2 + 2H^+ + 2e^- \rightleftharpoons H_2O_2$	+0.695
$Fe^{3+}, Fe^{2+}/Pt$	$Fe^{3+} + e^- \rightleftharpoons Fe^{2+}$	+0.771
Hg_2^{2+}/Hg	$Hg_2^{2+} + 2e^- \rightleftharpoons 2Hg$	+0.7973
Ag^+/Ag	$Ag^+ + e^- \rightleftharpoons Ag$	+0.7996
$ClO^-/Cl^-/Pt$	$ClO^- + H_2O + 2e^- \rightleftharpoons Cl^- + 2OH^-$	+0.841
Hg^{2+}/Hg	$Hg^{2+} + 2e^- \rightleftharpoons Hg$	+0.851
$Hg^{2+}/Hg_2^{2+}/Pt$	$2Hg^{2+} + 2e^- \rightleftharpoons Hg_2^{2+}$	+0.920
$NO_3^-/HNO_2/Pt$	$NO_3^- + 3H^+ + 2e^- \rightleftharpoons HNO_2 + H_2O$	+0.934
$NO_3^-/NO/Pt$	$NO_3^- + 4H^+ + 3e^- \rightleftharpoons NO + 2H_2O$	+0.957
$HNO_2/NO/Pt$	$HNO_2 + H^+ + e^- \rightleftharpoons NO + H_2O$	+0.983
$HIO/I^-/Pt$	$HIO + H^+ + 2e^- \rightleftharpoons I^- + H_2O$	+0.987
$IO_3^-/I^-/Pt$	$IO_3^- + 6H^+ + 6e^- \rightleftharpoons I^- + 3H_2O$	+1.085
$Br_2, Br^-/Pt$	$Br_2(aq) + 2e^- \rightleftharpoons 2Br^-$	+1.0873
$ClO_4^-/ClO_3^-/Pt$	$ClO_4^- + 2H^+ + 2e^- \rightleftharpoons ClO_3^- + H_2O$	+1.189
$IO_3^-/I_2/Pt$	$2IO_3^- + 12H^+ + 10e^- \rightleftharpoons I_2 + 6H_2O$	+1.195
$MnO_2/Mn^{2+}/Pt$	$MnO_2 + 4H^+ + 2e^- \rightleftharpoons Mn^{2+} + 2H_2O$	+1.224
$O_2/H_2O/Pt$	$O_2 + 4H^+ + 4e^- \rightleftharpoons 2H_2O$	+1.229
$HBrO/Br^-/Pt$	$HbrO + H^+ + 2e^- \rightleftharpoons Br^- + H_2O$	+1.331
$Cl_2, Cl^-/Pt$	$Cl_2 + 2e^- \rightleftharpoons 2Cl^-$	+1.3587
$Cr_2O_7^{2-}, H^+/Cr^{3+}/Pt$	$Cr_2O_7^{2-} + 14H^+ + 6e^- \rightleftharpoons 2Cr^{3+} + 7H_2O$	+1.36
$BrO_3^-/Br^-/Pt$	$BrO_3^- + 6H^+ + 6e^- \rightleftharpoons Br^- + 3H_2O$	+1.423
$HIO/I_2/Pt$	$2HIO + 2H^+ + 2e^- \rightleftharpoons I_2 + 2H_2O$	+1.439
$ClO_3^-/Cl^-/Pt$	$ClO_3^- + 6H^+ + 6e^- \rightleftharpoons Cl^- + 3H_2O$	+1.451
$ClO_3^-/Cl_2/Pt$	$ClO_3^- + 6H^+ + 5e^- \rightleftharpoons 1/2Cl_2 + 3H_2O$	+1.47
$BrO_3^-/Br_2/Pt$	$BrO_3^- + 6H^+ + 5e^- \rightleftharpoons 1/2Br_2 + 3H_2O$	+1.482
$MnO_4^-, H^+/Mn^{2+}/Pt$	$MnO_4^- + 8H^+ + 5e^- \rightleftharpoons Mn^{2+} + 4H_2O$	+1.507
$HBrO/Br_2(aq)/Pt$	$HBrO + H^+ + e^- \rightleftharpoons 1/2Br_2(aq) + H_2O$	+1.574
$HClO/Cl_2(aq)/Pt$	$HClO + H^+ + e^- \rightleftharpoons 1/2Cl_2(aq) + H_2O$	+1.611
$MnO_4^-, H^+/MnO_2/Pt$	$MnO_4^- + 4H^+ + 3e^- \rightleftharpoons MnO_2 + 2H_2O$	+1.679
Ce^{4+}/Ce^{3+}	$Ce^{4+} + e^- \rightleftharpoons Ce^{3+}$	+1.72
$H^+, H_2O_2/Pt$	$H_2O_2 + 2H^+ + 2e^- \rightleftharpoons 2H_2O$	+1.776
Co^{3+}/Co^{2+}	$Co^{3+} + e^- \rightleftharpoons Co^{2+}$	+1.92
$S_2O_8^{2-}/SO_4^{2-}/Pt$	$S_2O_8^{2-} + 2e^- \rightleftharpoons 2SO_4^{2-}$	+2.010
$F_2, F^-/Pt$	$F_2 + 2e^- \rightleftharpoons 2F^-$	+2.866

本表数据摘自 Robert C.Weast，CRC Handbook of Chemistry and Physics 90th ed.，8-25～8-29

附录8　一些金属配合物的稳定常数

配体及金属离子	$\lg\beta_1$	$\lg\beta_2$	$\lg\beta_3$	$\lg\beta_4$	$\lg\beta_5$	$\lg\beta_6$
氨（NH_3）						
Co^{2+}	2.11	3.74	4.79	5.55	5.73	5.11
Co^{3+}	6.7	14.0	20.1	25.7	30.8	35.2
Cu^{2+}	4.31	7.98	11.02	13.32	12.86	
Hg^{2+}	8.8	17.5	18.5	19.28		
Ni^{2+}	2.80	5.04	6.77	7.96	8.71	8.74
Ag^{+}	3.24	7.05		5.30		
Zn^{2+}	2.37	4.81	7.31	9.46		
Cd^{2+}	2.65	4.75	6.19	7.12	6.80	5.14
氯离子（Cl^-）						
Sb^{3+}	2.26	3.49	4.18	4.72		
Bi^{3+}	2.44	4.7	5.0	5.6		
Cu^{+}		5.5	5.7			
Pt^{2+}		11.5	14.5	16.0		
Hg^{2+}	6.74	13.22	14.07	15.07		
Au^{3+}		9.8				
Ag^{+}	3.04	5.04				
氰离子（CN^-）						
Au^{+}		38.3				
Cd^{2+}	5.48	10.60	15.23	18.78		
Cu^{+}		24.0	28.59	30.30		
Fe^{2+}						35
Fe^{3+}						42
Hg^{2+}				41.4		
Ni^{2+}				31.3		
Ag^{+}		21.1	21.7	20.6		
Zn^{2+}				16.7		
氟离子（F^-）						
Al^{3+}	6.10	11.15	15.00	17.75	19.37	19.84
Fe^{3+}	5.28	9.30	12.06			
碘离子（I^-）						
Bi^{3+}	3.63			14.95	16.80	18.80
Hg^{2+}	12.87	23.82	27.60	29.83		
Ag^{+}	6.58	11.74	13.68			
硫氰酸根（SCN^-）						
Fe^{3+}	2.95	3.36				
Hg^{2+}		17.47		21.23		
Au^{+}		23		42		
Ag^{+}		7.57	9.08	10.08		

续表

配体及金属离子	$\lg\beta_1$	$\lg\beta_2$	$\lg\beta_3$	$\lg\beta_4$	$\lg\beta_5$	$\lg\beta_6$
硫代硫酸根（$S_2O_3^{2-}$）						
Ag^+	8.82	13.46				
Hg^{2+}		29.44	31.90	33.24		
Cu^+	10.27	12.22	13.84			
醋酸根（CH_3COO^-）						
Fe^{3+}	3.2					
Hg^{2+}		8.43				
Pb^{2+}	2.52	4.0	6.4	8.5		
枸橼酸根（按 L^{3-} 配体）						
Al^{3+}	20.0					
Co^{2+}	12.5					
Cd^{2+}	11.3					
Cu^{2+}	14.2					
Fe^{2+}	15.5					
Fe^{3+}	25.0					
Ni^{2+}	14.3					
Zn^{2+}	11.4					
乙二胺（$H_2NCH_2CH_2NH_2$）						
Co^{2+}	5.91	10.64	13.94			
Cu^{2+}	10.67	20.00	21.0			
Zn^{2+}	5.77	10.83	14.11			
Ni^{2+}	7.52	13.84	18.33			
草酸根（$C_2O_4^{2-}$）						
Cu^{2+}	6.16	8.5				
Fe^{2+}	2.9	4.52	5.22			
Fe^{3+}	9.4	16.2	20.2			
Hg^{2+}		6.98				
Zn^{2+}	4.89	7.60	8.15			
Ni^{2+}	5.3	7.64	～8.5			
乙二胺四乙酸（EDTA）						
Ag^+	7.32					
Al^{3+}	16.11					
Ba^{2+}	7.78					
Bi^{3+}	22.8					
Ca^{2+}	11.0					
Co^{2+}	16.31					
Co^{3+}	36					
Cu^{2+}	18.7					
Fe^{2+}	14.33					
Fe^{3+}	24.23					
Mg^{2+}	8.64					
Zn^{2+}	16.4					

录自 Lange's Handbook of Chemistry，16th ed.，2005：1.358-1.379

部分习题参考答案

第一章

1. 2.50mol; 0.510mol

2. $14.8 mol \cdot L^{-1}$

3. $2.39 mol \cdot kg^{-1}$; $2.19 mol \cdot L^{-1}$; 0.0413

4. 11.8kPa

5. $C_{10}H_{14}N_2$

6. 9.89g

7. 342.7

8. $n \approx 3$, $Hg(NO_3)_2$ 在水溶液中完全解离; $n = 1$, $HgCl_2$ 在水溶液中没有发生解离。

9. 0.118kPa

10. $2.53 \times 10^5 g \cdot mol^{-1}$

11. $280 mmol \cdot L^{-1}$; 721.7kPa

12. $305 mmol \cdot L^{-1}$, 林格氏溶液与人体血浆是等渗溶液

13. $0.25 mol \cdot kg^{-1}$

第二章

1. 酸: H_2CO_3、NH_4^+、$[Al(H_2O)_6]^{3+}$、H_3O^+

碱: OH^-、Cl^-、NH_3、S^{2-}

两性物质: H_2O、$H_2PO_4^-$、NH_4Ac、$NH_3^+-CH_2-COO^-$

3. (1) 5.27; (2) 8.73; (3) 7.00

4. 2.48; 5.75%

5. 11.48; 3.01%

8. 甲: 7.74; 乙: 7.40; 丙: 7.30; 甲患者为碱中毒病人, 乙患者为正常病人, 丙患者为酸中毒病人。

9. 酸性由强到弱顺序为: $H_3PO_4 > HAc > H_2CO_3 > H_2S > H_2PO_4^- > HCN > NH_4^+ > HPO_4^{2-}$

11. 4.75

第三章

1. $K_{sp}(CaCO_3) = [Ca^{2+}][CO_3^{2-}]$　　$K_{sp}[Cu(OH)_2] = [Cu^{2+}][OH^-]^2$

$K_{sp}[Mg_3(PO_4)_2] = [Mg^{2+}]^3[PO_4^{3-}]^2$　　$K_{sp}(Ag_2S) = [Ag^+]^2[S^{2-}]$

2. $1.12 \times 10^{-4} mol \cdot L^{-1}$

3. 1.32×10^{-10}

6. 可以生成$Mg(OH)_2$沉淀

7. Fe^{3+}先沉淀；剩余的Fe^{3+}浓度：$8.21\times10^{-18}mol\cdot L^{-1}$

8. (1) $7.31\times10^{-7}mol\cdot L^{-1}$；(2) $5.35\times10^{-12}mol\cdot L^{-1}$

第四章

1. 氧化能力的大小顺序为：$F_2>MnO_4^->Cr_2O_7^{2-}>Cl_2>Br_2>I_2>Cu^{2+}>Fe^{2+}$

2. 还原能力顺序为：$Mg>Al>H_2>Sn^{2+}>I^->Fe^{2+}$

4. ①逆向；②逆向；③正向；④正向；⑤正向

5. 金属镁溶解到溶液中去

6. I^-先被氧化

8. (1) 电池符号 (−) $Zn\mid Zn^{2+}(c_1)\parallel Ag^+(c_2)\mid Ag$ (+)

(2) 电池符号 (−) $Pt\mid Fe^{2+}(c_1), Fe^{3+}(c_2)\parallel MnO_4^-(c_3), Mn^{2+}(c_4)\mid Pt$ (+)

9. ① $K_1=1.09\times10^4$；② $K_2=4.97\times10^{59}$，由于$K_2>K_1$，反应②比反应①进行得更完全。

10. (1) pH = 3 时，$\varphi(MnO_4^-/Mn^{2+})=1.2228V$，$KMnO_4$可氧化$I^-$和$Br^-$；(2) pH = 6 时，$\varphi(MnO_4^-/Mn^{2+})=0.9387V$，$KMnO_4$可氧化$I^-$，不能氧化$Br^-$

11. ①反应方向：$MnO_4^- + Cl^- \longrightarrow Mn^{2+}+Cl_2$；② $2MnO_4^- + 16H^+ + 10Cl^- = 2Mn^{2+}+8H_2O + 5Cl_2$；③ 电池符号 (−) $Pt\mid Cl^-(c_1)\mid Cl_2(p^{\ominus})\parallel MnO_4^-(c_2), Mn^{2+}(c_3)\mid Pt$ (+)；④ 0.2433V；⑤ $K=1.12\times10^{25}$

14. Ag^+先被置换；$c(Ag^+)=1.86\times10^{-8}(mol\cdot L^{-1})$

第五章

3. (1) Fe：铁、$[Ar]3d^64s^2$；(2) Xe：氙、$[Kr]4d^{10}5s^25p^6$；(3) Fe：铁、$[Ar]3d^64s^2$；(4) F：氟、$1s^22s^22p^5$；(5) As：砷、$[Ar]3d^{10}4s^24p^3$；(6) K：钾、$[Ar]4s^1$

4. 两套方案：①、③、⑤与②、④、⑥中之一；②、④、⑥与①、③、⑤中之一

7. 属于原子的基态：(1)，(2)；　属于原子的激发态(4)，(5)，(6)；　属于错误的有(3)

8. 原子序数是31号元素，第4周期，第3主族元素。

9. K和Cu外层电子构型相同，但次外层电子构型不同。K的电子构型$1s^22s^22p^63s^23p^64s^1$，Cu的电子构型$1s^22s^22p^63s^23p^63d^{10}4s^1$。随着原子序数的增加，元素的核电荷增加。Cu最外层电子受到有效核电荷比K的外层电子大，因而Cu的电离能比K大，失电子比K难。所以Cu的化学活性比K差。

第六章

2. 因为当电荷数相同时，卤族元素的钠盐随着卤素阴离子半径增大，离子键越来越弱，打开离子键需要能量逐渐减小，因此熔沸点越来越低。同样随第二主族元素离子半径增大，熔沸点也逐渐增大。

当核间距相近时，碱土金属氧化物由于电荷数高于碱金属卤化物，因此静电引力大于碱金属卤化物，熔沸点比其高很多。

3. ① BeH_2　Be　sp杂化，直线型；② SiH_4　Si　sp^3杂化，四面体；③ BBr_3　B　sp^2杂化，三角形；④ ClO_4^-　Cl　sp^3杂化，四面体

4. 乙烷C_2H_6分子中每个C原子以4个sp^3杂化轨道分别与3个H原子结合成3个σ_{sp^3-s}键，第四个sp^3杂化轨道则与另一个C原子结合成$\sigma_{sp^3-sp^3}$键。

乙烯C_2H_4分子中，C原子含有3个sp^2杂化轨道，每个C原子的2个sp^2杂化轨道分别与2

个 H 原子结合成 2 个σ_{sp^2-s}键，第三个 sp^2 杂化轨道与另一个 C 原子结合成$\sigma_{sp^2-sp^2}$键；2 个 C 原子各有一个未杂化的 2p 轨道（与 sp^2 杂化轨道平面垂直）相互“肩并肩”重叠而形成 1 个 π 键。所以 C_2H_4 分子中的 C 与 C 间为双键。

乙炔 C_2H_2 分子中每个 C 原子各有 2 个 sp 杂化轨道，其中一个与 H 原子结合形成 σ_{sp-s} 键，第二个 sp 杂化轨道则与另一个 C 原子结合形成 σ_{sp-sp} 键；每个 C 原子中未杂化的 2 个 2p 轨道对应重叠形成 2 个 π 键。所以 C_2H_2 分子中的 C 与 C 间为三键。

5．B 原子的外层电子组态 $2s^22p^1$，当 B 原子与 F 原子化合时，2s 轨道上的 1 个电子被激发到 2p 轨道，进行 sp^2 杂化，3 个 sp^2 杂化轨道分别与 3 个 F 原子的 2p 轨道成键，故 BF_3 分子的空间构型为平面正三角形。

8．极性分子：(1)(2)(4)(6)(9)，因为分子中正负电荷重心不重合，分子不对称，非极性分子：(3)(5)(7)(8)(10)，因为分子中正负电荷重心重合，分子对称，键的极性相互抵消。

11．① 取向力、诱导力、色散力和氢键；②取向力、诱导力、色散力和氢键；③取向力、诱导力和色散力；④色散力；⑤诱导力和色散力；⑥取向力、诱导力、色散力和氢键；⑦取向力、诱导力、色散力和氢键

12．均有氢键，①②分子间氢键，③分子内氢键

第七章

3．$[Mn(CN)_6]^{4-}$ 中心原子 Mn^{2+} 为 d^2sp^3 杂化，配合物为正八面体，内轨型；$[Pt(CN)_4]^{2-}$ 中心原子 Pt^{2+} 为 dsp^2 杂化，配合物为平面四方形，内轨型。

4．(1) 向右 (2) 向右 (3) 向左 (4) 向左

7．$1.0\times10^{-5}mol\cdot L^{-1}$

8．(1) 无 AgI 沉淀生成；(2) 有 Ag_2S 沉淀生成

9．$K_s=1.9\times10^{38}$

第八章

1．$2Na+2H_2O=2NaOH+H_2\uparrow$　　$2Na+Na_2O_2=2Na_2O$

$2Na+2NH_3=2NaNH_2+H_2$　　$Na+C_2H_5OH=C_2H_5ONa+1/2H_2\uparrow$

$4Na+TiCl_4=Ti+4NaCl$　　$KCl+Na=NaCl+K\uparrow$

$2Na+MgO=Mg+Na_2O$　　$6Na+2NaNO_2=4Na_2O+N_2\uparrow$

2．$2Na_2O_2+2H_2O=4NaOH+O_2\uparrow$　　$2Na_2O_2+2CO_2=2Na_2CO_3+O_2\uparrow$

$Na_2O_2+H_2SO_4(稀)=Na_2SO_4+H_2O_2$

3．(1) 在 $BaCl_2$ 溶液中 $\xrightarrow{加入碳酸铵溶液}$ 有白色沉淀 $\xrightarrow{加入醋酸}$ 白色沉淀溶解 $\xrightarrow{加入K_2CrO_4}$ 有黄色沉淀生成。发生的反应为：

$Ba^{2+}+CO_3^{2-}=BaCO_3\downarrow$　$BaCO_3+2HAc=Ba(Ac)_2+H_2O+CO_2\uparrow$　$Ba^{2+}+CrO_4^{2-}=BaCrO_4\downarrow$

(2) 在 $CaCl_2$ 溶液中 $\xrightarrow{加入碳酸铵溶液}$ 有白色沉淀 $\xrightarrow{加入醋酸}$ 白色沉淀溶解 $\xrightarrow{加入K_2CrO_4}$ 有黄色沉淀生成。发生的反应为：

$Ca^{2+}+CO_3^{2-}=CaCO_3\downarrow$　$CaCO_3+2HAC=Ca(AC)_2+H_2O+CO_2\uparrow$　$Ca^{2+}+CrO_4^{2-}=CaCrO_4\downarrow$

5．$BaSO_4$ 难溶，所以不被吸收，且不易被 X 射线透过。

6．光卤石：$KCl\cdot MgCl_2\cdot 2H_2O$；明矾：$KAl(SO_4)_2\cdot 12H_2O$；重晶石：$BaSO_4$；天青石：$SrSO_4$；白云石：$CaCO_3\cdot MgCO_3$；方解石：$CaCO_3$；苏打：$Na_2CO_3$；石膏 $CaSO_4\cdot 2H_2O$；萤石：CaF_2；元明

粉：无水 Na_2SO_4；泻盐：$MgSO_4$。

7.（1）将粗盐溶于水制成溶液；（2）加入 $BaCl_2$ 溶液以除去 SO_4^{2-}：$Ba^{2+} + SO_4^{2-} = BaSO_4\downarrow$；（3）再加入 Na_2CO_3 溶液以除去 Ca^{2+}、Mg^{2+}、Ba^{2+}： $Ca^{2+}(Mg^{2+}\ Ba^{2+}) + CO_3^{2-} = CaCO_3\downarrow$；（4）最后加入适量的 HCl 溶液以除去 CO_3^{2-}：$2H^+ + CO_3^{2-} = H_2O + CO_2\uparrow$；（5）蒸发、结晶、烘干得纯的食盐。

第九章

1.（1）由于 F^- 的半径小于 Cl^-，且 Si-F 键能大于 Si-O 键能，所以 HF 可以与 SiO_2 反应生成更稳定的 SIF_4，而 $SiCl_4$ 由于 Cl 半径大，相互间作用强，使得其稳定性差。（2）I_2 分子属于非极性分子，因此在非极性溶液如苯中的溶解度大，而在极性溶液中如水中溶解度效；但在 KI 溶液中，I^- 可以与 I_2 生成 I_3^- 离子从而增加 I_2 在水中的溶解度。（3）在水溶液中 $\varphi(Cl_2/Cl^-) > \varphi(I_2/I^-)$，$\varphi(I_2/I^-) > \varphi(ClO_3^-/Cl_2)$。

2.（1）$FeCl_3$ 与 Br_2 水可以共存；（2）$FeCl_3$ 与 KI 溶液不能共存，$2FeCl_3 + 2KI \rightarrow 2KCl + 2FeCl_2 + I_2$；（3）KI 与 KIO_3 溶液不能共存，$KIO_3 + 5KI + 6H^+ \rightarrow 6K^+ + 3I_2 + 3H_2O$

3.（1）$2HClO_3 + I_2 \rightarrow 2HIO_3 + Cl_2$；（2）$KI + 3Cl_2 + 3H_2O \rightarrow KIO_3 + 6HCl$

4.（1）$Cl_2 + 2NaOH \rightarrow NaClO + NaCl + H_2O$

（2）$KIO_3 + 5KI + 3H_2SO_4 \rightarrow 3K_2SO_4 + 3I_2 + 3H_2O$

（3）$Na_2S_2O_3 + 4Cl_2 + 5H_2O \rightarrow Na_2SO_4 + H_2SO_4 + 8HCl$

（4）$Hg_2Cl_2 + SnCl_2 + 2Cl^- \rightarrow 2Hg + [SnCl_6]^{2-}$

5. H_2SO_3

6.（1）$NH_4HCO_3 \xrightarrow{\triangle} NH_3 + H_2O + CO_2$

$(NH_4)_3PO_4 \xrightarrow{\triangle} 3NH_3 + H_3PO_4$

$(NH_4)_2SO_4 \xrightarrow{\triangle} NH_3 + NH_4HSO_4$

$NH_4NO_3 \xrightarrow{\triangle} N_2O + 2H_2O$

$NH_4Cl \xrightarrow{\triangle} NH_3 + HCl$

（2）$2KNO_3 \xrightarrow{\triangle} 2KNO_2 + O_2$

$2Cu(NO_3)_2 \xrightarrow{\triangle} 2CuO + 4NO_2 + O_2$

$Zn(NO_3)_2 \xrightarrow{\triangle} ZnO + 4NO_2 + O_2$

$2AgNO_3 \xrightarrow{\triangle} 2Ag + 2NO_2 + O_2$

7. $3P + 5HNO_3$(浓)$ + 2H_2O \longrightarrow 3H_3PO_4 + 5NO$

$S + 2HNO_3$(浓)$\longrightarrow H_2SO_4 + 2NO$

$Cu + 4HNO_3$(浓)$\longrightarrow Cu(NO_3)_2 + 2NO_2 + 2H_2O$

8.（1）$HNO_2 + NH_3 \longrightarrow N_2 + 2H_2O$

（2）$2NO_2^- + 2I^- + 4H^+ \longrightarrow 2NO + I_2 + 2H_2O$

9. A：NaS_2O_3；　B：SO_2；　C：S　D：Na_2SO_4　E：$BaSO_4$

$Na_2S_2O_3 + 2H^+ \longrightarrow SO_2\uparrow + S\downarrow + H_2O + 2Na^+$

$2KMnO_4 + 5SO_2 + 2H_2O \longrightarrow 2MnSO_4 + 2H_2SO_4 + K_2SO_4$

$S_2O_3^{2-} + 4Cl_2 + 5H_2O \longrightarrow 2SO_4^{2-} + 8Cl^- + 10H^+$

$SO_4^{2-} + Ba^{2+} \longrightarrow BaSO_4$

10. A：NaI 或 KI　　B：浓 H_2SO_4　C：I_2　D　I_3^-　E：NaS_2O_3　F：Cl_2

方程式：（1）$8NaI + 5H_2SO_4 \xrightarrow{\triangle} 4Na_2SO_4 + 4I_2 + H_2S\uparrow + 4H_2O$

（2）$I_2 + I^- \longrightarrow I_3^-$

(3) $I_2 + 5Cl_2 + 6H_2O \longrightarrow 2HIO_3 + 10HCl$

(4) $2Na_2S_2O_3 + I_2 \longrightarrow Na_2S_4O_4 + 2NaI$

(5) $Na_2S_2O_3 + 2H^+ \longrightarrow SO_2\uparrow + S\downarrow + H_2O + 2Na^+$

(6) $S_2O_3^{2-} + 4Cl_2 + 5H_2O \longrightarrow 2SO_4^{2-} + 8Cl^- + 10H^+$

13. $[AlF_6]^{3-}$: sp^3d^2; Al_2Cl_6(g): sp^3 $AlCl_3$(g): sp^2

第十章

2. (1) $Cr^{3+} + 3OH^- = Cr(OH)_3\downarrow$ $Cr(OH)_3 + OH^- = CrO_2^- + 2H_2O$

(2) $Mn^{2+} + 2OH^- = Mn(OH)_2\downarrow$ $Mn(OH)_2 + O_2 = 2MnO_2\cdot H_2O\downarrow$

(3) $2MnO_4^- + 5H_2S + 6H^+ = 2Mn^{2+} + 5S\downarrow + 8H_2O$

(4) $Cr_2O_7^{2-} + 3Zn + 14H^+ = 2Cr^{3+} + 3Zn^{2+} + 7H_2O$

(5) $Cr_2O_7^{2-} + 3H_2O_2 + 8H^+ = 2Cr^{3+} + 3O_2\uparrow + 7H_2O$

(6) $Fe^{2+} + 2OH^- = Fe(OH)_2$ $2Fe(OH)_2 + I_2 + 2OH^- = 2Fe(OH)_3\downarrow + 2I^-$

3. (1) Cr(Ⅵ)价电子层结构为 $3s^23p^63d^0$，有很强的极化作用，因此在溶液中没有独立的 Cr^{6+}。因为 Cr(Ⅵ)有较高的正电场，铬氧之间有较强的极化作用，使氧中的电子能吸收部分可见光向 Cr(Ⅵ)跃迁，所以 CrO_3、CrO_4^{2-}、$Cr_2O_7^{2-}$ 均有颜色。

(2) $Fe^{3+} + nSCN^- = [Fe(SCN)_n]^{3-n}$(血红色) $2Fe^{3+} + Fe = 3Fe^{2+}$

(3) $2Fe^{3+} + 2I^- = 2Fe^{2+} + I_2$

(4) 硅胶干燥剂中常加入氯化钴，干燥时 $CoCl_2$ 显蓝色，吸水后 $CoCl_2.\ 6H_2O$ 为粉红，可以显示硅胶的吸湿情况。

(5) 洗液中析出的棕红色晶体是 $K_2Cr_2O_7$，洗液变绿表明 Cr(Ⅵ)转化为 Cr(Ⅲ)，洗液失效。

4. 因为 $KMnO_4$ 遇日光发生分解，生成 MnO_2。MnO_2 能加速 $KMnO_4$ 的分解。$KMnO_4$ 应避光放置在棕色瓶中。

$FeSO_4$ 配制时要加适量的酸抑制水解，还可加少量铁钉防止氧化。

5. $Cr(OH)_3$ 是两性的，溶于过量的碱；而 $Fe(OH)_3$ 是碱性的，不溶于碱，利用这个性质可以将 Cr^{3+} 和 Fe^{3+} 分离后分别鉴定。

6. $\varphi^\ominus(Co^{3+}/Co^{2+}) = 1.84V$，$Co^{3+}$ 的氧化性极强，不如 Co^{2+} 稳定；但生成某些配合物后，电极电势值明显下降，例如与氨形成配合物后，$\varphi^\ominus_{[Co(NH_3)_6]^{3+}/[Co(NH_3)_6]^{2+}} = 0.14V$，$Co^{2+}$ 配合物的还原性增强，所以 Co^{3+} 却比 Co^{2+} 稳定。

7. (1) $Cu + O_2 + H_2O + CO_2 = Cu_2(OH)_2CO_3$

(2) 在浓 $ZnCl_2$ 溶液中有强配合酸 $H[ZnCl_2(OH)]$ 生成：$ZnCl_2 + H_2O = H[ZnCl_2(OH)]$

$H[ZnCl_2(OH)]$ 可与铁锈反应而除去铁锈，保证焊接的质量。

$$FeO + 2H[ZnCl_2(OH)] = Fe[ZnCl_2(OH)]_2 + H_2O$$

(3) $Cr_2O_7^{2-} + 2H_2O_2 + 2H^+ = CrO_5 + 7H_2O$（$CrO_5$ 在乙醚层中为蓝色）

$$4CrO_5 + 12H^+ = 4Cr^{3+}(\text{绿色}) + 7O_2\uparrow + 6H_2O$$

(4) NH_4NO_3 存在时，抑制了 NH_2^- 的生成，同时，$HgNH_2NO_3$ 溶解度较大，因而不能生成 $HgNH_2NO_3$ 沉淀，而生成稳定的配合物 $[Hg(NH_3)_4]^{2+}$：

$$Hg(NO_3)_2 + 4NH_3 = [Hg(NH_3)_4]^{2+} + 2NO_3^-$$

8. $Fe^{2+} + 2OH^- = Fe(OH)_2\downarrow$；$4Fe(OH)_2 + O_2 + 2H_2O = 4Fe(OH)_3\downarrow$；$Fe(OH)_3 + 3H^+ = Fe^{3+} + 3H_2O$；$Fe^{3+} + nNCS^- = [Fe(NCS)_n]^{3-n}$